矿山（地质）环境保护和恢复治理理论与实践

曹运江　戴世鑫　蒋建良　王华俊　肖正辉 等　著

湖南省优势特色重点学科“湖南科技大学矿业工程学科”
“矿产资源安全绿色开发”湖南省2011 协同创新中心
岩土力学与工程安全湖南省重点实验室开放基金项目（16GES05）
国家自然科学基金面上项目（51774132）
国家自然科学基金青年基金项目（41702323）
湖南省教育厅一般资助项目（15C0530）
页岩气资源利用与开发湖南省重点实验室开放基金项目（E21719）
湖南科技大学博士启动基金项目（E51497）
共同资助

科学出版社
北　京

内 容 简 介

本书是研究矿山（地质）环境保护和恢复治理理论与实践的一部专著，全书围绕矿山（地质）环境保护和治理展开论述，共分三篇八章。我国长期传统粗放型的矿山生产经营方式，导致煤矿开采过程中，伴随着（地质）环境条件的动态变化，造成矿区土地资源浪费、水资源破坏和大气污染不断恶化等，不可避免地引起诸多环境地质问题和生态破坏问题。本书以贵州与宝口煤矿、永兴煤矿、明华煤矿及大营煤矿为研究对象，通过矿山开发过程中，地质环境由原生地质环境（矿山开发前），至次生地质环境（矿井建设、生产、闭坑期），到再生地质环境（矿山复垦阶段）等三个阶段的重大变化，开展矿山（地质）环境保护和恢复治理的理论与实践的研究。结合矿山地质环境条件和矿山工程分析，确定评价范围和级别，以贵州典型煤矿为单元的矿山环境地质调查，摸清煤矿山基本现状及其开发对生态环境的影响，查明存在的主要环境地质问题及潜在地质灾害。在矿山评估区范围内，首先，进行矿山（地质）环境影响现状评估、预测评估、综合评估；然后，对矿山（地质）环境治理规划实施分区；最后，基于矿山恢复治理和（地质）环境保护原则，开展矿山（地质）环境保护与恢复治理工程。

本书理论与实践相结合，工程实用性较强，可供资源勘查工程、勘查技术与工程、地质工程、矿业工程、测量工程、建井工程等领域的科研和工程技术人员参考，也可供高等院校相关专业教师和地质资源与地质工程等专业研究生参考使用。

图书在版编目(CIP)数据

矿山（地质）环境保护和恢复治理理论与实践 / 曹运江等著．—北京：科学出版社，2017.11

ISBN 978-7-03-053098-1

Ⅰ.①矿…　Ⅱ.①曹…　Ⅲ.①矿区环境保护-研究②矿山地质-地质环境-治理-研究　Ⅳ.①X322②TD167

中国版本图书馆 CIP 数据核字（2017）第 124061 号

责任编辑：张井飞　韩　鹏 / 责任校对：王晓茜
责任印制：徐晓晨 / 封面设计：耕者设计工作室

科学出版社 出版
北京东黄城根北街 16 号
邮政编码：100717
http://www.sciencep.com

北京厚诚则铭印刷科技有限公司 印刷

科学出版社发行　各地新华书店经销

*

2017 年 11 月第　一　版　开本：787×1092　1/16
2021 年 1 月第四次印刷　印张：13　插页：7
字数：305 000

定价：118.00 元

（如有印装质量问题，我社负责调换）

本书主要作者

曹运江　戴世鑫　蒋建良

王华俊　肖正辉　欧阳涛坚

资　锋　陈新跃　李　浩

罗福义　杨小芹　曹紫天

序

我国95%左右的一次性能源以及80%以上的工业原料，大部分农业生产资料和33%的饮用水都来自矿产资源，可见矿产资源开发和利用是我国经济、社会发展的基本条件之一。目前急需按照可持续发展战略、科学发展观和社会主义核心价值观的要求，闯出一条节约矿山资源与保护矿山环境并重的“双赢”矿业开发新路子。

《矿山环境保护与综合治理方案编制规范》（DZ/T 223—2007）2007年刚正式实施不久，著作者及其团队就于2007年底加入开展贵州省黔西南州几十家煤矿的矿山环境保护与综合治理方案编制工作的队伍当中，2008年1月团队成员奔赴贵州省毕节地区织金县龙井煤矿、织广煤矿等进行矿山现场调查之时，正是2008年湖南、贵州和江西等地发生50年一遇特大冰灾之际。地处青藏高原的贵州凝冻灾害天气在全国范围最广，强度最大，全省85%以上县市遭遇到严重的凝冻灾害，山险路滑，交通困难，唯有装上防滑轮胎的四轮驱动车，才能在撒了盐或矿渣的山间路上缓缓穿行。在这种极其恶劣的天气环境下，仍然坚持开展矿山（地质）环境条件的现状调查，科研勇气可嘉！吃苦耐劳的奋斗精神可嘉！

长期以来，我国矿业开发基本上走的是一条以浪费资源和牺牲环境为代价的粗放式发展路子。一方面，加剧我国矿产资源短缺；另一方面，又造成矿山环境破坏，严重制约着甚至危及我国经济和社会的可持续发展。为了加强矿山地质环境保护与治理工作，减少矿产资源勘查开发活动造成的矿山地质环境破坏，保护人们生命和财产安全，促进矿产资源合理开发利用与经济社会、资源环境协调发展，按照《中华人民共和国矿产资源法》、《地质灾害防治条例》、《矿山地质环境保护规定》的相关要求，依据《矿山环境保护与综合治理方案编制规范》（DZ/T 223—2007）和《矿山地质环境保护与恢复治理方案编制规范》（DZ/T 0223—2011），以贵州与宝口煤矿、永兴煤矿、明华煤矿以及大营煤矿为例，综合性地开展了矿山（地质）环境保护和恢复治理理论与实践研究工作，取得了丰硕的研究成果。

矿山经济发展才是硬道理，经济发展、资源开发与环境保护存在着相互依赖、相互制约的关系。经济发展要消耗大量的矿产资源，矿产资源开发又必然会对环境造成一定的破坏，对环境进行保护和治理所需要的资金、技术、人力等又受到经济发展水平的制约。因此，在经济发展与环境保护的双向关系中经济起着主导作用。制定矿山环境保护规划要协调好资源开发与环境保护的关系，坚持“在保护中开发，在开发中保护”的基本方针，选择对环境影响最小的资源开发方案，促进社会经济和环境保护共同发展。

坚持矿产资源开发利用与生态环境保护并重的原则，实施矿产开发与环境保护相协调的战略，矿山生态环境保护和次生地质灾害控制以预防为主，防治结合，建立矿山生态环境动态监测体系，强化监督管理，严格执行环境影响评价和地质灾害危险性评估制度、“三同时”制度、土地复垦制度和排污收费制度，积极推进矿山生态环境综合治理，改善矿山生态环境状况。

《矿山（地质）环境保护和恢复治理理论与实践》是著作者在总结前人成果和近10年从事煤矿山环境保护与综合治理方案编制基础上完成的。著作者依据“坚持保护优先、预防为主、综合治理、公众参与、损害担责”的环境保护原则与“地表为主、区内相似、区际相异、影响取重”的地质环境影响分区原则以及“以人为本”和地质灾害危险性“从大不从小”环境保护规划分区原则等，采取矿山地质环境评价和解决环境地质问题的新理论、新方法，应用闭坑后土地复垦，矿山地质环境再生的新思路对贵州矿山开展系统的（地质）环境保护与恢复治理工作，获取许多真知灼见的认识。

（1）矿山地质环境借助于人类地质作用，矿山原生地质环境、次生地质环境、再生地质环境相互间是可以变化的，只要外界时机条件成熟，三者间也是可以相互转化的。

（2）通过大量的评估区内图切地质剖面，其中每一条剖面根据上山移动角和下山移动角以及矿界投影所确定的范围，地质灾害危险性影响大区则按上山及下山方向移动角至地面的交点图解确定。同理，找到其剖面在平面图上的地质灾害危险性影响大区投影点，将所有的投影点用圆滑的曲线连起来。再考虑矿区地形效应，对投影曲线进行适当的修正，则可得到矿井地质灾害危险性大区的影响范围。

（3）矿山开采活动对环境的影响是多方面的，其中最主要的影响是地表移动变形和疏排水影响。根据地表移动变形迹象，可以画出地质灾害危险性大区和开采影响范围。贵州山区煤矿多煤层重复采动，移动角和边界角采取两次折减原则，通过两次折减过的移动角确定地质灾害危险性大区范围；而边界角则圈定开采影响范围。开采影响范围与地质灾害危险性大区既有区别，又有联系。地质灾害危险性大区是开采影响范围的一部分，受到开采影响范围内，可能诱发滑坡、崩塌、泥石流、地面塌陷和地面沉降等各种地质灾害。地质灾害危险性大区以外受开采影响较小，虽不会因矿山开采发生各类地质灾害，但自然（地质）环境条件仍然受到一定程度影响，如地下水疏排干等。利用地下水降落漏斗之“大井法”，参照疏排水影响半径，据可采煤层在矿界附近出露情况，上山方向，将疏排水影响范围线顺着煤层露头线走，然后考虑地形效应，再作相应的修正；下山方向，疏排水影响范围线则以矿界为基线，疏排水影响半径为平距画圆滑曲线，再根据地形和人居环境，作适当的调整，这种方法所画出的疏排水影响范围实用性较强。

（4）坚持“谁开发，谁保护；谁污染，谁治理；谁破坏，谁恢复”环保原则，促进矿山企业履行矿山环境治理恢复义务而制定的一项环境保护政策。建立一套系统的矿山地质环境保护与恢复治理方案措施体系，完善采掘过程后矿山地质环境影响现状评估、预测评估、综合评估系统方法，厘定矿山环境保护区范围和级别、采取有效的矿山环境治理工程措施，确定矿山地质环境保护与恢复治理投资费用。

著作者的研究成果为矿山开发建设、地质灾害防治、环境治理提供的评估是合理的，为矿山（地质）环境保护和恢复治理做出了应有的贡献，相信该书的出版一定会对矿山（地质）环境保护与恢复治理研究有所促进和有所借鉴。

特为之作序。

伍法权 教授
2017年8月

前　　言

矿山环境问题是人类矿业活动作用于各类地质体的结果，其根源总体上受区域地质、地理背景和经济社会条件等因素的控制和影响。我国幅员辽阔，各类矿床种类繁多，自然环境千差万别，区域社会经济发展不平衡，人类在开发利用矿产资源促进自身的生存与发展、社会进步与物质繁荣的同时，却对矿山环境产生巨大的影响。我国矿业不断发展，不仅大型矿山不断增加，中小型矿山也在其中占到了很大的比例。矿山开发建设过程中，不可避免地会造成不同程度的地质环境破坏和生态环境变化。中国大地经过近70年大规模、高强度的开采，改变和破坏了地球浅表层和岩石圈的平衡，使矿山生态环境质量不断改变和恶化，制约着国民经济的可持续发展。许多矿山由于专注于对经济利益的追求，忽视了矿山地质环境的保护。严重者导致资源毁损、诱发地质灾害、污染矿山环境。目前，开采活动对矿山环境影响问题的研究主要集中在对（地质）环境的破坏方面，诸如水土流失，植被破坏，水均衡破坏（水田变旱田），水资源、水环境以及崩塌、滑坡、地面塌陷等地质灾害和废气、废渣、噪声等一系列矿山环境（地质）问题。从而使矿山地质环境的破坏成为一个刻不容缓的需要重视以及采取措施防控的重要问题。

矿山开发中所出现的地质环境破坏会对矿区的人们和财产造成不可估量的损失，有时还可能对相邻地区产生诸多不良影响。同时，还有可能造成矿区资源和其他物质浪费。为促进资源勘探、开发和环境保护的协调发展，矿山环境地质已成为社会广泛关注的热点问题。基于矿山（地质）环境日益恶化的不争事实，我们系统地开展矿山（地质）环境保护和恢复治理的理论与实践研究，为矿业开发、地质环境保护与生态恢复治理提供重要科学依据，以期同时实现矿产资源的合理开发利用及矿山地质环境的有效保护，为矿业经济和社会经济的可持续发展服务。进行矿山（地质）环境评价、地质灾害危险性评估、对矿业活动引发的环境问题及其影响做出现状评估、对矿业活动引发或加剧的环境问题及其影响做出预测评估、对矿山建设和矿业活动的环境影响做出综合评估。圈定矿山环境影响保护区，厘定矿山环境影响治理区，采取恢复治理措施。所取得的创新性成果，在贵州毕节地区的与宝口煤矿、永兴煤矿、明华煤矿以及大营煤矿等煤矿山广泛开展与推广应用。主要成果包括：

（1）矿山地质环境划分为三个阶段，即矿山开发前的原生地质环境，矿山建设、生产、闭坑期的次生地质环境，矿山复垦时的再生地质环境。矿山地质环境演化阶段和环境地质问题恢复治理过程，可概括为表达式：矿山原生地质环境≈次生地质环境Ⅰ+环境地质问题治理Ⅰ≈次生地质环境Ⅱ+环境地质问题治理Ⅱ≈次生地质环境Ⅲ+环境地质问题治理Ⅲ≈再生地质环境。

（2）遵循“从大不从小”的原则，将矿井开采造成的地表变形影响范围以及地下水疏排水影响范围所涵盖的区域均列入评估区范围。

（3）矿山开采过程具备采空区面积和空间双重大，井工开采矿山（地质）环境条件复杂程度始终为复杂，因此矿山（地质）环境评估级别至少为二级评估以上，根本不存在三级评估的问题。

（4）贵州山区煤矿多煤层重复采动，采用两次折减的取值原则，其中移动角相应地做两次折减（每次5°~10°（取5°））；同理，边界角亦做两次折减（每次相应减小2°~7°（取2.5°））。通过移动角和边界角两次折减后，则由两次折减过后的移动角确定地质灾害危险性大区范围，由边界角圈定开采影响范围。

（5）当地下开采形成采空区后，在井田及开采影响范围内将诱发滑坡、崩塌、泥石流、地面塌陷、地裂缝、含水层破坏、地形地貌景观破坏等地质灾害危害的可能性大、危险程度大。

（6）将矿区开采移动影响和危害范围（地质灾害危险性大区），全部划为矿山环境影响严重区；将影响严重区外围边界角影响及矿井疏排水影响范围划为影响较严重区；将上述两区以外的其余评估区范围划为影响较轻区。

（7）按照矿山（地质）环境防治原则，依据矿业活动危害对象的重要程度、危害程度和治理难度，将矿山（地质）环境保护分为重点保护区、次重点保护区和一般保护区。位于矿山（地质）环境影响严重区内的工业广场、炸药库、风井，集中村寨，矿山进场公路及附近陡斜坡、陡崖、危岩体和基本农田，地裂缝影响范围，评估区内生态环境，水源和居民点等均为矿山（地质）环境重点防护的对象。评估区内分散住户及村寨，坡耕地、林地等以及冲沟等矿井地面漏水区域列为矿山（地质）环境次重点保护区。评估区内除重点、次重点保护区外的其余评估区段确定为矿山（地质）环境一般保护区。

（8）矿业活动所采取的治理工程方案多种多样，即引发地质灾害治理工程、截排水沟治理工程，废渣（矸石）场治理工程，污水治理工程，大气污染治理措施，噪声防治措施，生态环境治理工程，水均衡恢复防治工程，水土保持工程，移民搬迁、疏排水影响范围村寨饮水工程，闭坑后严密封闭各井口以及新老工业场地土地复垦工程。

（9）矿山（地质）环境保护与恢复治理投资概算构成包括直接工程费、其他费（设计费、评审费、工程监理费、现场协调费、竣工验收费等）、措施费、利润、税金等。不包含监测费、养护费、土地征用费、青苗补偿费、房屋搬、拆迁费等。

（10）矿山开采后，（地质）环境保护与恢复治理采用多种效应分析，涵盖社会效应、经济效应、环境效应等复合效应分析方法。

研究成果曾获2015年湖南省科技进步三等奖，广泛应用于矿山（地质）环境保护与恢复治理实践，在贵州一大批煤矿山的（地质）环境保护与恢复治理方案编制、预测和治理工程中，取得了显著的社会效益和经济效益，为矿井建设、开发、生产、闭坑过程中的防灾减灾工程做出了重大贡献。成功地预防一些煤矿的地质灾害和大气环境、水环境、生态环境恶化，避免了矿山人员伤亡和经济损失。同时，节省大量工程费用，取得突出的工程应用效果。

本专著共三篇八章，按照三部分（第一篇、第二篇、第三篇）撰写。主要撰写人有：湖南科技大学曹运江、戴世鑫、肖正辉、资锋、陈新跃、李浩、杨小芹、曹紫天，浙江省工程勘察院蒋建良、王华俊、欧阳涛坚，贵州省煤田地质局159队罗福义。所有图件和文字工作由湖南科技大学陈俊辉、黄少磊、袁媛、王长江、孟阳春、许石华、朱俊毅、李林均、叶顺等协助整理和清绘。

本专著得到湖南省优势特色重点学科“湖南科技大学矿业工程学科”、“矿产资源安全绿色开发”湖南省2011协同创新中心、岩土力学与工程安全湖南省重点实验室开放基金项目（16GES05）、国家自然科学基金面上项目（51774132）、国家自然科学基金青年基金项目（41702323）、湖南省教育厅一般资助项目（15C0530）、页岩气资源利用与开发湖南省重点实验室开放基金项目（E21719）、湖南科技大学博士启动基金项目（E51497）共同资助。在撰写过程中，自始至终得到湖南科技大学资源环境与安全工程学院王海桥教授、万文教授和余伟健教授的支持与指导。真诚感谢绍兴文理学院伍法权教授为本专著作序。同时，还得到许多老师和同学的协助，参阅诸多没能一一列上的参考文献，在此一并对资助单位、学术带头人、文献作者、老师们、同学们表示衷心的谢忱！

不妥之处，恳请批评指正！

作　者

2017年8月于湘江河畔

目　录

第三篇　应用案例

绪　论

现有历史资料显示，原始人已经可以采集石料，打磨工具，挖取陶土，烘制陶皿这样一些简单的采挖资源的行为，可以说这是早期人类开矿的萌芽。

陈毓川院士（2016）认为地质工作的发展，可与人类社会发展的历史同步追溯。“人类社会发展的历史就是地质找矿发展的历史。我国从远古的旧石器时代、陶器时代到青铜器、铁器时代都进行过漫长的地质找矿与开发，先人在这方面做出了很大贡献。”

中国开矿的历史悠久，在湖北大冶铜绿山古铜矿遗址出土古物中，发现了许多铜制的、铁制的、木制的、竹制的以及石制的用于矿山开采的工具，有照明、排水、升降、装卸、采掘等较为齐全的采矿设备，已证实春秋时期已经有使用斜井、立井、平巷及其联合等地下开拓方式，可以说已经形成了较完善的采矿系统。

有史料记录，先秦古籍《山海经》的《山经》上称煤为“石涅”。战国时期，在今四川省双流县一带，秦国蜀地太守李冰开掘盐井，抽卤煮盐（李仲均，1987）。

到西汉时期，矿产的开采系统已逐步完备，在湖北、山东、河北等地的铁矿、铜矿、煤、砂金矿等都曾有过开采。

三国时期将“石涅”和“石墨”并称，魏、晋时期称煤为“石墨”或“石炭”。元代意大利人马可波罗来中国，对煤的使用感到很新奇。在他的游记中写道：“契丹（指中国）全境有一种黑石，采自山中，如同脉络，燃烧与薪无异，其火候较薪为优。盖若夜间燃火，次晨不息。其质优良，致使全境不燃他物。所产木材固多，然不燃烧，盖石之火力足，而其价亦贱于木也。”（欧阳哲生，2016）

明代以来主要有铁、铜、锡、铅、银、金、汞、锌的开采和使用。李时珍《本草纲目》中载有：“石炭即乌金石，上古以书字，谓之石墨，今俗呼为煤炭，煤、墨音相近也。”

17 世纪初，黑火药由中国传入欧洲，欧洲人将其用于矿山开采。人工挖掘从此而被岩凿爆破落矿所替代，这可以说是开矿里程碑式发展。

煤层大面积采出之后，形成了空间，破坏了采场围岩的原始应力平衡状态及其分布状态，从而引起围岩移动、变形和破坏，最后岩层内部的应力重新分布以达到新的平衡。在此过程中，由于外部应力的改变，使围岩产生移动、变形和破坏。从而在岩层和地表发生局部移动、变形和破坏，这种现象称为“开采沉陷”。

0.1　国外开采沉陷研究历史

人们业已熟知开采沉陷的破坏性。早在 15 ~ 16 世纪，比利时就颁布法令对因开采而造成列日城水源破坏的人处以死刑。在 20 世纪以前，铁路、房屋常因地下开采而受到破坏，井下透水事故造成人员伤亡时有发生。

1875年，德国的约汉·载梅尔矿发生地表塌陷，使铁路的钢轨悬空，列车无法通行；1895年，德国柏留克城地面发生塌陷，严重毁坏附近房屋达31所。从此，人们对开采沉陷高度重视起来。20世纪初，采矿单位的测量人员开始建立地面观测站，实时观测地表移动。随着对开采沉陷研究的不断深入和地表移动观测成果的理论总结，一门新的学科——开采沉陷学诞生了。开采沉陷学是一门实用性很强的学科，又称岩层与地表移动。从20世纪20年代开始就已进行系统性的研究，特别是二战期间，开采沉陷学迅猛发展。此后，世界上越来越多的科研人员投入大量资金来开展此项研究，在开采沉陷研究和“三下一上”开采方面硕果颇丰（王金庄等，2002）。

0.2　国内开采沉陷研究历史

我国的开采沉陷研究起步较晚，从建国后才开始。1953年苏联专家哥尔地克受邀来到北京矿业学院矿山测量教研室授课，首次为北京矿业学院广大师生讲授“岩层与地表移动”课程。1954年在开滦矿务局林西煤矿，我国第一个地表移动观测站成立。1955年“岩层与地表移动”正式作为一门矿山测量专业课程而设立。1956年开滦煤炭研究所（现煤炭科学研究院唐山分院）成立，开展了一系列关于岩层与地表移动的研究工作。1959年煤炭科学研究院北京开采所矿压室专门研究开采沉陷及防护。1960年开始对岩层与地表移动规律及建筑物下采煤进行研究分析。此后，我国的开采沉陷研究工作发展迅速，取得了很多令人瞩目的成果，对矿山开采工作和国民经济建设做出了重大贡献。

矿山开发过程中，地质环境的变化经过重要的三个阶段变化，由开发前的原生地质环境，到建设、生产、闭坑期的次生地质环境，再到复垦阶段的再生地质环境（图0.1）。

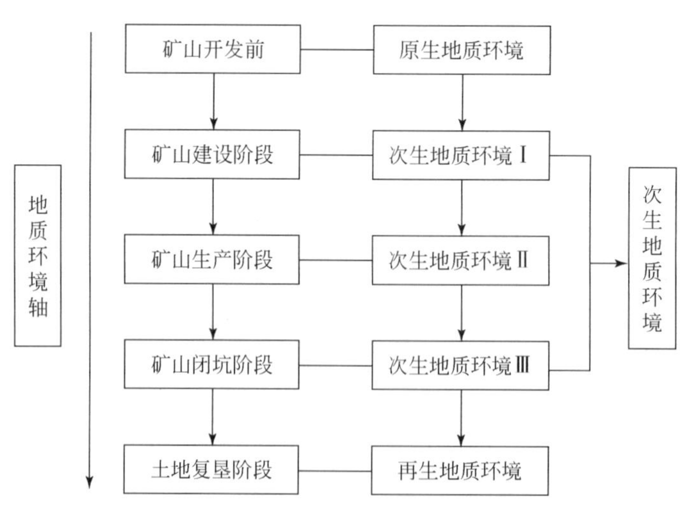

图0.1　矿山地质环境轴演化阶段图

0.3 矿山（地质）环境保护与恢复治理国内外研究现状

矿山环境问题一直受到国际社会的广泛关注和重视，国际上矿业发达的国家如美国、加拿大、澳大利亚、德国等，早在20世纪70年代就开展了矿山环境保护和治理。大部分西方国家均实行了比较严格的矿山环境保护和矿山环境评估制度。尤其是近十多年来，随着联合国可持续发展战略的提出和实施，矿山环境保护更加引起各国政府和矿业界的高度重视，加强了有关环保立法等方面的工作，并对矿山企业实行履约保证金制度（武强和陈奇，2008）。

国外矿山环境保护与治理的主要政策措施主要包括：①环境评价分析，包括环境认证、成本效益分析、环境会计、环境影响评价、全部费用分析、生命周期评价、环境技术评价、建立可持续发展指标体系等；②环境管理，包括环境管理体系、环境全部质量管理、生态认证等；③环境保护制度，包括公司环境保护制度、矿业行业环境保护制度、国家环境保护制度（哈承祐，2006）。

国外的矿山地质环境保护与治理工作起步较早，20世纪70年代初就已大力推进，特别是美国、英国、加拿大、澳大利亚等发达国家，采矿历史悠久，经过多年的摸索与改进，已形成了一套矿产资源开发与矿山地质环境相协调的经验总结（赵仕玲，2007）。

美国：美国矿山环境治理的技术规范与要求大部分是以《复垦法》中的复垦要求为依据制定的，主要包括以下几方面：第一，遵循“原样复垦”的基本原则，要求按采矿前土地的地形、生物群体的组成和密度进行恢复。第二，固体废物堆放和填埋都要进行技术处理，防止可能发生的滑坡及填埋废物对水体的污染。第三，在矿产资源的勘探、开采、洗选和加工过程中产生的废水，必须经过厂矿自行对废水做出处理或将污水排入污水处理厂。第四，在土地复垦中，对复垦所需要的填充物做出具体的规定，如对填充物的密度（根据复垦后的土地用途而定）、填充物混合的比例、填充的高度、表土覆盖等都做出了具体要求，并有专门的技术管理部门负责检查监督（李乐等，2015）。

澳大利亚：为了恢复和治理矿山的生态环境，矿业公司依据州政府按相关程序审批的并签有协议的“开采计划与开采环境影响评价报告”，以崇尚自然、以人为本、恢复原始的理念，一边开采一边把开采结束的矿山进行恢复（王永生等，2006）。第一，植被恢复。为了达到开采范围植物的原始恢复，在开采前，公司必须专门组织植被研究中心或社会中介机构对矿区的草本、灌木、藤本、乔木等植物的品种、分布、数量进行调查、分析，并收集本地的植物种子，包括把大的乔木进行计划性的迁移。在植物种植计划中，通过播撒种子帮助建立本地物种。矿业部门为此做了大量的工作，通过利用种植处理和储藏技术、选择播撒种植的时间、开发休眠终止技术以及各种工程措施，形成了低成本、高效率的种植播撒技术，使生态系统得到最大程度的恢复。第二，土地复垦。表土是否富有生命力对于矿山土地的恢复非常重要，对于植被生物量中不复存在的许多物种种子，土壤种植库常常是他们的唯一来源。表土还原是目前正在利用的一项技术，虽然并不都能直接将表土还原，但大多数矿山还是采用了这项技术，并最大限度地减少了堆放表土的时间。矿山在剥离表土时，考虑到下一步的复垦，须把适合于植物生长的腐殖土单独堆放，并把树木砍伐后无用的枝、叶破碎成小块，为今后复垦时用于覆盖表土上面，减少水分蒸发，确保复垦植物的生长。第三，酸性废水的处理。在矿山开采的同时，也带来了地表水、地下水等严重污染。处理酸性废水，最常用的措施是收集并加入碱性物质中和处理。这些碱性物质包括石灰石、石灰、苏打以及氧化锰等，随后将这些细金属沉淀物覆盖。另一种方法是被动系统，被动碱性产生系统被设计用来引入碱性物进入外排废水中，常用的有被动缺氧性石灰石导入系统和连续性碱性物产生系统和湿地处理系统。湿地是依靠大量的化学和生物过程以减少酸度和金属，它可以作为前两种方法的终极处理步骤而结合使用。第四，其他污染的治理。矿业公司在开采期间十分注意开采作业引起的粉尘、噪音、水污染与病菌对环境的影响以及对当地居民生活环境的破坏。为了把这些影响降到最低，对造成粉尘超标的工艺需重新设计。工程项目实施前对当地噪音要进行量测。工程实施后，大型车辆引起的尘土、震动和噪音如超过允许标准，要在矿区边的道路旁修筑堤坝，避免干扰居民，同时在矿区周围种植树木，平时采用洒水车降尘。为避免矿区外的有害野草、植物和牲畜病菌传入矿区，外面进入矿区的车辆必须主动到指定地点冲洗轮胎。开采、选冶过程中严格防止水污染。第五，矿山环境治理的验收。验收可由政府主管部门根据矿业公司制定经审批的“开采计划与开采环境影响评价报告”而确定的生态环境治理协议书为依据，组织有关部门和专家分阶段进行验收。矿山生态环境治理验收的基本标准有 3 条，即：复绿后地形地貌整理的科学性；生物的数量和生物的多样性；废石堆场形态和自然景观接近，坡度应有弯曲，接近自然。如果矿业公司对矿山生态环境治理得好，可以通过降低抵押金来奖励。取得较大成绩的矿业公司，政府为了进行鼓励，还颁发金壁虎奖章。

相比于国际上矿业发达的国家，无论是矿山环境保护与治理的起步、进程、发展阶段和实施情况都有不小的差距。国内的矿山环境评价和防治如今还主要停留在力保安全，尽最大努力保证人民生命财产安全和矿业活动的正常进行。在现阶段的矿山环境评价和防治研究中，多是以水文地质、工程地质或地质灾害为研究对象，主要保护与治理和矿山开采有关、与周边人民生产生活相关的项目，比如矿业废水、岩溶塌陷及采空区塌陷、崩塌、滑坡、泥石流等。而与区域生态环境甚至全球大环境有关的土壤污染、水土流失及土地沙化和矿业废气等的保护和治理都还处于刚起步阶段，甚至在有些地区都没有这些危害的保护和治理措施。而许多地方的矿山环境评价和防治，还停留在三级评估即定性评估的阶段，而一级评估（定量评估）受制于资金和技术的限制，应用极少。而二级评估（定性半定量评估）在许多地方正在进行。二级评估将成为矿山环境评估和防治的大势。而本书所研究的永兴煤矿是广大中小矿山、乡镇集体矿山的典型代表。也是在贵州毕节地区有关部门要求下进行的二级评估，它的矿山环境现状评估、环境影响评估和防治研究对于类似的矿山，特别是西南地区的中小煤矿具有十分重要的借鉴意义。

第一篇　矿山（地质）环境研究

第1章　矿山环境地质研究现状与展望

1.1　矿山环境地质的发展沿革

由于时代的需要，一门新的以研究矿山地质环境为主的学科——矿山环境地质学诞生了。人类对矿产品需求的不断增长，大规模、高强度的矿山开采活动使得矿山地质环境变化加剧，一旦超过矿区地质环境容量临界点，后果不堪设想。前车之鉴，为了实现人与自然和谐、全面、可持续发展，要求在开发矿山的同时，也要保护好矿山地质环境，促使矿业和谐健康发展。加上因矿产资源开采诱发的事故日趋增多，成立一门研究矿业开发与矿山环境保护的学科成为必然。矿山环境地质学科的主要发展历程见表1.1。矿山环境地质学作为一门分支学科已获得学者广泛的认可。

表1.1　环境地质学科主要发展历程

时间	发展内容
1961年	成都地质学院工程地质教研室主编《工程动力地质学》(高等院校交流讲义)
1980年	第26届国际地质大会上提出了环境地质问题宣言，环境地质开始起步
1989年	地质灾害防治与地质环境保护国家专业实验室在成都地质学院建立。后于2007年04月获批准列入国家重点实验室建设计划，2011年通过科技部验收。该实验室目前是我国地质灾害防治领域唯一的国家重点实验室
1990年	郑黎明在《环境地质学中几个理论问题的探索》一文中，定义环境地质学是环境科学与（实用）地质学的交叉学科，是研究人类活动与地质环境（岩石圈）之间反馈机制及作用结果（环境地质问题）的理论
1995年	王思敬院士提出了环境地质学科应有环境地球化学、矿山环境地质学及城市环境地质学等；刘传正在《环境工程地质学导论》一书中提出了矿区环境（工程）地质
1996年	刘起霞提出了矿山环境工程地质学
2001年	张永波在《水工环研究的现状与趋势》中，认为矿山环境地质学是介于矿山地质学与环境学之间的边缘学科
2003年	刘广润院士在环境地质学与其他学科的关系中，明确提出了矿山环境地质学是一门独立的学科；潘懋在《环境地质学》中认为矿山环境地质学是环境地质学比较成熟的分支学科
2003年	何政伟、黄润秋等构建“生态地质学”。从地质背景对生态系统的控制、岩-土-水-植物生态系统、人类活动对生态环境的影响等方面进行地质环境效应与生态系统动态平衡关系的研究，从根本上重建生态环境，保护大江流域的生态安全，促进可持续发展

2003年11月，由国土资源部地质环境司、中国地质调查局、西安地质矿产研究所等联合举办了首届全国矿山环境保护研讨会后，矿山地质环境保护与恢复治理工作才得以实质性地推进。许多学者对该领域进行了大量研究工作，先后出版了《矿山环境理论与实

践》、《矿床地质环境模型与环境评价》等专著。直到2011年7月7日，国土资源部才发布《矿山地质环境保护与恢复治理方案编制规范》（DZ/T 0223—2011）的行业标准。中国地质调查局于2010年开始开展全国地质环境动态调查工作。

目前，众多学者研究的方向已涉及了矿山环境地质问题的治理、矿山地质环境的保护措施、矿山地质灾害分类、矿山环境地质问题分类、矿山地质环境法规等。总之，各位学者的研究都是为了矿山能安全有序开采、矿山地质环境能绿水青山、人与自然和谐平稳发展。

1.2　矿山地质环境调查的意义、对象及方法

1.2.1　意义

传统地质学中“地质”的概念无非是“自然资源”和“工程条件”，因而传统地质工作主要是找矿和地质勘测。环境地质学中重新确立认识角度，环境地质工作主要是防治地质灾害和地质环境保护。认为地质既是人类生存所需的最基本的自然资源和工程条件，也是人类生存最基本的自然环境（地质环境）。

我国的矿产资源较为丰富，矿种较为齐全（迄今，世界上已发现的矿产约200种，我国已开发利用的矿种达到182种），矿产资源开发利用速度增长较快。改革开放后，我国的经济高速发展，对矿产品的需求激增，导致矿产资源开发利用是在十分薄弱的基础上迅猛发展，使得对有限的矿产资源加大了开采力度、广度和深度。矿山的管理保护力度跟不上矿山的开采力度，导致矿山的地质环境问题日益突出，地质灾害时有发生。中小型矿山开采技术落后和作业不规范，加剧了矿区地质灾害和环境污染的发生。巨大的开采力度使矿区地质环境遭到破坏，诱发了大量地质灾害的发生，给人们生命财产造成了巨大损失（彭觥等，1982）。

矿山企业多、分布广，且以小型矿山为主，不合理的开采导致矿山地质环境问题较多，类型复杂，其中矿山地质灾害频发、矿山环境治理工作起步慢、起点低，很多矿山地质环境问题亟待解决。

截至2010年底，全国因采矿活动抽排地下水影响矿区含水层范围约4.96万km^2；全国累计矿坑排水量约694.1亿t；矿产资源开发产生大量废气和粉尘，严重影响了矿区周围的大气环境，其中以煤炭和硫化工矿山最为严重；采矿活动产生的固体废弃物累计积存量达411.4亿t。

全国矿山采空区面积达134.9万hm^2，因采矿活动占用或破坏的土地面积达238.3万hm^2，共引发地质灾害12 000多处，死亡4251人，造成直接经济损失161.6亿元。其中，地面塌陷4500多处，滑坡1200多处，地裂缝3000多处，崩塌1000多处，泥石流680多处。

截至2011年底，全国采矿业累计发生各类地质灾害21932起，造成直接经济损失约335.3亿元。

1.2.2　对象

公益性、基础性矿山地质环境调查研究可概括为三个方面：矿山地质环境调查对象、方向、内容（表1.2）。

表1.2　矿山地质环境调查一览表

矿山地质环境调查对象	矿山地质环境调查方向	矿山地质环境调查内容
矿区及其明显影响区、影响公众利益的矿山环境地质问题	调查评价矿山原生的地质环境质量和容量，预测评估原生地质环境对矿山建设、开采、选冶活动的影响，有目的地采取针对性预先措施	矿山社会经济概况
		矿山地质环境条件
	调查研究因矿产资源开发引发、加剧的矿山环境地质问题的类型、分布和危害情况，研究影响和控制矿山环境地质问题的主要因素，矿山地质环境的评价方法，矿山环境地质问题的形成机理，不同类型的矿产开发环境地质问题模型	矿山主要环境地质问题
		矿山地质环境防治措施和效果

1.2.3　方法

环境地质问题也就是地质问题，没有把环境地质独立出来的必要（郑黎明，1990）。矿山地质环境调查通常融合了环境地质、生态环境、灾害地质、环境科学等调查研究方法，通过野外调查、资料收集、遥感解译、图件编制、资料整理、数据库建设、综合研究等工作程序，以传统地质调查方法和现代化“3S”技术相结合，一般性调查和重点调查相结合，静态模拟和动态监测相结合，野外调查和室内研究相结合，定量评价，结果科学，过程规范（武强，2003）。主要工作方法见表1.3。

表1.3　矿山地质环境调查方法一览表

矿山地质环境调查方法	主要内容
遥感调查	采用大比例尺SPOT5卫星遥感影像解译，较准确地圈定部分面积性的矿山环境地质问题，通过历史上多期影像的对比，揭示面积性对象的时空变化
地面调查	1∶5万矿山地质环境调查以路线穿越法为主，结合追索法。在重要地段和典型点实施剖析工作，提高调查研究水平
样品测试	采集矿山地表水、地下水、土壤等环境介质样品，部分矿区还可采集环境污染响应样品，分析重金属及其他污染物的含量。与矿山历史上已有的数据对比，分析水土环境污染的变化趋势
动态监测	对重大矿山地质灾害类型隐患点、水土环境重金属及其环境响应严重区实施动态监测，为矿山地质灾害、暂变性地球化学灾害的防治提供基础依据

续表

矿山地质环境调查方法	主要内容
其他手段	如探槽、浅井等轻型山地工程，原位试验，尾矿渣淋溶试验，土壤复垦及室内盆栽试验，树木年轮重金属元素的含量变化反演矿区环境污染历史等方法，提高调查研究的水平及创新能力

1.3 矿山环境地质研究现状与进展

由于全国矿山环境地质问题的严重性及迫切性，2007年以来，中国地质调查局在国土资源调查项目中安排近4000万元的经费，对矿山环境治理工作起到了重要的推动作用。调查项目涉及面广，主要包括全国性图件编制、全国性矿山地质环境调查与评估、区域性矿山环境地质综合研究、矿山地质环境调查方法研究、典型矿山环境地质问题专题调查等50余项科研课题（李君浒等，2008）。

1.3.1 中国矿山地质环境现状

近年来，由于国家政策以及中国地质调查局的支持，矿山环境地质研究取得了快速发展，一系列全国性的矿山地质环境调查项目相继展开，主要矿山地质环境调查大事件见表1.4。

表1.4 矿山地质环境调查大事件

时间	实施机构	完成内容及意义
2001～2006年	中国地质调查局西安、沈阳、天津、宜昌、南京地质调查中心及中国地质调查局成都矿产综合利用研究所	完成了西北地区、东北地区、华北地区、中南地区、华东地区及西南地区区域性矿山环境地质问题类型、分布规律和影响因素的研究
2002～2006年	中国地质环境监测院	完成了《全国矿山地质环境调查与评估》项目，为矿山地质环境监管、防治提供了重要的科学依据
2004～2006年	中国地质调查局西安地质调查中心、中国煤炭地质总局水文地质局、辽宁省地质矿产调查院	完成了《陕西潼关金矿区矿山环境地质问题》《陕西大柳塔煤矿区环境地质问题》《东神-准格尔煤矿区环境地质问题》及《辽宁阜新煤矿区环境地质问题》等专题调查，详细查明了矿山环境地质问题及其形成因素

1.3.2 矿山地质环境评价方法

随着矿山地质环境评价工作和矿山环境地质问题治理工作的不断开展，已逐步形成一套完整规范化评价系统，矿山环境评价与治理工作不论从技术层面还是理论层面都趋于成熟（表1.5）。

表 1.5　矿山环境评价方法一览表

地质环境评价	评价内容	评价等级	确定矿山环境地质问题主要方法	矿山环境地质评价方法
矿山环境地质问题评价	以矿山环境地质问题作为评价的对象，在划分矿山环境地质问题种类指标等级的基础上，直接以“问题”的多少、严重程度作为评价对象	极严重	/	指标加权分值综合评价法
		严重		
		中度		模糊数学综合评判法
		轻度		
矿山地质环境质量评价	以矿业开发导致的主要环境地质问题作为主要评价对象，同时考虑矿山地质环境背景、植被、气象水文、矿业开发的强度、开发方式及人口密度等因素影响	极差	直接引用国家或行业标准	灰色局势综合评判法
		差	依据有关资料设定的指标	
		一般	依据有关资料设定的指标	环境污染指数法
		较好		

1.3.3　矿山环境地质编图成果

随着矿山行业监管体系的日趋完善，全国各省市的各类矿山环境地质图件正在编制中或已编制完成，迄今为止，矿山环境地质编图成果丰厚，已形成一套完整的编绘与分类系统（表 1.6）。

表 1.6　矿山环境地质图件概念及分类

矿山环境地质图件概念	基本图件	图件分类	主要已编或正编矿山环境地质问题图件
是调查研究的主要成果之一，在调查、评价和综合研究的基础上，以规范点、线、面的符号、颜色、花纹等图式图例，直观形象地表达矿山环境地质问题的类型、程度、分布等	基础性图件	矿山地质环境调查实际材料图	中国已经编制了不同尺度的矿山环境地质图件如 1∶2.5 万—1∶5 万典型矿区环境地质问题专题图，1∶12.5 万陕西潼关金矿区环境地质问题图集，1∶50 万—1∶100 万 31 个省区矿山环境地质图系，1∶250 万区域性不同类型矿产开发环境地质图系。中国地质调查局西安地质调查中心着手编制 1∶400 万中国矿山环境地质图
		矿山环境地质问题遥感影像解译图	
		实测剖面图	
		各种原始数据分布图	
	评价性图件	矿山环境地质问题现状评价图	
		综合评价图	
		预测评价图	
	对策性图件	矿山地质环境恢复治理分区图	
		矿区农田土壤污染防治建议图	

1.3.4　完善矿山地质环境调查技术

矿山地质环境调查技术经过几代学者的努力，已经日臻完善。

（1）2002 年 5 月，《矿山地质环境调查技术要求》出版，由国土资源部地质环境司编制，对矿山的地质环境调查具有重大的指导作用。

（2）2003 年，随着一系列矿山地质环境调查评价项目（《陕西潼关金矿区环境地质问题》、《陕西大柳塔煤矿区环境地质问题》等）的完成，西安地质矿产研究所对其工作方法进行了系统总结，《大型矿山（区）地质环境调查技术要求》正是在此基础上编写的。《1：5万矿山地质环境调查与评价规范》项目进展很顺利，这将对矿山1：5万地质环境调查工作具有重要指导意义。

（3）2004年8月，《全国矿山地质环境调查技术要求实施细则（修改稿）》出版，从细节和原则上进一步规范了矿山地质环境调查工作，由中国地质环境监测院组织编写。

（4）2013年11月25日，《全国地质环境图系编制技术要求（试行）》定稿，26日，全国地质环境图系编制工作部署会在北京召开，标志着全国地质环境图系编制工作全面启动。全国地质环境图系编制的总体目标是：系统集成全国及区域性地质环境调查和监测成果，深化认识我国地质环境条件及主要环境地质问题，全面总结我国地质环境的空间特征和演化规律，编制全国、区域和省域地质环境系列图件；依托全国地质环境信息平台，建立全国数字地质环境图系管理系统，提升地质环境认识水平和成果转化效果，科学支撑地质环境调查监测和地质环境管理工作。

（5）为了统一河南省矿山地质环境恢复治理工程的技术要求，达到勘查手段先进、工程安排合理并确保成果质量，2015年11月，河南省国土资源厅印发《河南省矿山地质环境恢复治理工程勘查、设计、施工技术要求（试行）》，作为全省矿山地质环境恢复治理工程勘查、设计、施工的参考依据。

1.3.5 矿山环境地质研究成果

我国的矿山环境地质问题由来已久，具有普遍性、区域性、复发性。改革开放以前，矿山环境地质问题研究程度低、治理难、效率低，是摆在我国矿山行业一道亟待解决的难题。近年来，经过历代学者的不懈努力，我国矿山环境地质问题研究进展硕果累累（表1.7），对我国的矿山环境地质问题治理具有重要意义。

表1.7 我国矿山环境地质研究进展一览表

主要矿山环境地质研究机构	期刊	专著	论文	研究内容	研究热点	主要研究方向
国土资源部地质环境司	《西北地质》	《矿山环境理论与实践》	截至2017年8月24日，在CNKI数据库中，检索下列词条的全文有：“矿山环境”513166篇，“矿山地质环境”25232篇，“矿山地质灾害”16228篇，“矿山重金属污染”39433篇	涉及矿山环境地质研究对象、矿山环境地质问题分类、矿山地质环境评价、矿区水土环境污染及其效应、矿山地质灾害、矿区生态地质环境修复与治理、矿山地质环境保护法规政策、图件编制、信息系统建设等众多方面，丰富和发展了矿山环境地质	主要集中在矿山地质环境评价、矿山地质灾害形成机理、矿山重金属污染及其环境效应、脆弱生态环境条件下矿业开发地质环境保护与重建等内容	环境脆弱区煤炭资源开发环境响应研究
中国地质调查局		《中国西北地区矿山环境地质问题调查与评价》				重金属污染及其环境效应
西安地质矿产研究所		《矿床地质环境模型与环境评价》				泥石流研究

1.4 矿山环境地质研究展望

随着人们生活水平的提高和矿山环境地质问题治理的迫切性，各类矿山环境研究理论和新技术纷纷涌现出来，环境地质学作为一门新兴学科，与水文地质学、工程地质学密切相关，习惯上简称为水、工、环。就当前而言，环境地质学还未形成自己的独立体系，大部分还停留于定性和理论研究阶段，缺乏定量的评价、完整的理论及成熟的方法，矿山环境地质研究仍有相当长一段路要走（表1.8）。

表1.8 矿山环境地质研究展望

矿山建设基本理念	目前矿山环境地质研究薄弱环节	研究展望
“资源节约型、环境友好型、生态型”	矿山环境地质问题的形成机理，研究不同类型矿产、不同开采方式、不同地质环境条件，矿产资源开发的矿山环境地质问题类型、影响和控制因素，加强典型矿山地质环境演变研究	社会进步和人们生活水平的提高，对矿山地质环境保护提出了更高的要求。加强矿山环境地质的研究，推进“资源节约型、环境友好型、生态型”的矿山建设势在必行，需要加强矿山环境地质薄弱环节研究，实现矿山环境治理大突破
	矿山环境地质问题评价指标体系研究，建立科学、实用的矿山环境地质问题评价指标体系，建立多指标、多层次的综合评价模型，以及不同类型矿山环境地质问题评价模型	
	矿山环境地质编图理论与方法研究，由于矿山地质环境调查研究的目的、对象、范围的差异，需要编制不同尺度和内容的矿山环境地质图系	
	矿山地质环境保护与矿业可持续发展研究，实现矿产资源开发与地质环境保护并重的可持续发展目标	
	矿山地质环境动态监测研究，掌握矿山地质环境在矿山地质作用下的变化规律，选择典型矿山或矿区开展地质环境的动态监测工作，研究矿产资源勘探、开发和闭坑活动的不同阶段，矿山环境地质问题的类型、危害及变化规律、形成机理	
	矿山地质环境综合治理关键技术示范研究，中国地域辽阔，区域地质环境条件差异大，因而矿山地质环境保护及重建工作要因地制宜	
	制定和完善相关的技术标准，矿山地质环境调查、评价、动态监测、管理、防治等技术规范或要求，是矿山地质环境调查及研究的重要工作内容	

第2章　矿山地质环境及其环境地质问题

时间和空间是地质环境存在的基本形式，人们对地质环境的感觉、解释都是由时空意识直接或间接地转换而来。在空间意识上，传统地质学偏重于“垂向性”（剖面、深部），而环境地质学偏重于“平面性”（区域性、表生性）。在时间意识上，传统地质学偏重于“历史演化”和“暂态描述”，环境地质学偏重于“预测性”。

2.1　矿山地质环境与矿山环境地质

2.1.1　矿山地质环境科学

矿山地质环境是主要利用环境地质学的相关理论和方法，研究矿山开采过程中人为地质作用和自然地质作用对矿山地质环境的影响，以及由此诱发的矿山地质环境问题，旨在在矿产资源合理开发利用的同时，将矿业活动对矿山地质环境的负面影响降到最低，促进矿山开采与自然环境和谐可持续发展的一门学科。因此，如果涉及的是关于与地质有关的矿山环境方面的研究，则采用“矿山地质环境”这一术语（张兴和王凌云，2011），可理解属于“理学”研究范围。

从定义来看，矿山环境地质主要研究的是矿业活动场所及周边的地质环境，而矿山地质环境则是一个动态变化的复杂系统，受多种因素影响，不能以某一方面来评定一个地区的地质环境，也不能以偏概全，必须综合考虑。矿山地质环境研究的内容包括以下两个方面：

（1）对矿山原生地质环境质量和容量做出预测评价，然后就矿山建设开发对原生地质环境和矿山生态系统的负面影响做出风险性评估，规划矿山设施建设和开采力度，确保矿山安全持续绿色生产。

（2）研究矿山开采过程中及闭坑后对矿山地质环境的负面影响程度，对矿山环境地质问题的诱发因素、形成条件、形成机制展开研究，最大限度控制、治理矿山环境地质问题，使恢复治理后的再生地质环境尽量恢复到原生地质环境的状态，促进矿业开发与矿山环境协调发展。

矿山地质环境和矿山环境地质是两个比较容易混淆的词语，其本质意义存在区别，在一些文献中，两者混用的现象比较常见，同一篇文章中可能同时出现“矿山地质环境调查与评价”和“矿山环境地质调查与评价”。需要说明的是，原生地质环境是自然地质作用形成和发展的产物，而人类活动的参与对原生地质环境产生或大或小的影响，变化后的地质环境称为次生地质环境（图0.1），而矿山环境地质问题指的是人类矿业开发活动产生的环境问题。

根据矿山环境评价的要点不同，可分为矿山地质环境评价和矿山环境地质问题评价，矿山环境地质问题评价在划分指标等级时，以问题的严重程度作为评价对象，其结果分为“极严重”、“严重”、“中度”和“轻度”四级，有时“问题”也可用“质量”这一中性词来表示矿山地质环境质量，而矿山地质环境评价则借助于矿山环境地质问题的指标等级，其评价结果分为“极差”、“差”、“一般”和“较好”四级（表1.5），但是矿山环境地质问题评价结果并不决定矿山地质环境评价，有时“极严重”问题也可以向“较好”质量发展，可见，只要矿山环境防治措施处理得当，两者之间并无等同意义。

2.1.2　矿山环境地质问题

前已述及，矿山环境地质问题是指人类参与矿山开发过程后，所诱发的与地质有关的环境问题，可理解属于“工学”研究范围。矿产资源开发利用势必对矿山地质环境造成不同程度的破坏，当前我国矿山环境地质问题众多，且由大型矿山向中小型矿山转移，矿山环境地质问题的类型与程度跟矿山开采的矿产种类、开发方式、矿区地质条件及开采规模等因素有直接关系，目前矿山环境地质问题主要有以下三种（武强和陈奇，2008）：

（1）生态破坏：矿渣、尾矿的长期堆放，势必占用林地资源；采矿过程中对地下水的疏干排放，致使矿区水资源破坏；露天采矿造成地表地貌变形，造成风景和地质遗迹破坏等。

（2）地质灾害：矿山的大规模开采活动势必破坏矿区原有的应力平衡系统，从而诱发各种次生地质灾害，对矿山的正常运转和人居安全造成严重威胁。

（3）环境污染：废渣、废水和废气是矿区的主要污染源，各种危害物质未经达标处理就排放到周边环境中，对矿山环境造成严重污染，从而危害人体健康。

目前矿山环境地质研究较为系统全面（表2.1），分类明确，既有科学性又具实用性，对指导我国的矿山环境地质问题治理具有重要意义。

原生地质环境经过人类扰动后的矿山采掘活动，先是矿山建设阶段，此时，矿山天然地质环境不复存在，演变成次生地质环境Ⅰ；紧接着进入矿山生产阶段，矿山完成服务年限后，矿山地质环境影响极严重，已整体成为问题矿山，成为次生地质环境Ⅱ；矿山采矿收官阶段，即处于闭坑时节，此时地质环境破坏开始停滞或处于渐变动态时期，这时属次生地质环境Ⅲ（图0.1）。通过“谁开发，谁保护；谁污染，谁治理，谁破坏，谁恢复；谁使用，谁补偿；谁治理，谁受益”的十‘谁’原则，对矿山次生地质环境所转变成的环境地质问题，开展土地复垦，进行地质环境恢复治理工作，力争恢复到矿山开发前原始的地质环境。但矿山地质环境演变不是简单的弹性变形，无法恢复到原位，只能说是一种再生地质环境。上述的这些矿山地质环境演化阶段和环境地质问题的恢复治理过程，可以概括为如下表达式：矿山原生地质环境≈次生地质环境Ⅰ+环境地质问题治理Ⅰ≈次生地质环境Ⅱ+环境地质问题治理Ⅱ≈次生地质环境Ⅲ+环境地质问题治理Ⅲ≈再生地质环境。

表 2.1　矿山环境地质研究一览表

<table>
<tr><th>矿山环境地质概念</th><th>研究对象</th><th>研究内容</th><th>矿山环境地质问题特性</th></tr>
<tr><td rowspan="5">矿山环境地质指在开发矿产资源的施工过程中，通过对与环境地质学相关联的知识理论运用，研究地质环境和自然及人为地质之间的相互影响，找到引起矿山环境地质问题的原因，并通过有效的解决措施，有效缓解矿山开采活动中对地质环境产生的负面作用，以可持续发展为主要目标，对矿产资源进行合理的开发利用</td><td rowspan="5">矿山环境地质以局部地质环境作为主要的研究对象，包括对矿业活动场所的对象研究以及对其附近地质环境的对象研究</td><td rowspan="2">在矿产资源的开发过程中，总是会不可避免地对矿山的地质环境产生影响，并产生矿山环境地质问题，研究问题的形成原因，才能做出客观地评价，较准确的预测出由于问题的产生对矿山地质环境造成的危害程度。通过专门的问题研究，找到合理地预防及解决办法，进而达到对矿山地质环境的保护</td><td>矿山环境地质问题类型的多样性</td></tr>
<tr><td>矿山环境地质问题的复杂性</td></tr>
<tr><td rowspan="3">通过对矿山地质环境的质量情况进行研究，预测矿产资源开采活动对其造成的质量影响，然后科学地选择矿山建设的地点，尽最大限度避开经常发生地质灾害的区域，确保与矿业有关的活动能正常进行</td><td>矿山环境地质问题的地域性</td></tr>
<tr><td>矿山环境地质问题危害的集中性与严重性</td></tr>
<tr><td>矿山环境地质问题的群发性与共生性</td></tr>
</table>

2.2　矿山地质环境的资源属性与环境属性

2.2.1　矿山地质环境的资源属性

自然资源有整体性、有限性、多用性、区域性、发生上的差异性等自然属性。

1. 整体性

各个自然资源要素有不同程度的相互联系，形成有机整体。

2. 有限性

自然资源的规模和容量有一定限度。有限性决定自然资源的可垄断性，决定自然资源有绝对地租（土地所有者凭借土地私有权的垄断所取得的地租）；决定对自然资源必须合理开发利用。如果规模是无限的，就不能称为自然资源了。有限性决定自然资源替代状况的重要性。

3. 多用性

大部分自然资源有多种用途。随着社会经济技术的发展，自然资源的用途在发展。以河流资源为例，出现泄洪、排水、补给地下水功能。农业社会出现灌溉、运输功能。工业社会出现发电功能。

2.2.2 环境属性

矿山地质环境是指曾经开采、正在开采或准备开采的矿床及其邻近地区，其岩石圈上部与大气圈、水圈、生物圈组分之间，不断地进行着物质交换和能量流动。这一部分组成一个相对独立的环境系统。这一系统是以岩石圈为依托，矿产资源开发为主导，不断改变着地球表面和岩石圈自然平衡状态的地质环境，也确是一个环境地质问题较多、地质灾害较突出的环境（表2.2）。

表2.2 矿山地质环境特点及地质灾害简表

<table>
<tr><th>矿山地质环境的主要特点</th><th>地下采矿对地质环境的影响</th><th>具体地质现象</th></tr>
<tr><td rowspan="2">自然性</td><td rowspan="6">采空区上方地面变形</td><td>地面岩溶塌陷</td></tr>
<tr><td>地面沉降</td></tr>
<tr><td rowspan="2">社会性</td><td>地裂缝</td></tr>
<tr><td>崩塌</td></tr>
<tr><td rowspan="2">综合性</td><td>边坡问题</td></tr>
<tr><td>泥石流</td></tr>
<tr><td rowspan="3">复杂性</td><td rowspan="3">水文地质环境破坏问题</td><td>矿井突水</td></tr>
<tr><td>海水入侵</td></tr>
<tr><td>地下水位下降</td></tr>
<tr><td rowspan="3">开放性</td><td rowspan="3">采矿诱发地震与岩爆</td><td>诱发构造型矿震</td></tr>
<tr><td>诱发塌陷型地震</td></tr>
<tr><td>岩爆</td></tr>
</table>

2.3 矿山地质环境容量与质量

2.3.1 环境容量

矿山地质环境容量是矿山地质环境系统中所具有的一种性质，或者说也是一种资源，是客观存在的。从理论上说，矿山地质环境容量可以用科学的方法取得材料，并通过一定的数学模型表达出来。但由于矿山地质环境系统的复杂性，这种模型很难做到切合实际。研究地质环境容量问题，就是要研究地质环境与社会经济的相互关系，探求人类社会经济发展与地质环境之间的协调与平衡。矿山地质环境容量对矿业开发活动有明显的制约作用，为了有效、合理地利用矿产资源，在保护中开发，在开发中保护，实现环境、经济、社会的可持续发展，必需十分重视矿山地质环境容量问题。它是矿山规划建设的重要约束条件，是制定矿山地质环境目标的基本依据，是矿产开发活动的重要参数（表2.3）。

表2.3　矿山（地质）环境容量内涵及评价指标

矿山（地质）环境容量释义	环境容量的特点	环境容量的评价指标
一是，指地球生物圈或某一区域环境对人口增长和经济发展的承载力。主要包括可供开发利用的自然资源数量和环境消解生产废弃物的最大负荷量	矿山地质环境的目标是可变的。目标的制定一般是基于人们对矿山地质环境的具体要求，由于人类的认识水平，科技及生产力的发展水平不断提升，就使得环境目标具有可变性	矿产资源的阈限量。在开发矿产资源时要进行开发方案的可行性论证，选择对环境危害相对较小的方案，采取防治措施，把对地质环境的损害程度减至最小
二是，衡量和表现环境系统、结构、状态相对稳定性的一个概念。目前多指在人类生存和自然生态不受危害的前提下，某一地区的某一环境要素中某种污染物的最大容纳量，或污染物的最大排放量，是一个变量	矿山地质环境所固有的客观地质条件是决定地质环境容量大小的关键。环境容量的大小取决于矿山地质环境本身状况，与环境所处的地质空间、资源储量、废弃污染物的物理化学性质和地质环境的特性有关	地应力和地质结构状态变化的临界值任何矿产的形成都离不开特定的地质条件，而任何一个矿体的赋存空间又都受控于特定的控矿因素。在进行矿山建设和采选活动时，必须结合矿床地质条件、结构构造和岩体状态变化，研究确定地应力和地质结构状态变化的临界值，使矿山地质作用对矿山地质环境的影响不超过这个限度，从而保护矿区的地质环境
	人类社会生产力和技术水平的提高可能会使矿山地质环境容量发生变化。人类对矿山地质环境的认识处在不断探索阶段，而对矿山地质环境的改造也基于一定的生产力和认识水平之上	矿山有害废弃物的阈限值。矿山地质环境对各种有害废弃物的容纳能力是有一定限度的，超过这个阈限值，就会使矿山地质环境的组成物质产生变异，从而污染环境，对人类造成危害

2.3.2　环境质量

环境质量包括自然环境质量与社会环境质量两种基本类型，随着生产开发利用规模的加大，矿山环境的污染和破坏日趋严重。矿山排放的废气、废水、废渣及尾矿对环境造成严重的污染和破坏，如水土流失、泥石流、地面塌陷等。矿山开发还存在着边坡失稳，地温地压增大，土地合理利用，水环境条件变化和土地恢复等问题。因此，需要加强矿山地质环境（次生地质环境）的监测与评价（魏子新等，2009）。

在矿山开发前，要对开发区及其临近区域进行原生地质环境评价，确定合理的开发方式和方案，并预测开发过程中次生地质环境可能发生的变化，为矿山合理布局提供规划依据。在矿山开发过程中，要加强次生地质环境的监测与评价，掌握环境变化的动态，提出对策，减少地质灾害。矿山闭坑后，围绕矿山土地复垦，进行恢复治理地质环境评价，再生地质环境。

地质环境评价与地质环境区划是环境地质学科研究领域重要研究内容之一。但是，由于评价区域的规模、地质背景、社会环境和评价区的工程属性的差别，地质环境的评价指标也各不相同。如区域地质环境、城市地质环境、地质灾害、地质地貌类自然保护区和有明显地质地貌特色的风景名胜区、与地下水有关的地质环境以及矿山地质环境质量评价的内容则是完全不同的评价内容，因此具有不同的评价指标体系。但从地质环境的总体特征来看，任何一个评价区均涉及自然和社会经济的环境因素。因此，任何一种地质环境质量评价指标体系是由若干个单项评价因子及其权重值构成的有机整体，而且是多层次多因子的复杂指标体系。这些因子之间相互作用、相互制约的关系直接或间接地反映了地质环境质量的优劣程度。

建立能够综合体现地质环境质量状况及人类居住适宜性的指标体系是开展环境地质评价的基础。要选取众多指标中最敏感、最便于度量和内涵最丰富的主导性指标，使指标体系能够准确地描述地质环境质量的现状和未来的变化趋势。

环境质量就是环境品质的优劣程度，是环境品质好坏的外在表现。环境质量在广义上表示的是环境状态改变的难易程度，即用环境的质量来量度环境惯性的大小。另一种理解就是环境质量是环境状态素质的优劣程度。

人类趋利避害，对问题的研究往往是考虑是否有益于自身的生存与发展，评定环境的质量也是以此作为标准的。人类的活动与环境质量相互作用、相互影响，人类的生产与生活改变着周边的环境质量，同时环境质量的改变也会通过各种渠道反馈给人类。

2.4　矿山环境地质问题

矿山地质是指在拟建或已建矿山范围内，为保证和发展矿山生产所进行的所有地质工作的总称。一个矿山经过详查阶段证实具有工业价值，近期开采利用。从转入地质勘探开始到设计、基建、生产直至矿山闭坑等不同阶段的所有地质工作，即从矿山建设到矿山关闭始终贯穿矿山开发的全过程，均属于矿山地质工作的范畴，也属于矿山次生地质环境的研究时域（胡博文等，2015）。矿山地质工作是为了保证矿山有计划持续正常生产、资源合理利用以及扩大矿山规模、延长服务年限所需进行的各项地质工作。按工作性质矿山地质可分为勘探地质（矿山开发基础之基础）、工艺地质、管理地质和水文及工程地质。矿山地质过程，始终伴随着环境地质问题，形影不离（张红杰等，2012）。

矿山环境地质问题是指受采矿活动影响而产生的地质环境变异或破坏的事件。武强院士等曾专门撰文对矿山地质环境问题予以分类，主要包括因矿产资源勘查开采等活动造成矿区地面塌陷、地裂缝、崩塌、滑坡，含水层破坏，地形地貌景观破坏等。其预防和治理恢复，适用恢复治理次生地质环境。开采矿产资源涉及土地复垦的，依照国家有关土地复垦的法律法规执行。若干年后，矿山再生地质环境基本定格。

第3章　矿山环境地质问题类型

矿产资源是国民经济、社会发展和人们生活的重要物质基础。据有关资料，我国95%左右的一次性能源、80%以上的工业原料、大部分农业生产资料和1/3的饮用水均取自于矿产资源。1949年前，我国保存比较完整的矿山仅300多座，经过50多年的矿业开发，已建成国有矿山近万座，各类矿山企业1812万个，遍布全国2000多个县（市）。我国是世界上矿产资源比较丰富、矿种比较齐全的少数国家之一，20多种矿产探明储量居世界前列。早期的矿山开发模式是以牺牲矿山环境为代价，来换取最大的经济效益。在矿山的建设、生产、闭坑各阶段，由于人类工程活动（人类地质作用），不可避免地会出现各种各样的环境地质问题（王登红等，2012）。矿产资源开发过程中所引发的矿山地质环境问题已成为影响矿山正常生产和人类居住环境的重要因素。随着时间的推移和孕灾条件的积累，不断诱发地质灾害。地质环境作为人类生存与发展的母体，为人类提供了丰富的资源和广阔的空间；地质灾害作为个体，是不能脱离母体而单独存在的，地质灾害总是发育在一定的地质环境之中。地质环境控制着地质灾害的产生与发展，地质灾害的发育状况又反作用于地质环境，使得人类生存与发展的地质环境不断发生变化。矿山原生地质环境是由矿山环境地质问题Ⅰ打破，导致形成次生地质环境Ⅰ、Ⅱ、Ⅲ。在不断地加强环境地质问题Ⅰ、Ⅱ、Ⅲ恢复治理（如土地复垦整治等）后，矿山（地质）环境成为下一轮地质环境演化的新起点——再生地质环境。因此，矿业开发决不能以牺牲（地质）环境为代价求发展。

矿山环境地质问题类型的划分是环境地质学和矿床水文地质学理论的重要组成部分。对众多复杂的矿山环境地质问题实施科学的分类研究，不仅使现代环境地质学在理论基础上得以进一步完善和发展，更重要的是可有效地指导矿山地质环境调查、评估评价、预测预报和保护与复垦治理等工作。

3.1　矿山环境地质问题类型划分方法

随着矿山深度和广度的不断开拓，环境地质问题层出不穷，表现形式多种多样。按照研究的侧重点不一样，其分类方案和分类系统也不相同。作为地质环境调查的环境地质问题主要涉及的是矿山地面环境地质问题和部分地下环境地质问题。矿山环境地质问题划分原则应有利于矿山地质环境调查、评价和防治。

3.1.1　问题性质划分法

以矿山环境地质导致的问题性质作为分类划分依据，将其分为“三废”问题、地面变形问题、沙漠化问题、水土流失问题等。

3.1.2　矿种类型划分法

不同矿种所存在的地质问题各异，因此，可以根据矿种类型来划分矿山环境地质问题类型，具体划分方法如图 3.1 所示。

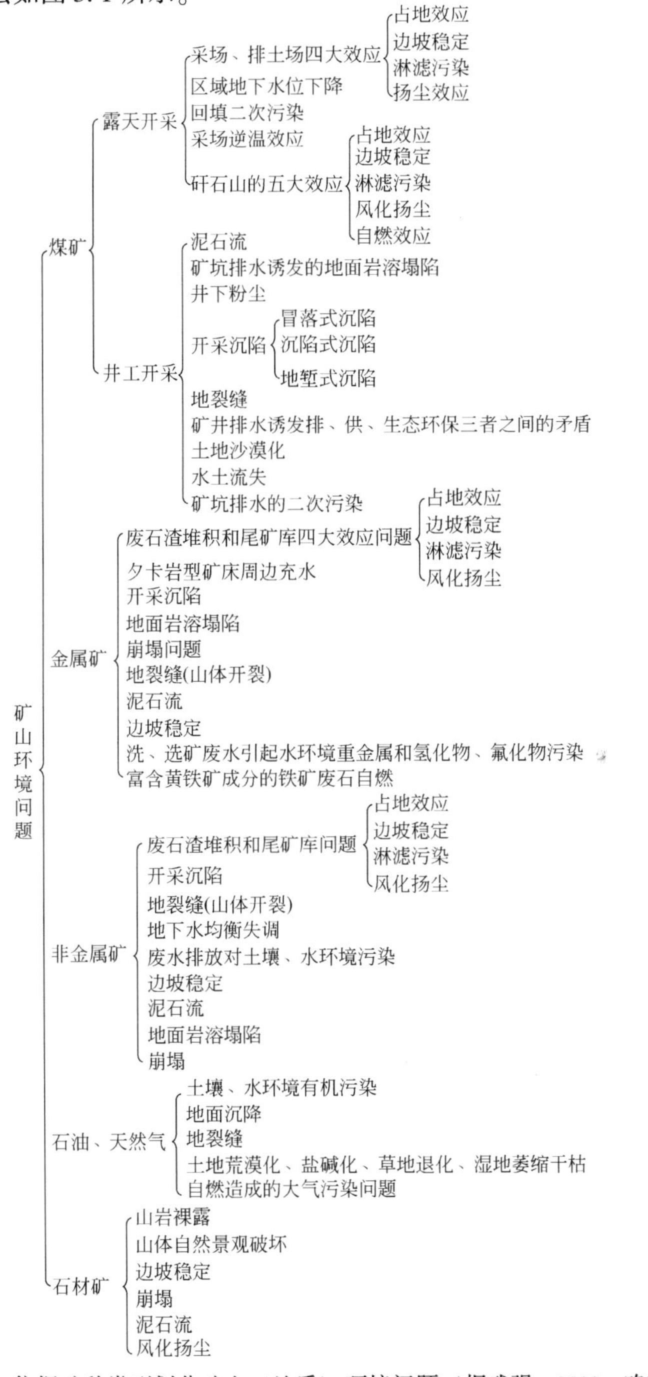

图 3.1　依据矿种类型划分矿山（地质）环境问题（据武强，2003，略改）

3.1.3 开采阶段划分法

矿山从建立到闭坑都存在不同的矿山环境（地质）问题，因此，可以根据矿山的不同阶段来划分矿山环境地质问题类型，具体划分方法见图 3.2。

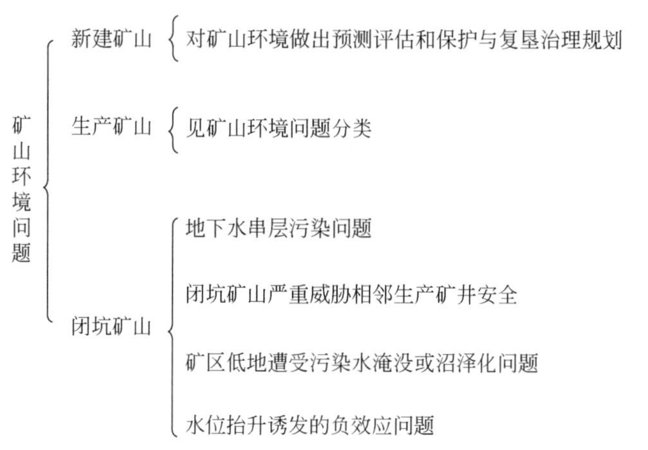

图 3.2 依据开采阶段划分矿山环境（地质）问题（据武强，2003，略改）

3.2 矿山环境地质问题特征分析

3.2.1 “三废”问题

矿山环境地质的“三废”问题包括固相废弃物、液相废弃物和气相废弃物。

1. 固相废弃物

是矿山地质环境面临的一个主要问题，一般包括煤矸石、粉煤灰、剥离废弃物、废石（渣）、尾矿库和含放射性物质等固相废料。固相废弃物堆积一般具有占地效应、边坡稳定、淋滤污染、风化扬尘污染等四大环境效应。但铀矿等废弃物除四大环境效应外，还具有放射性污染效应。在我国固相废弃物堆积中具有典型代表性意义的煤矸石山还具有自燃环境效应。

2. 液相废弃物

一般是指在矿山勘探、开采、采后和洗选过程中所产生的废水。如按污染水所含的污染物性质来划分，液相废弃物可划分为无机无毒水、无机有毒水、有机无毒水和有机有毒水 4 大类型。无机无毒液相废弃物主要包括酸性水、高硬度水、高混浊水和含氮磷的富营养化水等；无机有毒液相废弃物主要包括重金属污染水（汞、镉、铅、锌、铬等）、氰化物污染水和氟化物污染水等；有机无毒液相废弃物主要包括含碳水化合物或脂肪污染水；

有机有毒液相废弃物主要包括含多氯联苯或有机氯污染水等。如按污染水类型来划分，矿山液相废弃物又可划分为酸性水、高硬度水、高混浊水、重金属污染水、有毒有害元素污染水、放射性污染水和有机污染水等。

3. 气相废弃物

根据气相废弃物的类型，可将其划分为煤层、矸石、富含黄铁矿成分的铁矿废石自燃产生的废气、沙漠化导致的扬尘、采场或排土场的风化扬尘、井下粉尘、天然气或煤层气自燃以及二氧化碳气田产生的废气等。气相废弃物对大气环境质量的影响主要包括总悬浮颗粒（TSP）、硫氧化物、碳氧化物、氮氧化物和碳氢化合物等。

3.2.2 地面变形灾害问题

矿区地面变形主要有以下几种表现形式。

1. 开采沉陷

矿山未开采时自身便处在一种原始的地应力平衡状态，矿山开采便是对这种状态的打破。随着矿产资源开采程度的加深，其周围岩体的地应力状态也由遭受破坏逐渐改变而达到一个新的平衡状态，而这种新的平衡有时并不意味着好事，而是意味着矿体周围岩层或地表将经历一个连续移动、变形和非连续破坏（开裂、冒落等）的复杂过程。这种现象被称为“开采沉陷”（王军保等，2015）。

2. 地面岩溶塌陷

在覆盖型岩溶表面，一般多分布有岩溶空间，加之现代地下水的不断溶蚀，常形成不同规模被水或部分松散物充填的排水前相对平衡稳定的隐含空隙。在这些地区的矿产资源开发中，对威胁矿山安全生产的岩溶充水含水层一般均需疏排水，将其地下水位疏降到安全开采标高以下，以确保矿井安全生产，达到消除水患威胁的目的。岩溶充水含水层地下水位的大幅度下降，使得覆盖型岩溶地区上覆的松散含水层与其岩溶充水含水层的地下水位差逐渐拉大，松散含水层地下水将补给下伏低水压的岩溶含水层，同时松散含水层中一些细颗粒物质也随补给速度的逐渐增大，而运移至下伏含水层的隐含空隙中。久而久之，随着这种潜蚀作用的不断增强，隐含空隙将逐渐向地面发育扩大，当空隙发育到地表时，就产生了地面岩溶塌陷，这就是岩溶塌陷机理的潜蚀说。当然，地面岩溶塌陷机理十分复杂，其形成还有其他的成因假说，如真空吸蚀说、重力说、震动说、冲暴说等。

3. 地面沉降

在对液相矿产资源（石油、卤水、热水和地下水等）和气相矿产资源（天然气、煤层气和二氧化碳气田等）的开采过程中，随着开采程度的加深，液压或气压不断降低，根据力学平衡原理，赋存液相或气相矿产资源的多孔介质有效应力必然增大，使地层固结压缩，导致地应力重新分布，从而造成地面沉降。

4. 边坡

矿山环境地质的边坡问题包含很广，固体废弃物堆积边坡、露天采坑边坡、排土（岩）场边坡、尾矿库边坡和矿山边坡等都包含其中。关于该问题的解决，有些学者认为堆积的边坡或者人工开挖边坡角度越小，稳定性便越好。但边坡越小占地面积便越大，不仅会浪费土地资源，而且会直接降低矿井开采的产量。因此，在不同的条件下，按照安全、经济合理原则设计边坡角大小，是十分必要的。

5. 地裂缝

矿床开采地形与规模不同，其产生的地裂隙大小类型也不同。就地形不同而言，平原区的大型采空区一般相对是比较规则的，产生的地裂缝也是逐渐变化的。而在沉陷盆地外边缘区产生的拉张裂缝也是呈规律分布，一般呈直线或弧线型分布在采空区边界上，大致与工作面相互平行，而在工作面两端也可能产生拉张地裂缝，裂隙方向大致与工作面方向垂直。开采规模大小以煤矿为例，大型煤矿开采引起的地裂缝规模比较大，地面的延伸长，裂缝宽，影响范围大，称为巨型或大型地裂缝。而中小型煤矿开采引起的地裂缝规模较小，在地表分布规模也并不怎么明显，尤其是小型煤矿开采，任其顶板自由跨落，在地表常出现串珠状小陷坑。从地面上看裂缝并没有完全贯通，这种地表裂缝一般为中小型裂缝。丘陵山区的金属、非金属或建材矿山不合理开发也容易导致地面裂缝或山体开裂。

6. 崩塌

近年来崩塌现象出现频率渐高，如鄂西宜昌地区盐池河磷矿山崩塌造成巨大灾难；长江西陵峡链子崖山体开裂（裂缝宽达 6m 多）；新滩地段不断崩塌，而其发生原因除与区域构造活动有关外，也与小规模开采崖下二叠系煤层有一定关系。矿山开采导致的崩塌现象并不少见，如地下采掘导致地面倾斜、山体开裂和崩塌等。究其原因：在地下开采过程中，由于矿体本身性质恶劣或必要衬砌条件不行，很容易产生崩塌。另外在地表，废矿矸石堆积引起的崩塌问题也时常发生。

7. 泥石流

与矿山开采有关的泥石流，除矿床开采之前即以天然状态形成以外，主要是由于采矿产生的废石矿渣不合理堆放（即人类工程活动）而导致的，尤其在丘陵山区地带的矿山开发中，极易发生泥石流问题。矿山泥石流的形成不仅与开山采矿、废石矿渣堆放等采矿工程活动有关，而且与地形、地质、水文、气象条件和人为滥砍山林等也有重要关系。

3.2.3　沙漠化问题

我国矿区沙漠化问题主要可划分为两大类，即西北干旱半干旱区煤矿山沙漠化问题和油田沙漠化问题。矿区土地沙漠化致灾因子可划分为自然和人为两类。自然因子主要包括：地貌类型（地形）、潜水位埋深、降雨量大小（不同年度）、土壤类型（表土成分）

和风力（起沙风次数/年）等，而人为因子包括：矿山开发面积和植被覆盖面积等。

3.2.4　水土流失问题

水力与风力是造成水土流失的主要作用力，因此水土流失被分为水力侵蚀和风力侵蚀两大类（李艳云，2013）。这两类水土流失类型的致灾因子有共同点，也有不同之处，如表3.1所示。

表3.1　两类水土流失的异同点

类型	致灾因子共同点	致灾因子不同点
水力侵蚀型	矿山开发面积、土地抗蚀能力、地貌类型、水土保持管理水平、土地利用类型	暴雨强度（具有侵蚀力次数/年）、地形坡度沟壑密度
风力侵蚀型		风力强度

3.3　矿山环境地质问题形成机理研究

3.3.1　矿山环境地质条件

1. 气候水文

（1）气象：主要是降雨量特征，他对矿山地质灾害的发生有直接影响。

（2）水文：重点是矿区附近河流及季节性洪水沟谷的径流量特征，有些露天采场和地下采空塌陷区正好位于沟谷或河流穿越部位，需要设计河流改道工程。

（3）植被：植物的种类（乔木、灌木、草及人工作物）和密度，植被覆盖率等，为矿区植被恢复提供依据。

（4）土壤：土壤类型（棕壤、褐壤、草甸土）、分布、厚度等为表土的存放与覆土利用提供依据。

（5）土地利用现状：包括林地、草地、耕地、荒坡地等的分布位置、面积等，应在有关平面图上表示出来。为土地复垦提供依据。

2. 地形地貌

重点对矿区及其附近地区地质灾害发育与矿山地质环境问题有关的地形地貌特征进行调查和论述。为地质灾害危险性评估和矿山地质环境影响评估提供依据。

3. 地层岩性

查明地层、构造、岩浆岩，注意调查断层破碎带特征，分析其对露天采场边坡及地下采场、巷道稳定性的影响。

4. 地质构造

地质构造则主要是调查断裂性质和是否存在透水断裂等情况。

3.3.2 技术层面机理

采矿工作以采场为单元组织生产，实行强化开采，推广先进经验，采用适用的新技术，淘汰不合理的采矿技术，认真执行有关安全规程和技术操作规程。采场设计和施工，必须达到矿山设计的回采率和采矿贫化率要求。各坑口应根据规定的基本原则，并结合实际情况，制定采场技术管理实施细则。

3.3.3 管理层面机理

地质灾害危险性评估：是指工程建设可能诱发、加剧地质灾害和工程建设本身可能遭受地质灾害危害程度的估量。矿山地质灾害危险性评估是矿山地质灾害危险性评估报告书或说明书编制审查、办理采矿许可、审批矿山建设用地、实施矿山地质环境监督管理、防治矿山地质灾害等的技术工作依据。

随着矿山的开发和利用，矿山环境地质问题和因其引起的各种次生地质灾害现象已逐步显露端倪，有的还造成严重后果。因此，“资源开采—环境保护—矿区可持续发展”的平衡关系，是我国资源开发的全局性课题。建立健全矿山管理体系的法律和评价机制，加强矿山环境保护是实现绿色矿山和矿山可持续发展的重要前提。一般来说，广义上的矿山环境是指与矿业开发活动相联系的各种天然的和经过人工改造的自然因素的总体。

广义上的矿山环境是指与矿产资源开发利用相联系的各种天然或人工改造的自然因素的总体，主要包括一定范围内的矿产、水、土地、大气、森林、草原、野生生物等。狭义上的矿山环境是指存在于矿山企业范围内的以及在矿产资源开发利用过程中与之相关，包括矿产、水、土地、林木、草原、声音、地质遗迹等在内的各种自然因素的综合体。我国是世界第三矿业大国，矿产资源丰富，矿种齐全。矿业经济在国民经济建设中占有重要地位，矿业开发在给社会经济带来巨大效益的同时，也带来不少矿山环境地质问题。由于我国矿业开发自新中国成立以来发展迅猛，人们的观念仍以“重开发、轻保护”为主。因此，在矿产资源开发利用过程中常常忽视矿山环境保护工作。大规模、高强度的矿业开发使得矿山环境地质问题日趋严重，给生态环境带来一些危害。

3.3.4 地质灾害评价与管理现状

近年来，随着地质灾害的频发，崩塌、滑坡、泥石流等典型地质灾害及其风险性评价成为人们关心的主要问题之一。地质灾害具有必然性、突发性、渐进性、破坏性、区域性、复杂性和严重性等多方面的特点，往往对矿山安全及人们生命财产造成巨大威胁或破坏，其预防和减轻意义重大。然而，由于认识水平、管理水平及经济条件的局限，目前只能利用有限的资源和手段来应对地质灾害的频繁发生。民众虽已普遍意识到地质灾害的严重性，但在防灾减灾实践中，民众参与度低。造成这种现状的主要原因是地质灾害发生的随机性和复杂性，且民众对地质灾害的认知能力还有诸多的不足。管理部门及科研单位对地质灾害响应滞后，防灾减灾措施不多且范围狭窄。就目前而言，地质灾害风险性分析和评价成为了表达地质灾害不确定性的一种重要工具。然而无论是理论上还是实践上，中国还尚未形成一套切实可行的区域地质灾害评价与管理体系。

3.3.5　环境污染评价与管理现状

矿山废水具有污染范围广、排放量大、成分复杂等特点，随着污水处理技术的进步，目前已逐步发展出酸碱中和法、化学氧化法、混凝沉降法、生物法、人工湿地法等处理技术。王洪忠等研究了中和法处理排入孝妇河的矿山酸性废水，试验先用碳酸钙将废水 pH 值中和至4.5左右。再改用氢氧化钙继续升高 pH 值，最终出水 pH 值达到7.5，硫酸根和总铁含量为微量，达到排放要求。近年来，云南、贵州两省加强了对土法炼硫的环境管理，坚决取缔土炉，推广炼硫新技术。目前，土法炼硫污染的防治工作已初见成效。如云南省镇雄县已基本完成了土法炼硫的技术改造，使硫的回收率提高。日平均浓度达到国家《环境质量空气标准》（GB 3095—2012）中的二级标准（$<0.25mg/m^3$），炼硫厂周边绿色植物生长正常。我国每年因采矿产生的废水约占全国工业废水排放总量的10%以上，而处理率仅为4.23%，绝大部分未经处理的废水直接排入江河湖海。我国每年工业固体废物排放量中，85%以上来自矿山开采。据统计，国有重点煤矿利用煤矸石3470×10^4t，占当年排出量的48.5%，其中用于发电、燃料800×10^4t，建材原料590×10^4t，筑路材料360×10^4t，充填材料990×10^4t。全国国有煤矿现有煤矸石山1500余座，现已积存矸石30×10^8t，占地$5000hm^2$之多。各类尾矿累计约25×10^8t，并以每年3×10^8t的速度递增，不仅占用了大量土地，还对土壤和水资源造成严重污染。因采矿而直接破坏的森林面积累计已达$106\times10^4hm^2$，破坏草地面积$26.3\times10^4hm^2$。因采矿累计占用土地约$586\times10^4hm^2$，破坏土地$157\times10^4hm^2$。

3.3.6　地质灾害评价与管理体系构筑

地质灾害危险性是地质灾害的固有属性，是地质灾害自然属性的体现，地质灾害的活动强度是其评价的核心要素（贺为民，2013）。活动强度越高，造成的损失越严重，危险性越大（表3.2）。

表3.2　地质灾害评价体系

地质灾害危险性分类	主要内容及评价要素	地质灾害评估方法	评估内容
潜在灾害危险性	指具有地质灾害形成条件但尚未发生的潜在危害性，评价要素包括地形地貌条件、地质条件、气象水文条件、人为活动条件等	点评估	对潜在灾害体或已经出现的灾害现象进行分析评价，确定未来的灾害发生几率、可能的规模和危害范围、活动强度及破坏程度等

续表

地质灾害危险性分类	主要内容及评价要素	地质灾害评估方法	评估内容
历史灾害危险性	指已经发生的地质灾害强度，评价要素为灾害的规模、类型、研究区内灾害的分布密度以及活动周期	面评估	对一个地区某类或几类地质灾害的活动程度进行分析评价，确定研究区未来灾害的类型、活动频率强度规模及其破坏能力并进行危险性分区
		区域评估	对大范围内多种地质灾害活动强度的综合分析评价通过危险性区划确定区域性地质灾害的活动水平和危害程度

3.3.7　地质灾害评价基本原理与方法

危险性分析、易损性分析、期望损失分析是地质灾害风险评价的基础，由此可以确定风险区所处位置、范围，地质灾害活动的时间概率和分布密度，进而确定可能遭受地质灾害的人口、财产、工程、资源和环境的空间分布以及破坏损失率（张业成等，1995）。期望损失分析作为地质灾害风险评价的核心，其目的是通过模拟分析，预测地质灾害可能造成的人口伤亡、经济损失以及资源、环境的破坏程度，综合反映地质灾害的风险水平（表3.3）。

表3.3　地质灾害评价原理及内容（据朱吉祥等，2012，略改）

地质灾害风险程度取决条件		地质灾害风险评价内容	
地质灾害活动的动力条件	地质条件	危险性分析	通过对历史地质灾害活动程度以及对地质灾害各种活动条件的综合分析，评价地质灾害活动的危险程度，确定地质灾害活动的密度、强度、发生概率以及可能造成的危害区的位置、范围
	地貌条件		
	气象条件		
	人为地质动力活动		
人类社会经济易损性	人口密度及人居环境	易损性分析	通过对风险区内各类受灾体数量、价值以及对不同种类、不同强度地质灾害的抵御能力进行综合分析，评价承灾区易损性，确定可能遭受地质灾害危害的人口、工程、财产以及国土资源的数量及其破坏损失率
	财产价值密度与财产类型	期望损失分析	在危险性分析和易损性分析的基础上，计算评价地质灾害的期望损失与损失极值
	资源丰度与环境脆弱性		

3.4　矿山（地质）环境污染评价基本原理与方法

3.4.1　存在问题

1. 矿山地质环境保护法律法规与标准体系不完善

在国家现行的法律规章和条令条例中，矿山地质环境保护方面的相关法律法规还不完备，“谁开发、谁补偿、谁破坏、谁恢复”的原则还未在具体的法律法规中得到体现，法律依据是当前矿山地质环境执法中亟待解决的问题。同时基层矿山地质环境保护的执法能力还很薄弱，表现在：一，地方矿山地质环境执法机构不健全，大部分省、市没有单独设置矿山地质环境保护和执法机构；二，相关的执法人员的业务素质和业务能力亟待提高，表现在为数不多的矿山环评中，未突出矿山地质环境的环评特点，在环保“三同时”的执法检查中，过分偏重工业污染而忽略了矿山地质环境，还不能用生态环境的标准去进行执法检查（徐凌，2011）。

按照市场经济的要求，根据矿山地质环境的特点，从可持续发展的角度出发，尽快制定矿山地质环境保护方面的法律法规，并注意与其他法律法规的协调和配套，使矿山地质环境监督管理工作有法可依。同时，在矿山地质环境保护工作中必须始终以法律为依据，依法办事。依法保护矿山地质环境是保持矿产资源可持续利用，促进经济发展和环境协调的重要保证措施之一。继续实行并完善“谁复垦、谁使用、谁受益”的优惠鼓励政策，允许业主对国家征用的被破坏的土地复垦后，拥有使用权，政府予以登记，确权发证，保护复垦者的合法利益。

矿山地质环境问题是由于矿产资源的开发引起的，国土资源管理部门是土地、矿产资源的管理部门，具有土地、矿产资源开发、规划、合理利用和地质环境的监督管理职能，将矿山地质环境管理的若干环节纳入矿业秩序管理或是两者协调起来，有助于提高行政管理的效率。建立环保、国土、安全监察三部门联合开展矿山地质环境保护专项执法检查监督的联动机制，加大执法力度。一是，采矿许可证的年检要与环保审批结合起来，不予环保审批的，则推迟其采矿许可证的年检，情节严重的，则撤销其采矿许可证；二是，处理人与处理事相结合，加大对违法企业的法人代表经济、行政直至刑事追究的处罚力度。

2. 矿山地质环境管理体制不健全

矿山地质环境保护的工作涉及环保、国土、安监等诸多行政部门。国土资源部门负责对在自然保护区、风景名胜区、重要生态功能区以及生态环境敏感区等禁采区内违法采矿等违法行为的查处工作；安全生产监督管理部门加强对矿山安全生产的监督管理、督促，直到矿产资源开发单位落实、完善各项安全生产措施，着力查处不符合基本安全生产条件的矿山企业；环保部门负责查处群众反映强烈的破坏生态、污染物排放严重超标，危害人民群众身体健康的矿产开发单位的环境违法行为，检查矿产开发单位环评，“三同时”的执行情况，矿山采、选、冶生产过程中废水处理、再利用以及固体废弃物无害化处置的情况，以及矿区水土保持、土地复垦和植被恢复情况。由于我国的矿山地质环境保护工作涉及多个部门，尚未形成完善的职责明确，分工协作，形成合力、加强联合执法的矿山地质环境保护工作的新机制（李闽和杨耀红，2014）。

3. 地方经济发展指导思想偏差

地方政府的宏观决策指导着矿山管理部门和企业业主的执行与管理方向，当下地方政府在矿产开发方面，缺少矿山地质环境保护意识，过分注重资源开发，致使基层矿山管理部门和企业业主重生产、重安全，不注意矿山地质环境保护。基本表现在各级矿山管理部门过分偏重业务管理，而忽略地质环境的管理和监督，很大一部分工矿业主不惜破坏环境来牟取最大利润，主要表现为矿山环评和环保“三同时”执行率很低。因此地方政府确立合适的经济发展指导思想很重要（黄德林和郭诗卉，2013）。

4. 矿山地质环境监管不力

矿山地质环境保护政策逐渐完善，但是得到的结果却并不是十分理想，这是因为执行者工作没有到位，而执行者工作的到位程度，很大一部分又受监管者的控制，因此矿山地质环境监管不力是我国矿山地质环境问题多发的一个重要因素（吕军等，2012）。目前，国家环保总局虽然将项目审批、环评和监督等职能分派到了环境评价管理司和自然生态保护司，但国土资源部对矿山地质环境管理的职能还没有明确，具体到各省环保局，项目审查、环评与监督又分属不同处室，导致管理和监督相互脱节。管理和监督的脱节又直接造成了采矿许可证和环境许可证审批相互脱节，致使出现审批时不管监督，监督无法真正履行的被动局面。在具体到矿山项目的环评时，又没有突出地质环境的特性，不能从源头上把住地质环境关，履行地质环境保护职能的不能真正履行其职责，不能实现矿山项目建设前期和生产过程的全程监督（张进德等，2014）。

3.4.2 原理方法

目前环境污染治理是全球性课题，治理任务重，治理周期长，治理难度大，治理范围广。我国的环境污染问题严重，经过历代学者的不断研究与实践，我国的环境污染治理工作取得了重大进展，目前我国环境污染评价基本原理与方法见表 3.4。

表 3.4 矿山（地质）环境污染评价基本原理与方法

评价基本原理	评价方法	保障体系
科学性原则	指标体系的确定应有一定的代表性，能够综合反映矿山环境问题的现状和变化趋势	提高认识、增强环保意识
数据可得性原则	指标体系建立过程中应充分考虑到所用到的指标数据的可得性，尽可能地用一些现有的统计数据及易于观测的资料	完善法律、法规和监管体系
		提高开采和治理的科技水平

续表

评价基本原理	评价方法	保障体系
可操作性原则	指标应具有一定的操作性，所建立的指标体系不应盲目地求全求大，指标体系过于复杂将直接导致可操作性降低	加大资源的回收和综合利用
		积极推进土地资源复垦与生态恢复
动态性原则	矿山环境系统是一个随着不同的社会经济发展阶段而变化的系统，因此指标体系应与不同的发展阶段相适应，具有一定的动态性	废气处理及综合利用
		噪声污染防治措施
系统性原则	从能够反映一个系统的整体结构和功能的角度，遴选出相应指标来反映系统的特征	做好关闭矿井的生态重建工作

第二篇　矿山（地质）环境保护与恢复治理——以贵州与宝口煤矿、永兴煤矿及明华煤矿为例

第4章　矿山（地质）环境保护与恢复治理图件

4.1　成果图件编制一般要求

一般要求编制三幅最基本的图件，即矿山（地质）环境现状图、矿山（地质）环境影响评估图、矿山（地质）环境保护与环境治理方案图（图4.1）。

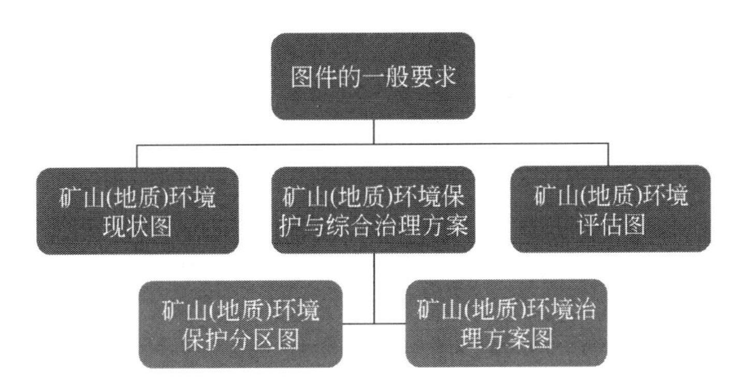

图4.1　矿山（地质）环境保护与综合治理要求编制的三大图件

（1）工作底图要采用最新的地理底图或地形地质图。如果收集到的工作底图较陈旧，地形地物变化较大，则应简单实测、修编；如果地形地质图是由小比例尺放大而得，也应进行修编。

（2）成果图件应在充分利用已有资料与最新调查资料，深入分析和综合研究的基础上编制。要求报告编制人员必须亲临现场，取得最新的调查资料。

（3）成果图件要求数字化成图，图形数据文件命名清晰，并与工程文件一起存储（图4.2）。

（4）成果图件要符合有关要求，表示方法合理，层次清楚，清晰直观，图式、图例、注次齐全，读图方便。

（5）成果比例尺原则上不小于矿山精查报告比例尺；当矿区范围较大时，成图比例尺最小为1：10000。

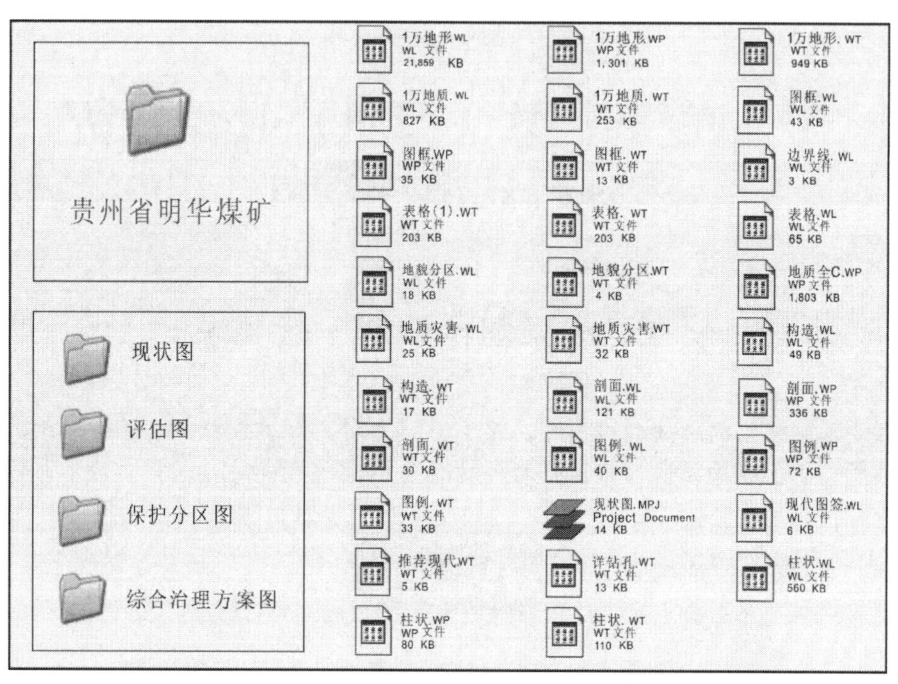

图 4.2　图件格式要求

4.2　矿山（地质）环境现状图编制方法

4.2.1　现状平面图

该图主要反映矿区的地质环境条件以及矿山所存在的矿山环境（地质）问题。内容包括：

（1）地理要素：包括主要地形等高线、控制点；地表水系、水库、湖泊；重要城镇、村庄、工矿企业；干线公路、铁路、重要管线；人文景观、地质遗迹、供水水源地、岩溶泉域等各类保护区（地理要素编绘方法参照 DZ/T 0157—1995）。

（2）地质环境条件要素：包括矿区地貌分区；地层岩性、主要地质构造；水文地质要素（如井、泉分布）；矿层底板等值线；土地利用现状等（参照区域地质图图例 GB 958—99）。

（3）矿山开采要素：矿区范围；现有的、废弃的、拟建的开采井筒（主要巷道的布置）；采空区的分布等（参照矿山环境保护与综合治理方案编图常用图例附录 J.4 其他）。

（4）主要矿山环境（地质）问题（图4.3，见彩图）：已发生的滑坡、崩塌、泥石流、地面塌陷、地裂缝等地质灾害以及潜在的地质灾害的分布和规模；土地沙化与水土流失分布范围；固体废弃物堆放位置与规模；地下水均衡破坏范围（即地下水降落漏斗的范围）；水土污染范围等（参照矿山环境保护与综合治理方案编图常用图例附录J.1矿山环境地质问题）。

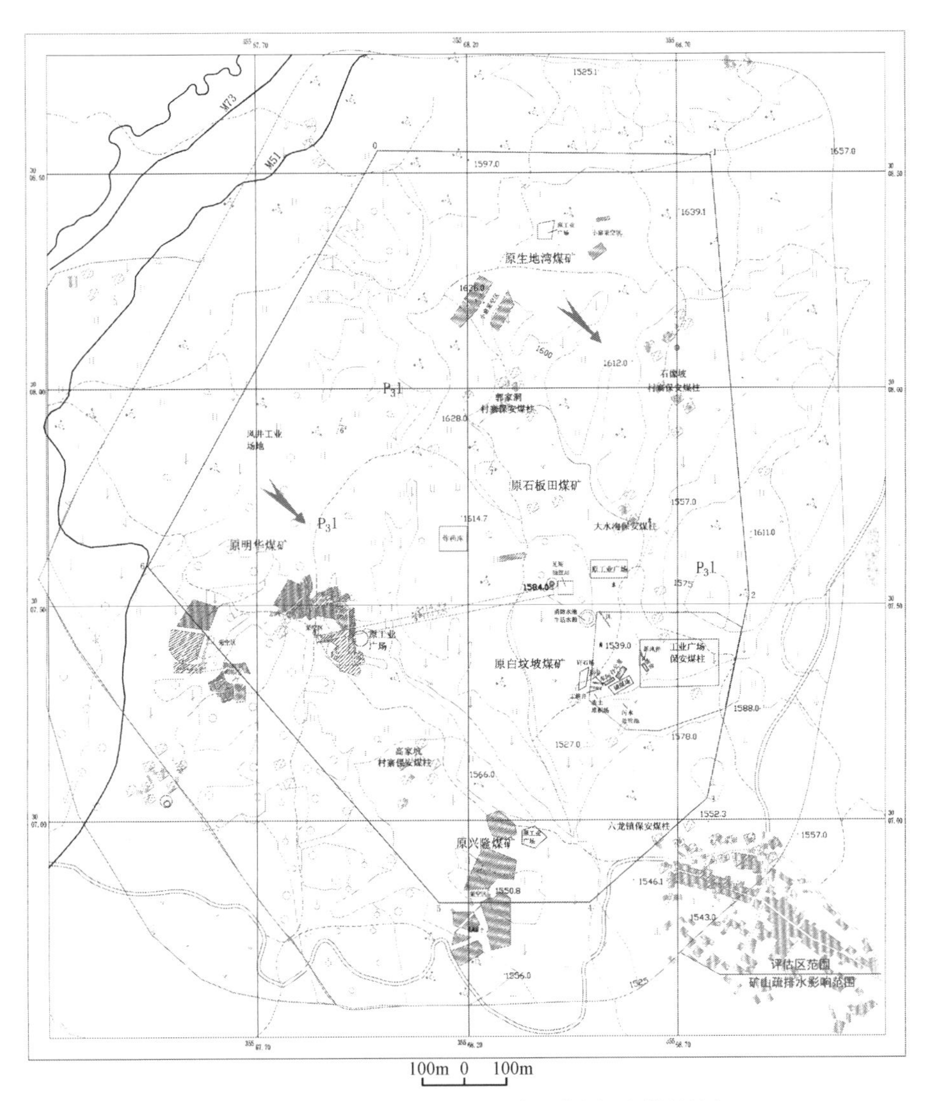

图4.3　明华煤矿矿山（地质）环境现状图（图例见图4.4）

4.2.2　现状图镶图与镶表

可根据需要在平面图上附一些专门性镶图，如地质剖面图、综合地层柱状图；降水等值线图、全新活动断裂与地震震中分布图、周边矿山分布图；区域地质灾害分布图、地下水等水位线图等（图4.4）。

用表的形式说明矿山（地质）环境问题的类型、编号、地理位置、分布范围与规模、形成条件与成因、危害程度与危险性、发展趋势等（表4.1、图4.4）。

表 4.1　矿山环境（地质）问题说明表

矿山环境（地质）问题	编号	地理位置	分布范围或规模	形成条件及成因	危害程度与危险性	发展趋势
滑坡及潜在滑坡	H_1					
	H_2					
崩塌及潜在崩塌	B_1					
	B_2					
泥石流及潜在泥石流	N_1					
	N_2					
地面塌陷	T_1					
	T_2					
地裂缝	L_1					
	L_2					
水土流失	S					
固体废弃物堆放	G					
地下水均衡破坏	J					
水污染	SW					
土地污染	TW					

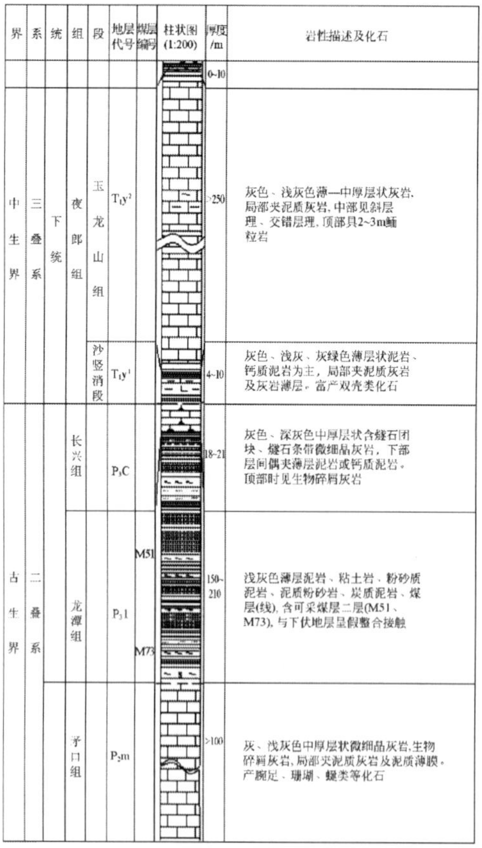

界	系	统	组	段	地层代号	煤层编号	柱状图 (1:200)	厚度 /m	岩性描述及化石
								0~10	
中生界	三叠系	下统	夜郎组	玉龙山组	T_1y^2			>250	灰色、浅灰色薄—中厚层状灰岩，局部夹泥质灰岩，中部见斜层理、交错层理，顶部具2~3m鲕粒岩
				沙竖消段	T_1y^1			4~10	灰色、浅灰、灰绿色薄层状泥岩、钙质泥岩为主，局部夹泥质灰岩及灰岩薄层。富产双壳类化石
古生界	二叠系		长兴组		P_3C			18~21	灰色、深灰色中厚层状含燧石团块、燧石条带微细晶灰岩，下部层间偶夹薄层泥岩或钙质泥岩。顶部时见生物碎屑灰岩
			龙潭组		P_3l	M51 M73		150~210	浅灰色薄层泥岩、粘土岩、粉砂质泥岩、泥质粉砂岩、炭质泥岩、煤层(线)，含可采煤层二层(M51、M73)，与下伏地层呈假整合接触
			茅口组		P_2m			>100	灰、浅灰色中厚层状微细晶灰岩,生物碎屑灰岩,局部夹泥质灰岩及泥质薄膜。产腕足、珊瑚、蜓类等化石

开采现状

各矿区采空区面积/m²	开采层位	开采方式
68647.5	M51 M73	斜井开拓方式 倾斜长壁采煤法

占用、破坏、污染土地资源现状

环境影响物名称	总计/m²	林地	能否回复
工业广场	20554.3	20554.3	能
储煤场	797	797	能
矸石场	3906.5	3906.5	能
车间办公室、食堂	530.5	530.5	能

明华煤矿及附近区域人口分布情况

乡镇	居民点	户数	人口
六龙镇	郭家洞	28	168
	石像坡	32	192
	大水沟	18	108
	高家坡	22	110
	大坡	45	270
	苏家湾	12	60
	丘家土	22	90
	六龙镇	126	504
合计		299	1502

评估区土地利用现状统计表

序号	用地类型			面积/m²	占总面积的比例/%	分布位置
1	耕地	灌溉水田		10.05	2.8	评估区东南和西南
		往天水田		26.28	7.32	评估区中部和北部
		水浇地		9.59	2.67	
		旱地	坡度≥25°的旱地	53.78	14.98	评估区各部
			坡度<25°的旱地	58.27	16.23	评估区各部
		菜地		4.45	1.24	评估区南部
2	园地			3.52	0.98	
3	林地	有林地		60.53	16.86	评估区各部
		灌木林地		76.48	21.3	评估区各部
		小计		137.01	38.16	
4	疏林地			17.88	4.98	
5	灌草地			15.55	4.33	
6	水体			0.72	0.2	评估区东南和西南
7	建设用地			7.65	2.13	评估区东南
8	未利用地			14.29	3.98	评估区各部
合计				359.04	100	

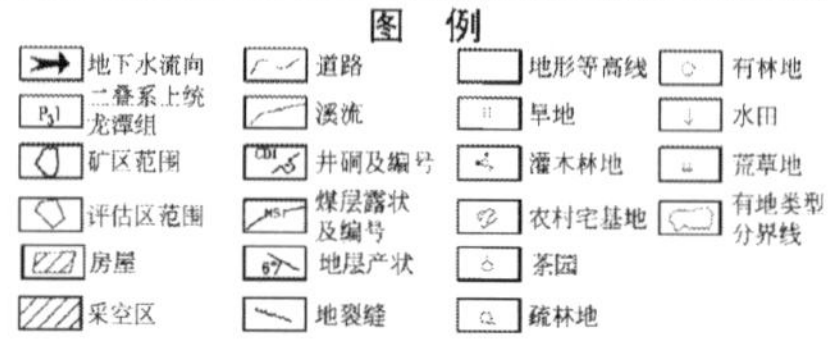

图　例

图 4.4　明华煤矿矿山（地质）环境现状镶图、镶表示意图

4.3　矿山（地质）环境影响评估图编制方法

4.3.1　影响评估平面图

该图主要反映矿业活动对矿山（地质）环境的影响。内容包括：

（1）地理要素：同前4.2.1节第1条；

（2）地质环境条件要素：可省略；

（3）矿山开采要素：同前4.2.1节第3条；

（4）主要矿山（地质）环境问题：同前4.2.1节第4条。

（5）矿山环境影响评估分区：根据矿区地质灾害危险性、对水环境的影响程度、对岩土和生态环境的影响程度等进行单要素分区。地质灾害划分为危险性大、中等、小区；对水环境、岩土和生态环境的影响划分为严重、较严重、一般区。在图上，能分区的要素就要分区表示（用颜色或线条表示）（图4.5，见彩图）。

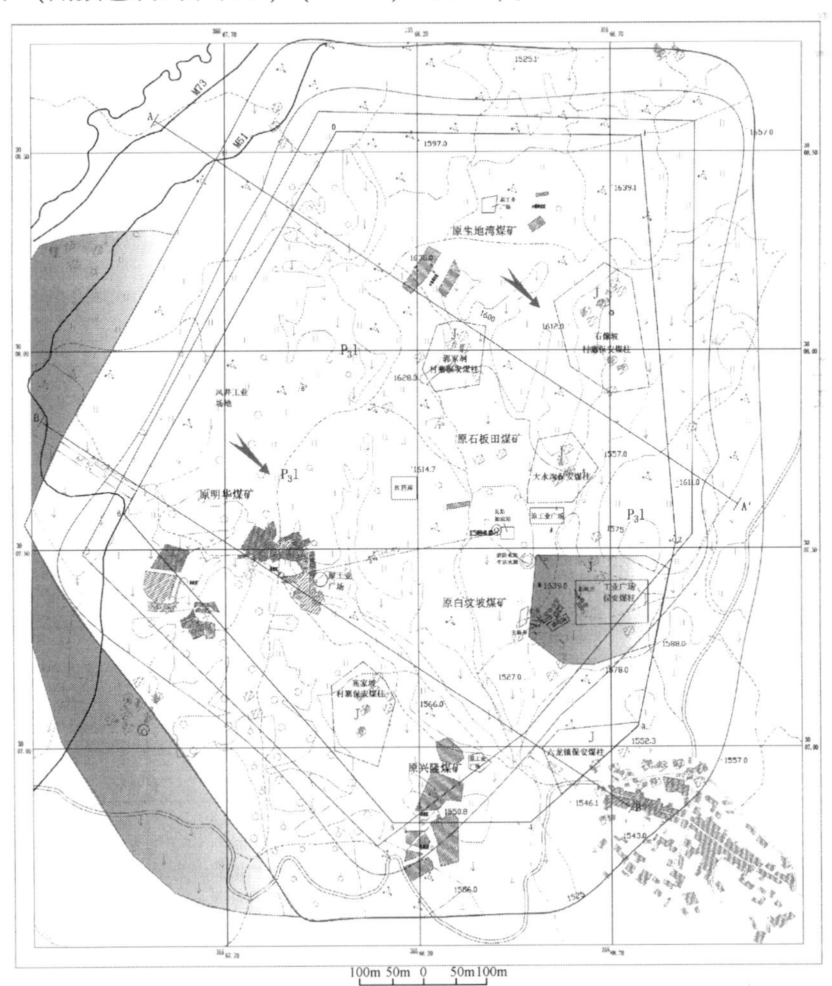

图4.5　明华煤矿矿山（地质）环境影响评估图（图例见图4.6）

在单要素分区基础上，以采矿对矿山地质环境造成的影响为主，兼顾矿区地质环境背景，按附录E（表4.2）对矿山环境影响进行综合分区，分严重区、较严重区、较轻区三个区（用有颜色的宽线圈定范围，颜色参照矿山环境保护与综合治理方案编图常用图例附录J.3）。

表4.2　矿山（地质）环境影响程度分级表

影响程度分级	确定要素					
	地质灾害影响对象	地质灾害危害程度	影响的土地资源类型	水资源的影响	水环境的影响	防治难度
严重	各类保护区或城镇、大村庄、重要交通干线、重要工程设施	严重	灌溉水田、基本农田	大面积地表水漏失、使水田变旱地；地下水枯竭，影响水源地供水	污染河流、水库或大面积地表、地下水体	难度大
较严重	村庄、一般交通线和工程设施	较严重	灌溉水田、基本农田以外的耕地	小范围地表水漏失、地下水位超常下降，但影响限于局部	污染小溪、水塘或局部地表、地下水体	难度中等
较轻	分散性居民区或无居民区	较轻	耕地以外的农用地、未利用地	无地表水漏失、泉井干涸等现象，不影响当地生产生活	无污染或仅限于污染源处小范围内	难度小

注：1. 分级采取就上原则，有一项要素符合该类分级都即划为该类；
2. 地质灾害危险程度确定界线按表E.2执行。

4.3.2　影响评估图镶图与镶表

对重点区域（由采矿引发环境地质问题突出的区域）可以在图面上插入镶图进一步说明，如完整的泥石流沟、重要地质灾害隐患点、地下水疏、排干范围等。镶图比例尺视具体情况而定（图4.6，见彩图）。

用镶表对矿山地质环境影响评估分区加以说明，如矿山（地质）环境影响分区名称、编号、分布范围、面积、主要矿山环境（地质）问题类型、危害程度等（表4.3、图4.6）。

表4.3　矿山（地质）环境影响评估说明表

	分区名称	分区编号	亚区编号	分布范围与面积	主要矿山环境问题	危害程度和危险性
地质灾害危险性分区	危险性大区	A				
	危险性中等区	B				
	危险性小区	C				

续表

	分区名称	分区编号	亚区编号	分布范围与面积	主要矿山环境问题	危害程度和危险性
对水环境影响分区	严重	E				
	较严重	F				
	较轻	G				
对岩土和生态环境影响分区	严重	H				
	较严重	I				
	较轻	J				
综合影响分区	严重	K				
	较严重	M				
	较轻	N				

明华煤矿矿山环境影响综合分区结果

分区编号	地理位置	主要矿山环境问题类型	成因	危害	面积/m²	占总面积比例/%	综合影响评估结果
Ⅰ区(严重区)	整个危险性大区	地质灾害(地裂缝、危岩体、泥石流等)	井下开采造成的地表移动变形	地质灾害危险性大，煤矸石等破坏土石环境。本区内郭家洞村寨、石像坡、大水沟、高家坡等村民房屋、矿井进场公路、河流、基本农田以及植被等受到不同程度的破坡影响	2030335.93	56.55	严重
		地下水均衡破坏	采空区、小窑破坏区导致矿山疏排水	局部形成地下水漏斗			
Ⅱ区(较严重区)	危险性大区以外矿井疏排水影响范围以内	地质灾害(滑坡、地裂缝等)	井下开采造成的地表移动变形	地质灾害危险性较大，危害对象主要为六龙镇与大坡等村寨小部分地区房屋及其居民安全等，对地面设施影响中等	1237105.61	34.46	较严重
		地下水均衡破坏	矿山疏排水	形成区域性地下水位降落漏斗，可能导致其影响范围内的地表水体漏失、井泉干涸及水资源枯竭			
Ⅲ区(较轻区)	评估区除严重区、较重区外的其余范围	局部岩体失稳崩塌、微裂隙	地表移动变形和疏排干区的影响	微地貌变形，苏家湾、大坡等村寨大部分地区房屋轻微开裂	322912.39	8.99	较轻

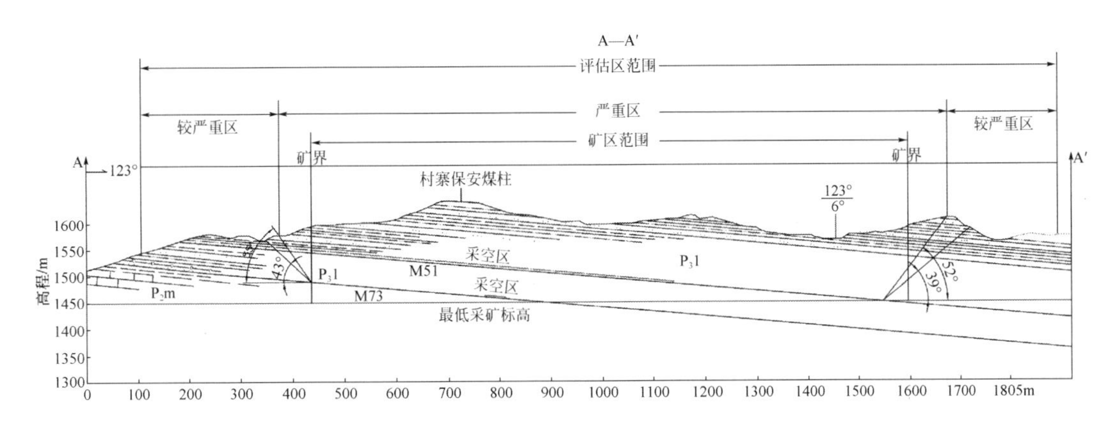

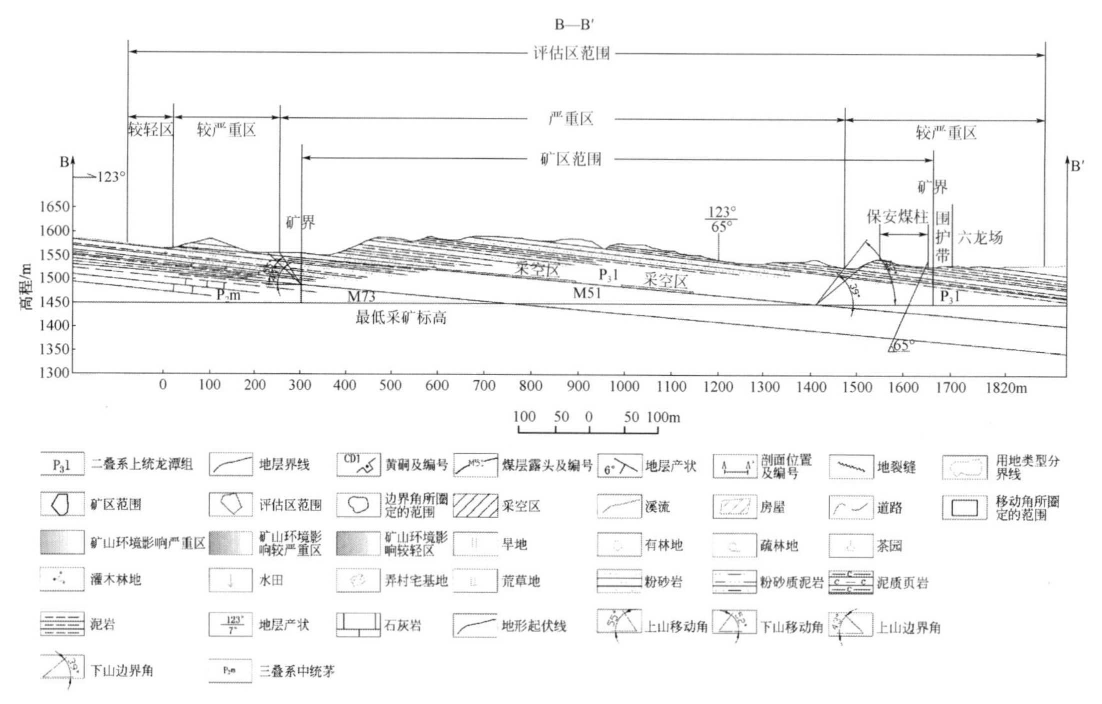

图 4.6　明华煤矿矿山（地质）环境影响评估镶图、镶表示意图

4.4　矿山（地质）环境保护与综合治理方案图编制方法

4.4.1　环境保护与综合治理平面图

该图主要反映矿山环境保护与综合治理的规划分区等。内容包括：

（1）地理要素：同前 4.2.1 节第 1 条；

（2）地质环境条件要素：可省略；

（3）矿山开采要素：同前 4.2.1 节第 3 条；

（4）矿山环境综合防治规划分区：根据矿山环境影响评估分区结果，结合矿山环境发展变化趋势分析，特别要考虑矿山环境问题对人居环境、工农业生产、区域经济社会发展造成的影响。按照区内相似，区间相异的原则，划分出不同等级的矿山环境保护与治理分区，主要包括：矿山环境重点保护区、矿山环境重点预防区、矿山环境重点治理区（段）、矿山环境一般治理区（用颜色表示，参照矿山环境保护与综合治理方案编图常用图例附录 J.3），为开展矿山环境保护及治理工作提供依据（图 4.7、图 4.8，见彩图）。

矿山环境重点保护区：主要包括地质公园、森林公园、旅游风景名胜区、城镇饮用水源地、重要交通干道、重要工程设施、居民点分布范围以及其他不允许开采的区域等。

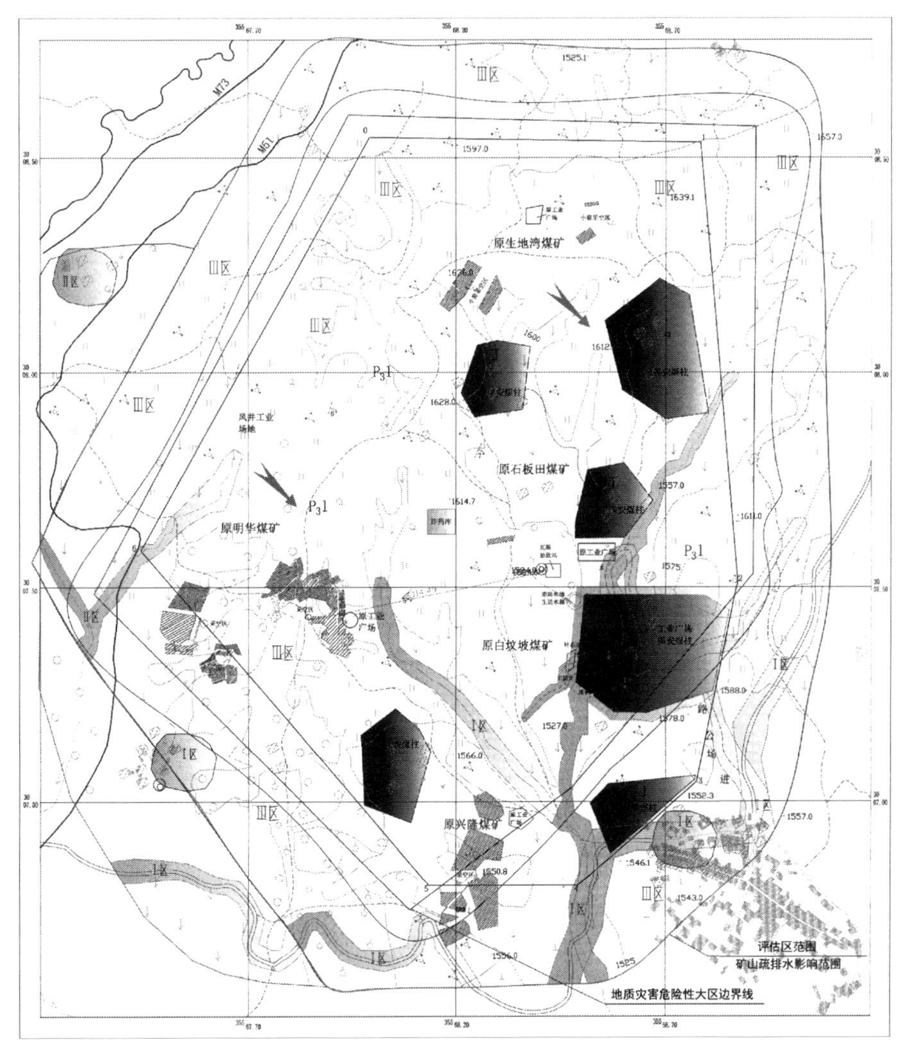

图4.7　明华煤矿矿山（地质）环境保护分区图（图例见图4.8）

明华煤矿矿山环境保护分区特征表

分区	主要区域	主要环境问题类型	保护措施、方法
重点保护区（Ⅰ区）	位于地质灾害危险性影响大区内的新老工业广场、主井、风井场地、排矸场、污水处理池、炸药库、瓦斯抽放站、办公区和住宿区，以及郭家洞、石像坡、大水沟、高家坡、大坡、六龙镇等村寨，矿井进场公路及附近陡斜坡、主要水源地(如溪流)、过矿区省道(S26)等	矿山开发引发地质灾害 工业场地建设引发的地质灾害及环境污染等，公路建设引发地质灾害等，采空区的潜在塌陷	减少在河、溪岸边堆渣控制物源：建防洪堤、拦渣坝、截排水沟；切填方边坡加固；采用沉淀池对废水进行净化处理，控制矿渣淋滤液产生量；检测、种草、植树
次重点保护区（Ⅱ区）	位于地质灾害危险性影响大区内的零散住户及独立小溪，以及危险性大区外的苏家湾等村寨	矿山开发引发地质灾害 疏排水造成的地下水均衡破坏	采用沉淀池对坑道排水进行净化处理；规范河、溪岸边堆渣、堆煤，并建防洪堤，监测、种草、植树
一般保护区（Ⅲ区）	评估区的其余区段	矿山开发引发地质灾害 疏排水造成的地下均衡 破坏矿山活动造成的污染等	按相关规范要求采矿、预留安全矿柱、采空区回填；矿渣尽量用于采空区回填和铺路，减少其对土地、植被占用损毁面积；种草、植树

矿山环境重点保护对象特征表			
保护对象	保护范围	保护内容	保护方式及措施
工业广场	工业广场	工业场地人员及设施的安全	划为禁采区，设置围护带20m，留保安煤柱，修建截排水沟，修建挡土墙
村寨	矿区内村寨	生活环境	划为禁采区，设置围护带20m，留保安煤柱

图　例

地下水流向	矿山环境保护重点区	禁采区	房屋
二叠系上统龙潭组	矿山环境保护次重点区	移动角所圈定的范围	道路
边界角所圈定的范围	矿山环境保护一般区	地裂缝	用地类型分界线
矿区范围	地层界线	旱地	有林地
评估区范围	井硐及编号	灌木林地	水田
采空区	煤层露头及编号	农村宅基地	荒草地
溪流	地层产状	茶园	疏林地

图4.8　明华煤矿矿山（地质）环境保护分区镶图、镶表示意图

矿山环境重点预防区：主要是指进行矿产资源开发，容易引发一系列矿山环境（地质）问题，造成较大生态破坏，严重危害到人居环境、生态系统、工农业生产和经济发展的区域等。

矿山环境重点治理区（段）：主要是指历史时期矿产资源开发对环境造成极大破坏，矿山环境（地质）问题对生态环境、工农业生产和经济发展造成较大影响的区段。

矿山环境一般治理区：主要是指矿产资源开发对环境造成较大破坏，但破坏程度不如重点治理区强烈；矿山环境（地质）问题对生态环境、工农业生产和经济发展造成一定影响，但影响程度较重点治理区弱的区域。

（5）矿山环境分期治理规划：根据矿山环境影响评估结果，结合矿山服务年限和开采规划，按照轻重缓急、分阶段实施的原则，划分出近期、中期、远期综合治理区。

（6）主要治理工程措施：反映综合治理规划区（段）内的主要工程部署、治理工程措施与手段等（参照矿山环境保护与综合治理工程附录 J. 2）。

4. 4. 2　环境保护与综合治理平面图镶图、镶表

可以根据需要对综合治理规划区（段）内的主要工程部署、治理工程措施与手段等插入放大比例尺的专门性镶图，如泥石流沟治理、滑坡治理、土地整治规划等（图 4. 9、图 4. 10，见彩图）。

用镶表对矿山环境综合防治规划分区加以说明，如分区名称、编号、分布范围和面积；主要矿山环境问题类型、特点和危害；综合防治规划区的防治方法、措施、手段和治理工程经费预算等（表 4. 4、图 4. 9、图 4. 10）。

表 4. 4　矿山环境综合防治规划分区说明表

防治分区	分区编号	亚区编号	分布范围与面积	主要矿山环境问题	综合防治措施	经费预算
重点保护区	F	F1				
		F2				
重点预防区	X	X1				
		X2				
重点治理区	Y	Y1				
		Y2				
一般治理区	Z	Z1				
		Z2				

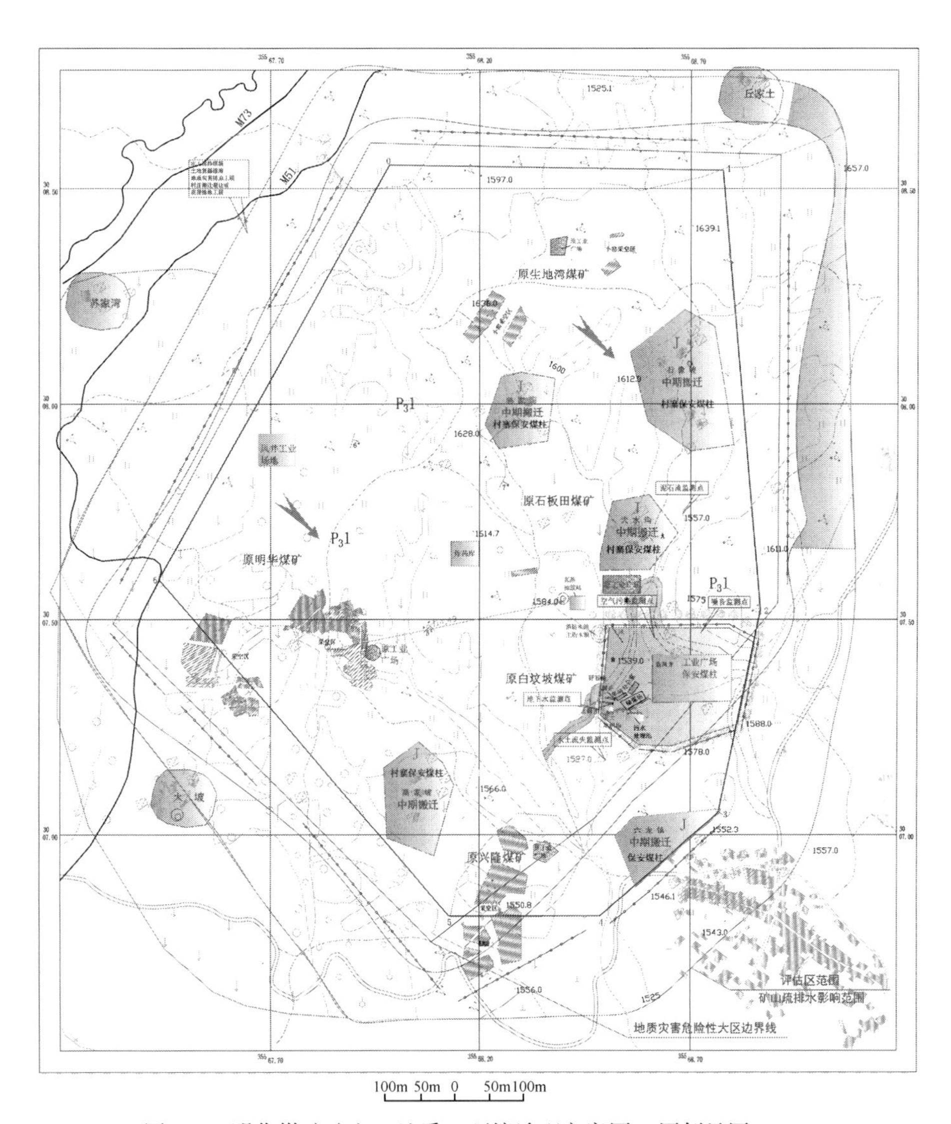

图4.9 明华煤矿矿山（地质）环境治理方案图（图例见图4.10）

评估区村民搬迁、维修计划表

乡镇	居民点	户数（户）	人口（人）	搬迁或维修计划	搬迁（户）	维修（户）
六龙镇	郭家洞	28	168	中期搬迁	28	0
	石像坡	32	192	中期搬迁	32	0
	大水沟	18	108	中期搬迁	18	0
	高家坡	22	110	中期搬迁	22	0
	大坡	45	270	房屋维修	0	45
	苏家湾	12	60	房屋维修	0	12
	丘家土	16	90	房屋维修	0	16
	六龙镇	126	504	中期搬迁或维修	50	76
合　计		299	1502		150	149

明华煤矿矿山环境治理规划分区特征表

分区	主要区域	主要治理工程内容	规划实施时间
近期治理区	新工业场地周边、风井场地周边、排矸场和储煤场周边、炸药库周边、消防水池、车间和办公室等潜在塌陷区、位于地质灾害危险性影响大区内的线性工程、表土等	特点、危害：污染土壤、水资源；浪费表土资源 治理措施：工业场地周边截排水沟等水保措施，污废水治理工程、大气污染治理工程、噪声控制工程 风井场地周边截排水沟等水土保持措施，噪声治理工程 排矸场拦矸坝、周边截排水沟等水保措施、矸石淋溶水沉淀池 炸药库、场外线性工程周边截排水沟等水保措施 表土堆积工程	近期 2009～2011a
中期治理区	进场公路、地表水系、位于地质灾害危险性影响大区内的郭家洞、石像坡、大水沟、高家坡及其外的六龙镇、大坡、苏家湾等村寨及有危岩体的区域、老工业广场、老窑破坏区和采空区等	特点、危害：滑坡、崩塌、地下水位下降 治理措施：遭受矿井地质灾害及矿井疏排水影响的郭家洞、石像坡、大水沟、高家坡、六龙镇（50户）等村寨实施中期搬迁；大坡、苏家湾、六龙镇（76户）等村寨的房屋维修工程； 对矿山开采引发的地质灾害对象相应进行治理；对受矿山开采及疏排水影响的土地采取水保措施；整合前老工业广场、老窑破坏区和采空区的土地复垦；饮水工程	中期 2012～2020a
远期治理区	评估区东北面开采影响与疏排水影响之间的无人居住区，以及主工业场地、风井场地、排矸场及地面爆破器材库、瓦斯抽放站等场地	特点、危害：土地资源占用、破坏 治理措施：主井及风井等井口的封闭； 工业场地、风井场地、排矸场、瓦斯抽放站及地面爆破器材库等场地服务期满后进行土地复垦、复绿； 对可能受疏排水影响的土地进行补偿	远期 2020～2023a

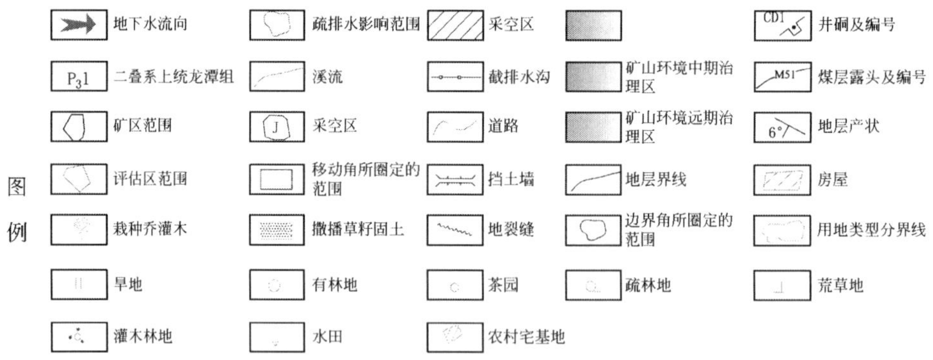

图例

地下水流向	疏排水影响范围	采空区		CD1 井硐及编号
P_3l 二叠系上统龙潭组	溪流	截排水沟	矿山环境中期治理区	M51 煤层露头及编号
矿区范围	J 采空区	道路	矿山环境远期治理区	6° 地层产状
评估区范围	移动角所圈定的范围	挡土墙	地层界线	房屋
栽种乔灌木	撒播草籽固土	地裂缝	边界角所圈定的范围	用地类型分界线
旱地	有林地	茶园	疏林地	荒草地
灌木林地	水田	农村宅基地		

图4.10　明华煤矿矿山（地质）环境治理方案镶图镶表示意图

第 5 章　矿山（地质）环境影响评估

5.1　矿山地质环境评价技术体系

5.1.1　矿山地质环境评价的实质与内涵

矿山环境（地质）问题复杂多样，其评价方法也众多。不同的矿山环境（地质）问题有其自身的特点，其适用的评价方法也各异。如何选择适宜的评价理论和方法，是正确评价矿山环境（地质）问题的基础（刘晓龙和刘占宁，2014）。

矿山（地质）环境评价是矿山环境（地质）问题研究的核心内容，它是在现场调查和收集分析整理已有成果资料基础上，根据矿区所存在的各类环境（地质）问题所做出的现状模拟和预测预报。根据评价的环境要素，矿山（地质）环境评价可划分为单环境（地质）问题（要素）评价和多环境（地质）问题（要素）综合评价两大类（武强等，2005）。

随着人类对资源需求的剧增，人类活动对地质环境的影响越来越大，而地质环境对人类活动的干扰则表现出两种不同的反应趋势—良性反应（正环境效应）和恶性反应（负环境效应）。人类活动的方式以及地质环境的反馈作用共同构成了环境地质学的重要理论与实践基础。

地质环境的质量（2.3.2 节），在一定程度上由地球物理因素和地球化学因素决定，恶劣的地质环境严重影响着人类的生活和社会经济的发展。地质环境质量的好坏，可以通过诸多内在及外在条件来评定（表 5.1）。

表 5.1　矿山地质环境质量评定要素及具体内容（据李大政等，2014，略改）

地质环境质量评定依据	具体内容
自然地质条件的稳定性	自然地质条件是决定地质环境质量的主要因素，其中最重要的地质条件包括地质构造的稳定性、地形稳定性、地基稳定性、岩层性质以及地质灾害发育情况
原生地球化学背景	人类无时无刻生存于地球化学场的作用下，环境中某些元素含量过高、过低或存在对人体有害的其他元素，均会危害人的健康，因此环境地球化学背景值是评价地质环境质量的一个重要指标
地质资源的丰富程度	人们的生活水平与地质资源的丰富程度及其使用价值的大小关系密切。矿产、能源和地下水等资源的储量和开采价值也是社会财富的一种衡量指标
抵抗人类活动干扰的能力	环境一方面为人类活动提供空间及物质能量，另一方面容纳并消化其废弃物。人类活动超出环境系统维持其动态平衡的抗干扰能力时，就产生种种环境问题。抗干扰能力差的地区，地质环境质量差，人类经济活动稍有不慎，就可以使地质环境状况更加恶化

续表

地质环境质量评定依据	具体内容
受污染或受破坏的程度	人类对自然界的干扰日益扩大，地球上几乎已不存在未受人类活动影响的区域。天然的地质环境越来越少，人为因素对环境的影响越来越大，评定地质环境质量的好坏，必须考虑人为因素的干扰程度

地质环境的影响要素程度决定了矿山地质环境的整体质量，各影响因素之间看似毫无联系，实则互为关联，因此矿山地质环境的评价显得异常复杂，既没有明确的数学关系去表明各因素之间的内在关系，也不能定量描述地质环境影响因素与矿山地质环境整体质量的因果关系。当今的矿山地质环境评价仍停留于定性阶段，用“较好”、“一般”、“差”、“极差”四个等级去描述矿山地质环境质量的好坏程度。值得注意的是，在评价矿山地质环境质量时，除了要考虑各影响因素的平均水平外，还应查明质量最差的因素，并做出影响性评价。因为人类活动往往使矿山环境质量最差的因素最先受到影响，从而引起矿山地质环境的变异（孙伟等，2014）。

地质环境评价是指对一切可能引起地质环境变异的人类行为进行分析研究，从保护环境和建设环境的角度对地质环境影响因素进行定性和定量的评定。地质环境评价指的是人类对地质环境系统价值进行的评定，地质环境评价的对象是地质环境价值，对于不具有价值或潜在价值的地质环境一般是没有评价意义的（田亮，2015）。

若从广义上讲是对地质环境系统的状态、结构、功能、质量的现状进行分析，对可能发生的环境变化进行预测，对其与社会、经济发展活动的协调性进行定性或定量的评定等。

地质环境评价具有客观性、系统性和价值性。一个完整的地质环境评价过程包括对主体人类社会各种活动结果的分析，对客体环境变化规律的认识，对主体、客体以及主体与客体之间关系演化趋势的预测，对主体人类社会各种活动结果的分析等。

主题需求和客观地质环境条件是客观存在的，主题与客体之间的满足程度及需求关系也是客观存在的。建立在环境价值客观性和环境质量客观性之上的矿山地质环境评价同样具有其客观性。在地质环境条件评价中要遵循其客观规律。

地质环境评价的目的是认识地质环境条件，确定地质环境质量状况对人类生存和发展的适宜性，指导建设规划、土地利用规划等。

地质环境评价的内涵与外延问题，是继环境质量内涵与外延问题之后环境评价学中又一个基础研究课题。地质环境评价问题的研究对建立环境评价学体系具有理论意义。

环境评价学的研究领域广泛，涵盖了传统意义上的“环境质量评价”和现已广泛应用的“环境影响评价”的研究内容。地质环境条件评价是判断和评判地质环境条件的一种科学方法，对完善环境科学方法论具有重要意义。

地质环境评价是认识和研究地质环境的一种科学方法。通过地质环境条件评价，确定地质环境质量状况对人类生存和发展的适宜性，指导人类社会从环境保护和环境建设角度开发和利用资源。

环境评价是环境管理工作的一个重要组成部分，是做好环境管理工作的基础。地质环境条件评价是建设规划、土地利用规划等管理工作的基础。

5.1.2　工作程序

新建矿山以地质环境预测评价为主，生产矿山、改（扩）建矿山以地质环境现状和预测评价为主。矿山地质环境影响评价内容包括评价地质灾害对地质环境的影响破坏程度、矿山建设及生产活动可能引发的环境地质问题；分析矿山人类活动受地质环境的不利影响以及受地质灾害威胁的程度；论证地质环境对矿山人类活动的适宜程度，进行地质灾害危险性评估；提出矿山地质环境保护与治理方案。矿山地质环境影响评价分级进行。按矿山建设规模与矿山地质环境条件复杂程度划分为三级（表5.2）。矿山地质环境影响评价工作程序如图5.1、图5.2所示。

表5.2　矿山建设规模与矿山地质环境条件复杂程度划分

复杂程度 / 评价级别 / 建设规模	复杂	中等	简单
大型	一级	一级	一级
中型	一级	二级	三级
小型	二级	三级	三级

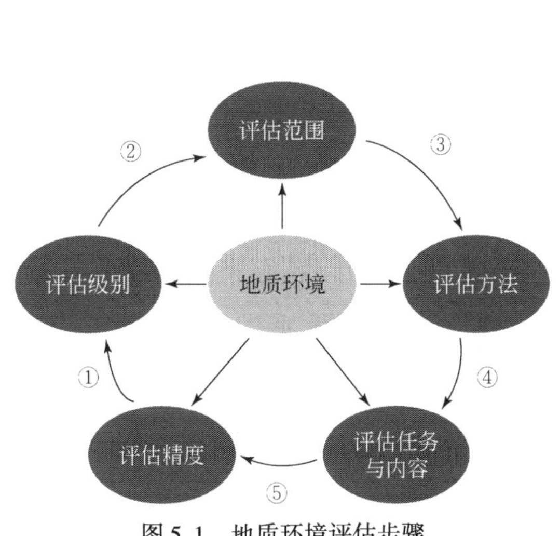

图5.1　地质环境评估步骤

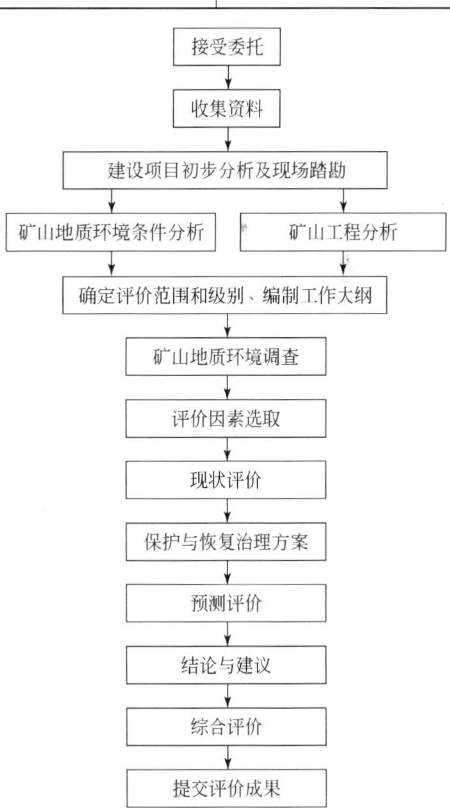

图5.2　矿山地质环境影响评价工作程序框图

随着环境保护这一国策的健全和完善，矿山（地质）环境评估和防治也有了自己的法律和法规，各地方也根据实际情况制定了地方性的法律和法规，来规范和监督矿山（地质）环境评估和防治的进行。

5.2 评估工作依据

5.2.1 法律法规及文件

1. 法律

(1)《中华人民共和国环境保护法》，1989 年 12 月 26 日主席令第二十二号；
(2)《中华人民共和国土地管理法》（主席令第二十八号［2004］修改版）；
(3)《中华人民共和国环境影响评价法》（九届人大会常委第三十次）；
(4)《中华人民共和国煤炭法》，1996 年 8 月 29 日；
(5)《中华人民共和国矿产资源法》，1986 年 3 月主席令八届第 74 号；
(6)《中华人民共和国水土保持法》，1991 年 6 月 29 日主席令第 49 号；
(7)《中华人民共和国水污染防治法》，1996 年 5 月 15 日；
(8)《中华人民共和国固体废物污染环境防治法》，2004 年 12 月 29 日。

2. 行政法规与规范性文件

(1)《土地复垦规定》，国务院，1988 年 11 月 8 日；
(2)《地质灾害防治条例》，国务院第 29 次常务会议通过，第 394 号令，2003 年 11 月 24 日；
(3)《国务院关于全面整顿和规范矿产资源开发秩序的通知》，国发［2005］28 号，2005 年 8 月 18 日；
(4)《财政部国土资源部国家环保总局关于逐步建立矿山环境治理和生态恢复责任机制的指导意见》，财建〔2006〕215 号，2006 年 2 月 10 日；
(5)《建设项目环境保护管理条例》（国务院［1998］第 253 号令）；
(6)《矿山生态环境保护与污染防治技术政策》（国环、国土、国科联合发布［2007］）；
(7)《贵州省地质灾害防治管理暂行办法》（贵州省政府 33 号令）；
(8)《贵州省矿产资源总体规划》（2001—2010）；
(9)《关于加强地质灾害危险性评估工作的通知》（国土资发［2004］69 号）；
(10)《关于加强矿山生态环境保护工作的通知》（国土资发［1999］36 号）；
(11)《贵州省地质灾害防治规划》（2006—2015）；
(12)《贵州省基本农田保护条例》（修正），贵州省人民代表大会常务委员会，1999 年 9 月 25 日；

（13）《贵州省土地管理条例》，贵州省人民代表大会常务委员会，2000 年 9 月 22 日；

（14）《贵州省土地开发整理管理规定》，贵州省国土资源厅，2002 年 9 月 10 日；

（15）《贵州省地质环境管理条例》，贵州省第十届人民代表大会常务委员会，2006 年 11 月 24 日，2007 年 3 月 1 日实施；

（16）《贵州省矿山环境保护和治理规划》（黔国土资发［2007］37 号）；

（17）《中华人民共和国矿山安全法》（主席令第六十五号）；

（18）《“十一五”国土资源生态建设和环境保护规划》（国土资、国环联合颁［2005］）；

（19）《矿山环境保护与综合治理方案编制规范》（DZ/T 223—2007）；

（20）《矿山地质环境保护与治理恢复方案编制规范》（DZ/T 0223—2011）

（21）《矿山地质环境影响评估技术要求》（国土资环发［2000］27 号文）；

（22）《开发建设项目水土保持技术规范》（GB 50433—2008）；

（23）《建筑边坡工程技术规范》（GB 50330—2013）；

（24）《地质灾害危险性评估技术要求（试行）》（国土资发［2004］69 号）；

（25）《建设用地地质灾害危险性评估技术要求》（DZ/T 0245—2004）；

（26）《煤炭工业污染物排放标准》（GB 20426—2006）；

（27）《污水综合排放标准》（GB 8978—1996）；

（28）《工业企业厂界环境噪声排放标准》（GB12348—2008）；

（29）《环境空气质量标准》（GB 3095—2012）；

（30）《地表水环境质量标准》（GBT 3838—2002）；

（31）《一般工业固体废物储存、处置场控制标准》（GB 18599—2001）；

（32）《省人民政府办公厅关于转发省国土资源厅等部门贵州省矿山环境治理恢复保证金管理暂行办法的通知》，黔府办发〔2007〕38 号，2007 年 5 月 21 日；

（33）黔环通〔2007〕86 号《关于落实科学发展观切实加强矿产资源开发环境保护构建和谐矿山的通知》，2007 年 7 月 27 日；

（34）关于编报《矿山环境保护与综合治理方案》有关问题的通知，黔国土资发〔2007〕174 号；2007 年 12 月 11 日。

3. 行业、地方规划

（1）《国家环境保护“十一五”规划》（国发〔2007〕37 号），2007 年 11 月 22 日；

（2）《煤炭工业发展“十一五”规划》（国家发展和改革委员会），2007 年 1 月；

（3）《贵州省环境保护“十一五”专项规划》（贵州省国土资源厅规划处），2008 年 08 月 05 日；

（4）《贵州省生态功能区划》（贵州省人民政府），黔府函［2005］154 号；

（5）《毕节地区生态环境建设规划》（毕节地区环境保护局），2002 年 12 月；

（6）《贵州省毕节地区生态恢复治理行动纲要》（毕节地区环境保护局），2007 年 8 月 2 日。

5.2.2 标准、规范和技术资料

1. 相关设计规范

（1）《开发建设项目水土保持方案技术规范》（SL 204—98）；
（2）《土地复垦技术标准》（试行）（UDC-TD）国家土地管理局，1995 年 7 月；
（3）《土地整治项目规划设计规范》TD/T 1012—2016；
（4）《滑坡防治工程设计与施工技术规范》（DZ/T 0219—2006）。

2. 项目技术资料

（1）《贵州省织金县与宝口煤矿勘探地质报告》，2004 年 12 月；
（2）《贵州织金县与宝口煤矿可行性研究报告》，2007 年 3 月；
（3）《贵州省织金县与宝口煤矿矿区及地面工程地质灾害危险性评估报告书》，2007 年 1 月；
（4）《贵州省织金县与宝口煤矿水土保持方案报告书》，2007 年 8 月；
（5）贵州省水利厅“黔水保［2007］96 号”《关于贵州省织金县与宝口煤矿水土保持方案的批复》，2007 年 9 月 26 日；
（6）《贵州省织金县与宝口煤矿环境影响报告书》，2007 年 12 月；
（7）贵州省环境保护局“黔环函［2008］93 号”《关于对〈织金县与宝口煤矿环境影响报告书〉的批复》，2008 年 3 月 3 日；
（8）毕节地区环境保护局“毕地环发［2007］180 号”《关于对贵州与宝口煤矿项目环境影响评价执行标准的意见》，2007 年 06 月；
（9）《织金县与宝口煤矿项目土地复垦方案报告书》，2008 年 1 月；
（10）大方县凤山乡大营煤矿地质灾害危险性评估说明书（三级评估），2007 年 04 月；
（11）大方县凤山乡大营煤矿（整合）开发利用方案，2007 年 06 月；
（12）大方县凤山乡大营煤矿（整合）资源/储量核实报告，2007 年 08 月；
（13）大方县凤山乡大营煤矿（整合）排污水水质检测报告（［2007］048 号），2007 年 05 月；
（14）大方县凤山乡大营煤矿野外现场调研记录表，2008 年 01 月；
（15）大方县凤山乡大营煤矿野外现场录像资料，2008 年 01 月；
（16）贵州省大方县六龙镇明华煤矿地质灾害危险性评估说明书（二级评估），2007 年 11 月；
（17）贵州省大方县六龙镇明华煤矿（整合）开发利用方案，2007 年 12 月 5 日；
（18）贵州省大方县六龙镇明华煤矿（整合）开采方案设计说明书，2008 年 1 月；
（19）贵州省大方县六龙镇明华煤矿资源/储量核实报告，2007 年 7 月；
（20）贵州省大方县明华煤矿（整合）水土保持方案，2008 年 3 月；
（21）贵州省大方县六龙镇明华煤矿野外现场调研记录表，2008 年 1 月 22；

（22）贵州省大方县六龙镇明华煤矿野外现场录像资料，2008年1月22；
（23）织金县绮陌乡永兴煤矿地质灾害危险性评估说明书（三级评估），2007年10月；
（24）织金县绮陌乡永兴煤矿（扩能扩界）开发利用方案，2007年11月13日；
（25）织金县绮陌乡永兴煤矿（扩能扩界）开采方案设计说明书，2007年11月；
（26）织金县绮陌乡永兴煤矿资源/储量核实报告，2007年8月16日；
（27）织金县绮陌乡永兴煤矿建设项目环境影响报告表，2007年12月；
（28）织金县绮陌乡永兴煤矿水土保持方案报告书，2008年1月；
（29）织金县绮陌乡永兴煤矿野外现场调研记录表，2008年1月20日；
（30）织金县绮陌乡永兴煤矿野外现场录像资料，2008年1月20日。

5.3 评估范围及级别确定

5.3.1 评估范围确定

按照“从大不从小”的原则，将矿井开采造成的地表变形影响范围以及地下水疏排水影响范围所涵盖的区域均列入评估区范围。与宝口煤矿评估范围具体见图5.3（见彩图），评估区面积共计约25.49km^2。

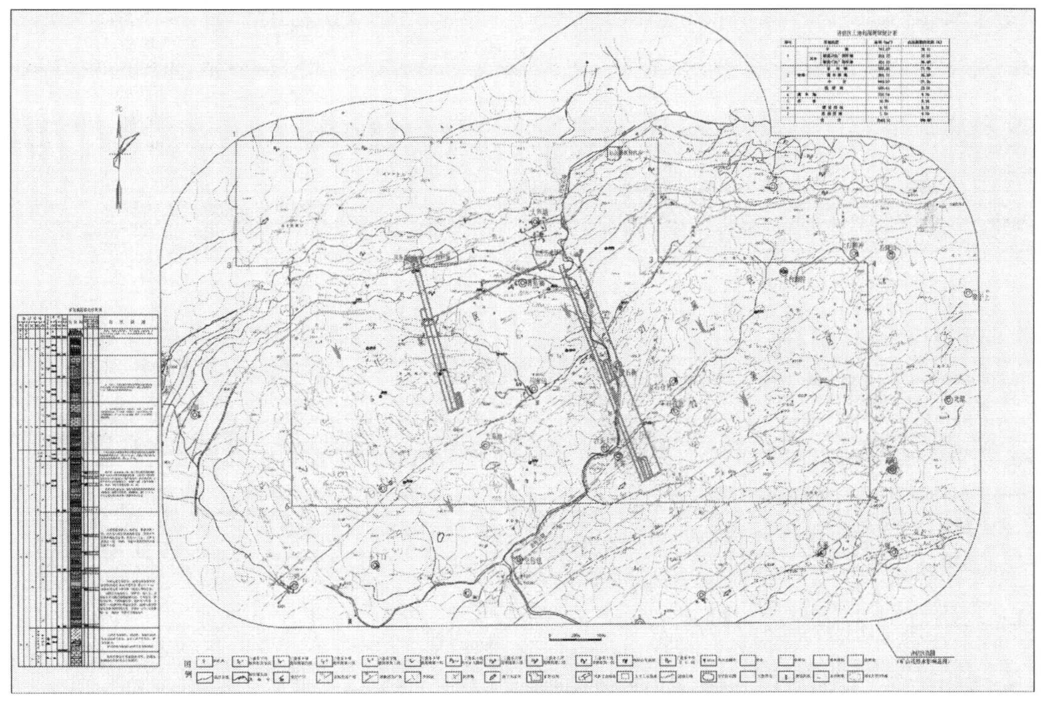

图5.3 与宝口煤矿环境现状图

另外，明华煤矿评估范围具体见4.2.1节图4.3、4.3.1节图4.5；永兴煤矿评估范围具体见图 5.6。

5.3.2　评估级别确定

根据《矿山环境保护与综合治理方案编制规范》（DZ/T 223—2007）、《矿山地质环境保护与恢复治理方案编制规范》（DZ/T 0223—2011）中的评估精度分级标准，确定评估级别。评估区重要程度分级及地质环境条件复杂程度分级结果详见表 5.3 及表 5.4。

表 5.3　评估区重要程度分级表

序号	《矿山环境保护与综合治理方案编制规范》、《矿山地质环境保护与恢复治理方案编制规范》分级依据			与宝口煤矿案例
	重要区	较重要区	一般区	
1	评估区内分布有集镇或大于500人以上的居民集中居住区	评估区内分布有200～500人的居民集中居住区	评估区内居民居住分散，居民集中居住区人口在200人以下	评估区范围内自然村人数为14～90人
2	分布有国道、高速公路、铁路、中型及以上水利、电力工程或其他重要建筑设施	分布有省道、高等级公路、小型水利、电力工程或其他较重要建筑设施	无重要交通要道或建筑设施	有三级公路16km及中型矿山工业场地
3	井田紧邻（300m以内）国家级自然保护区（含地质公园、风景名胜区等）或重要旅游景区（点）	紧邻（300m以内）省级、县级自然保护区或较重要旅游景区（点）	远离（300m以外）各级自然保护区及旅游景区（点）	远离（300m以外）各级自然保护区及旅游景区（点）
4	有重要水源地	有较重要水源地	无重要、较重要水源地	无重要、较重要水源地
5	耕地面积占矿山面积的比例大于50%	耕地面积占矿山面积的比例为30%～50%	耕地面积占矿山面积的比例小于30%	耕地面积占矿山面积的比例为29.11%（表5.6）
评估区重要程度分级结果				较重要区

注：评估区重要程度分级采取按上一级别优先的原则确定，只要有一条符合者即为该级别。

表 5.4　井工开采矿山（地质）环境条件复杂程度分级表

序号	《矿山环境保护与综合治理方案编制规范》、《矿山地质环境保护与恢复治理方案编制规范》分级依据			与宝口煤矿案例
	复杂	中等	简单	
1	水文地质条件复杂。矿坑进水边界复杂，充水岩层岩溶发育强烈，为岩溶充水矿床；最大涌水量≥800m^3/h，地下水疏干排水导致地面塌陷的可能性大；老窿（窑）水威胁大，地表水体多，地表水与地下水联系密切，对矿坑充水影响大	水文地质条件较复杂。矿坑进水边界较复杂，充水岩层岩溶较发育，为弱岩溶裂隙充水或含水丰富的裂隙充水矿床；最大涌水量200m^3/h～800m^3/h，地下水疏干排水导致地面塌陷等；老窿（窑）水威胁大，地表水体较多，地表水与地下水有一定联系，对矿坑充水有影响	水文地质条件简单。矿坑进水边界简单，充水岩层岩溶不发育，为弱裂隙充水矿床；最大涌水量<200m^3/h，地下水疏干排水导致地面塌陷的可能性小；老窿（窑）水威胁小，地表水体较少，地表水与地下水联系不密切，对矿坑充水影响小	矿井井下正常排水量为276m^3/h，最大排水量为1476m^3/h。井田北部出露地层为二叠系中统茅口组（P_2m）中厚层状石灰岩、泥灰岩，岩体中溶沟、溶槽、溶蚀裂隙发育，岩溶发育程度强，当井田采煤形成采空区塌陷、地裂缝后，岩溶水下渗，对煤层开采影响大

续表

序号	《矿山环境保护与综合治理方案编制规范》、《矿山地质环境保护与恢复治理方案编制规范》分级依据			与宝口煤矿案例
	复杂	中等	简单	
2	废（矸）石、废渣、废水有害组分多，含量高，易分解、废（矸）石、废渣堆不稳定，极易污染水、土环境	废（矸）石、废渣、废水有害组分较多，含量较高，易分解、废（矸）石、废渣堆较稳定，较易污染水、土环境	废（矸）石、废渣、废水有害组分少，含量较高，易分解、废（矸）石、废渣堆稳定，不易污染水、土环境	矸石、废渣、废水有害组分少，含量较高，易分解、废（矸）石、废渣堆稳定，不易污染水、土环境
3	采空区面积和空间大	采空区面积和空间较大	采空区面积和空间小	采空区面积和空间大
4	现状条件下矿山地质环境问题多，危害大	现状条件下矿山地质环境问题较多，危害较大	现状条件下矿山地质环境问题少，危害小	现状条件下矿山地质环境问题少，危害小
5	地质构造复杂。断裂构造发育强烈，断裂带切割矿层（体）严重，导水性强	地质构造较复杂。断裂构造较发育，断裂带对矿坑充水和采矿有影响	地质构造简单。断裂构造不发育，断裂带对矿坑充水和采矿基本无影响	区内地形起伏大，地貌类型复杂，地质构造较复杂，岩土体工程地质性质不良，工程水文地质条件较差
6	工程地质条件复杂。岩土体工程地质条件不良，可溶岩类发育，地表残坡积层≥10m；矿层（体）顶、底板工程地质条件差	工程地质条件较复杂。岩土体工程地质条件一般，可溶岩类较少，地表残坡积5～10m；矿层（体）顶、底板工程地质条件较差	工程地质条件简单。岩土体工程地质条件好，可溶岩类不发育，地表残坡积<5m；矿层（体）顶、底板工程地质条件好	
7	地形复杂。地貌单元类型多，地形坡度一般>35°，地面倾向与岩层倾向基本一致	地形较复杂。地貌单元类型较多，地形坡度一般20°～35°，地面倾向与岩层倾向多为斜交	地形简单。地貌单元类型单一，地形坡度一般<20°，地面倾向与岩层倾向多为反向	
地质环境条件复杂程度分级结果				复杂

注：分级采取按上一级别优先的原则确定。前4条中只要有一条满足某一级别，或者后3条同时满足某一级别应定为该级别。

矿山（地质）环境评估精度分级标准见表5.5。

表5.5　矿山（地质）环境评估精度分级表

评估区重要程度	矿山建设规模	地质环境条件复杂程度		
		复杂	中等	简单
重要区	大型	一级	一级	一级
	中型	一级	一级	二级
	小型	一级	一级	二级

续表

评估区重要程度	矿山建设规模	地质环境条件复杂程度		
		复杂	中等	简单
较重要区	大型	一级	一级	二级
	中型	一级	二级	二级
	小型	二级	二级	三级
一般区	大型	一级	二级	二级
	中型	二级	二级	三级
	小型	二级	三级	三级

注：由于矿山开采具备采空区面积和空间大，依据井工开采矿山（地质）环境条件复杂程度分级定为复杂，所以矿山（地质）环境评估级别至少为二级评估以上，不存在三级评估的问题。

与宝口煤矿的设计生产能力为60万t/a的井工开采煤矿，属中型矿山。与宝口煤矿位于较重要区，地质环境条件复杂程度为复杂，因此，根据表5.5确定与宝口煤矿矿山（地质）环境评估精度为一级。

5.4　矿山（地质）环境现状评估

5.4.1　土地利用现状及生态现状

根据贵州省环境保护局已批复的《贵州省织金县与宝口煤矿环境影响报告书》，评估区土地利用及生态现状如下。

1. 土地利用现状

参照全国土地利用现状调查技术规程、全国土地利用现状分类系统及生态环境状况评价技术规范（试行），根据实地调查和卫星遥感影像解译，将评估区土地利用情况划分为耕地、林地、疏林地、灌草地、建筑用地和未利用地6种类型。

评估区土地利用现状统计如表5.6和图5.3所示。

表5.6　土地利用现状统计表

序号	用地类型			面积/hm^2	占总面积的比例/%
1		旱地		741.87	29.11
		其中	坡度≥25°的旱地	313.72	12.31
			坡度<25°的旱地	428.15	16.80
2	林地	有林地		552.01	21.66
		灌木林地		397.31	15.59
		小计		949.57	37.26
3	疏林地			586.41	23.01

续表

序号	用地类型	面积/hm^2	占总面积的比例/%
4	灌草地	238.54	9.36
5	水体	18.86	0.74
6	建设用地	8.16	0.32
7	未利用地	5.10	0.20
	合计	2548.51	100.00

1）耕地

与宝口煤矿评估区只有一种类型的耕地，即旱地，总面积为741.87hm^2，占评估区土地总面积的29.11%。主要分布于评估区内的台地、丘陵以及缓坡等处，基本无灌溉设施，靠天然降水耕作为主。主要种植玉米、马铃薯、小麦和蔬菜等，作物平均产量仅2000~3000kg/hm^2。

2）林地

与宝口煤矿评估区林地包括有林地和灌木林地，总面积949.57hm^2，占评估区土地总面积的37.26%。

有林地：主要分布于评估区的东北部和中西部，以30a以下树龄的次生林木及人工种植林居多，面积552.01hm^2，占评估区土地总面积的21.66%，占林地总面积的58.14%。现存的阔叶林基本为天然次生或人工营造。

灌木林：评估区内的灌木林地属于落叶阔叶灌丛林地，呈斑块状分布于评估区各处，面积397.31hm^2，占评估区土地总面积的15.59%，占林地总面积的41.86%，对水土保持具有极其重要的作用。

3）疏林地

呈斑块状分布于评估区各处，面积586.41hm^2，占评估区土地总面积的23.01%。

4）灌草地

灌草地主要分布于评估区的东南面和西南面，基本上为荒草地，生产力较低，平均产干草量1000kg/hm^2左右。

5）水体

水体主要为井田中部长箐河及支流，面积18.86hm^2，占评估区总面积的0.74%。

6）建设用地

主要为村落用地及道路用地，面积为8.16hm^2，占评估区土地总面积的0.32%。

7）未利用地

未利用土地包括裸岩地及其他裸地等，面积为5.10hm^2，占土地总面积的0.2%。

农田生态系统在评估区内占有较大的比例约为29.11%，分布于评估区各处；林地面积占评估区总面积的37.26%，以次生乔木和灌木林地为主，呈斑块状主要分布于评估区的中北部；疏林地在现状植被中也占有一定的比例，达23.01%，呈斑块状分布于评估区各处。

2. 生态现状

农田植被面积在整个评估区中所占的比例虽只达29.11%，但与宝口煤矿评估区总体上还是属于农业生态环境。由于受人类活动的长期影响，一方面，在依赖于自然生态条件的基础上，具有较强的社会性，是一种半自然的人工生态系统，目前农业生态系统基本稳定，环境质量整体尚好；另一方面，也表明整个评估区生态环境已受到人类活动的较大干扰，生态系统抗干扰和恢复能力也已受到了一定影响。

由于林地与疏林地植被在评估区内占有较大的比例达到60.27%，这两种植被类型同工矿用地是对立的，彼此消长的，而且随着退耕还林、封山育林，林地植被与草地植被面积还会进一步提高，这对维持生态系统的稳定性具有重要作用。

总体来看，区域受人为因素干扰影响一般，具有一定的自然生产能力和受干扰后的恢复能力，但在受到外来干扰后，仍需要人工加以强化性的保护和恢复。

5.4.2　水土流失现状

根据《贵州省织金县与宝口煤矿环境影响报告书》和《贵州省织金县与宝口煤矿水土保持方案报告书》，井田处于乌江水系三岔河与六广河挟持的河间地块区域分水岭部位，区域地势北高南低，总体由北东向南西倾斜，属低中山构造侵蚀溶蚀地貌类型。最高点在井田西部的大尖山，标高 EL. +2212.5m；最低点在井田中部长菁河出境处，标高 EL. +1785m，最大高差427.5m。项目区属国家级水土流失重点治理区，以水力侵蚀为主。

评估区土壤侵蚀分级及面积统计数据如表5.7所示。

表5.7　评估区土壤侵蚀分级及面积统计表

水土流失程度	面积/hm^2	所占比例/%
微度侵蚀	812.21	31.87
轻度侵蚀	1289.29	50.59
中度侵蚀	190.63	7.48
强度侵蚀	256.13	10.05
合计	2548.51	100.00

评估区内平均土壤侵蚀模数为1858.75t/(km^2·a)，属轻度流失区。土壤侵蚀轻度及以上级别流失面积为1736.05hm^2，占土地面积的68.13%。其中轻度侵蚀面积为1289.29hm^2，占总面积的50.59%，主要分布在评估区内林草覆盖率相对较高的地方；中度侵蚀面积为190.63hm^2，占土地总面积的7.48%，主要分布在评估区的坡耕地处；强度侵蚀面积为256.13hm^2，占总面积的10.05%，主要分布在一些地表裸露，无植被覆盖的

陡坡地和陡坡耕地处。但总的来说大部分地区水土流失情况为轻至中度，局部地区比较严重。

5.4.3 地质灾害危险性现状评估

根据《贵州省织金县与宝口煤矿矿区及地面工程地质灾害危险性评估报告书》，井田北部出露地层为二叠系中统茅口组（P_2m）中厚层状石灰岩、泥灰岩。岩体中溶沟、溶槽、溶蚀裂隙发育，岩溶发育程度强，当井田采煤形成采空区塌陷、地裂缝后，岩溶水下渗，对煤层开采影响大。

人类工程活动在一定程度上破坏了井田内地质环境条件。评估区内破坏地质环境的人类工程活动强烈。评估区人类工程活动主要为煤矿开采、民房建设及垦殖。据现场调查访问，在井田煤层出露地带分布有10余个开采规模较小的煤窑，开采历史达50a以上。2003年8月以后至今因关井压产整顿，现10余个小煤窑均已停止开采。小煤窑采掘方式较为原始，日产量数吨至十余吨之间，主要为满足当地村民生活用煤，开采煤层主要为M6、M16、M30。同一煤层沿其露头在不同标高上均有小煤窑开采，采掘方式多利用有利地形以平硐沿煤层走向或倾向开采，开采深度10～100m，局部形成小规模采空区。

评估区内现状地质灾害不发育，未见滑坡、崩塌、泥石流、地裂缝、地面塌陷等地质灾害现象。

5.4.4 环境质量现状评估

根据贵州省环境保护局已批复的《贵州省织金县与宝口煤矿环境影响报告书》，评估区环境现状如下。

1. 地表水环境质量现状评估

根据毕节地区环境保护局“毕地环发［2007］180号”《关于对贵州与宝口煤矿项目环境影响评价执行标准的意见》，长箐河为《地表水环境质量标准》（GB 3838—2002）Ⅲ类水域，执行Ⅲ类标准。

矿井环评于2007年10月13日至10月15日布设了6个监测断面对与宝口煤矿受纳水体长箐河及其下游苏家河，苏家河支流阿芝河进行现状水质监测。

地表水环境监测断面布置如表5.8所示。

表5.8 地表水环境监测断面布置情况

断面编号	监测断面	位置	设置原因
D_1	长箐河	长箐河、矿井污废水排污口上游300m处	对照断面
D_2	长箐河	长箐河、矿井污废水排污口下游500m处	混合断面
D_3	长箐河	长箐河、长箐河与阿芝河汇合口上游500m处	控制断面
D_4	阿芝河	阿芝河、长箐河与阿芝河汇合口上游500m处	水文特征变化

续表

断面编号	监测断面	位置	设置原因
D_5	苏家河	苏家河、长箐河与阿芝河汇合口下游500m处	混合断面
D_6	苏家河	在苏家河大垭口入地下伏流之前100m处	削减断面

由现状监测结果可知，长箐河 D_1 ~ D_3断面水质已不能满足《地表水环境质量标准》（GB 3838—2002）Ⅲ类标准的要求，长箐河中主要污染项目为酸性污染物、总铁和总锰，此外，总锌也有超标现象；其中总铁和总锰在各断面均严重超标，酸性污染物在 D_1和 D_2断面出现超标现象。阿芝河 D_4 断面水质已不能满足Ⅲ类标准的要求，阿芝河中主要污染物为总铁。苏家河 D_5 ~ D_6断面水质已不能满足Ⅲ类标准的要求，苏家河中主要污染项目为总铁和总锰，总铁和总锰在 D_5、D_6断面均出现超标。

由此可见，评估区地表河流水质已不能满足上述《地表水环境质量标准》（GB 3838—2002）规范的要求。总铁、总锰和酸性污染物超标主要是评估区内已关闭的小煤窑仍有少量矿井水排出所致。

2. 地下水环境质量现状评估

根据毕节地区环境保护局“毕地环发［2007］180 号”文件，区域地下水执行《地下水质量标准》（GB/T 14848—93）三类区，执行Ⅲ类标准。

矿井环评于 2007 年 10 月 13 日至 10 月 15 日选取共 4 个流量较大的民用泉点作为监测点。

各监测断点布置如表 5.9 所示。

表 5.9　地下水监测点布置

编号	泉点编号	位置	出露地层
1	Q_{06}	风井场地南面	上二叠统龙潭组二段（P_3l^2）
2	Q_{11}	工业场地南面	第四系（Q）
3	Q_{22}	井田南部	下三叠统夜郎组二段（T_1y^2）
4	Q_{26}	井田南部外围，本矿设计水源	

根据现状监测结果可知，各监测泉点水质监测项目中除总大肠菌群均超标外，Mn 还有超标现象。说明研究区域地下水除了人为因素的污染外，其本底中的 Mn 局部区域有偏高现象，但区域地下水总体情况良好。

3. 环境空气质量现状评价

根据毕节地区环境保护局“毕地环发［2007］180”号文件，区域属于《环境空气质量标准》（GB 3095—2012）二类区，执行二级标准。

矿井环评于 2007 年 10 月 13 日至 10 月 17 日在工业场地附近和运煤道路旁与宝口小学各设置 1 个环境空气质量监测点。

各监测断点布置如表5.10所示。

表5.10　环境空气现状监测点

监测点编号	位置
1	工业场地北侧大芦塘
2	运煤公路旁与宝口小学

根据现状监测结果可知，各采样点TSP（总悬浮颗粒物）日平均浓度无超标现象，工业场地北侧大芦塘和与宝口小学SO_2日平均浓度有超标，超标率分别为20%和60%；工业场地北侧大芦塘及与宝口小学SO_2的1h浓度均无超标现象。说明研究区环境空气质量已受到村民生活燃煤的一定影响。

4. 声环境质量现状评价

根据毕节地区环境保护局“毕地环发［2007］180号”文件，区域属于《城市区域环境噪声标准》（GB 3096—93）中的2类区，执行2类区标准。

矿井环评于2007年6月12日至6月14日在工业场地附近和运煤道路旁与宝口小学各设置1个环境空气质量监测点。

各监测点布置见表5.11所示。

表5.11　声环境现状监测点

序号	测点具体位置	主要功能
1	风井场地南面厂界1m处	厂界噪声背景值及敏感点噪声现状值
2	工业场地西北面厂界1m处	
3	运煤公路旁与宝口小学，道路旁1m处	噪声现状值

根据现状监测结果可知，工业场地厂界外、风井场地厂界外及运煤道路旁与宝口小学噪声监测点昼、夜间噪声监测值均未超过《城市区域环境噪声标准》（GB 3096—93）中的2类区标准。说明矿山工程建设前厂区和运煤公路旁的声环境质量较好。

5. 区域现状环境问题防治难度

区域现状环境问题主要是评估区内已关闭的小煤窑排放的少量矿井水，导致评估区地表河流水中总铁、总锰和酸性污染物等因子超标。由于排放量较少，且污染物种类较少，在贵州煤矿矿井水处理中除铁锰工艺应用较多，工艺成熟，因此防治难度不大。

5.5　煤井开发可能引发的矿山环境（地质）问题分析

5.5.1　建设期主要环境影响分析

根据与宝口矿山工程建设期施工内容，结合同类煤炭建设项目的普遍特征分析，本项目建设期存在的主要环境问题表现为：

（1）建设期工业场地、风井场地等场地平整，以及地基开挖，弃土弃渣的临时堆放，将会破坏地表植被，对生态环境产生一定的负面影响。

（2）施工场地“五通一平”（通水、通电、通路、通气、通信、平整土地）、土石方移动、“三材”（水泥、钢筋、木材）准备将增加当地交通运输量，会对当地交通运输状况，以及道路两侧及施工场地周围的声环境产生不良影响。

（3）建设期大量施工人员的聚集，将对当地粮食与蔬菜供应，饮食服务业、文化设施等社会经济环境带来一定压力。

（4）散状物料堆放、平整场地形成的裸露地表、施工过程与交通运输等扬尘，以及施工期生活炉灶等排烟将对环境空气质量产生不利影响。

（5）施工队伍生活排污与施工废水的排放，对地表水体可能造成一定的影响。井筒施工过程将揭穿部分地下水含水层，加之井下初期的少量涌水，对地下水资源会产生影响。

（6）工业场地建设切方高度0～14m，填方厚度0～6m，可能引发切方边坡滑塌、滑坡、崩塌及填方边坡滑塌、滑坡等地质灾害。

5.5.2 运营期主要环境影响因素分析

与宝口煤矿生产运营期所产生的主要环境问题如下：

1. 地表移动变形造成的非污染生态破坏

地下煤炭开采后会导致地表滑移下沉变形，从而对井田及影响和危害范围内村民房屋、交通道路、河流、土地、植被等产生不同程度的影响。

另外，由于地表变形，可能对地下水环境产生诸如水位下降、井泉漏失、地下水资源损失等影响。

2. 地表移动变形诱发的地质灾害

煤炭开采可能在影响和危害范围内引发地面塌陷、地裂缝、滑坡、崩塌、泥石流等地质灾害。

3. 加剧水土流失

煤炭开采造成的地表变形会造成区域内水土流失加剧。

4. 矿井疏排水造成的水均衡破坏及污废水排放造成的水污染

矿山地下开采过程中，疏排地下水必将形成区域性地下水位降落漏斗，可能导致其影响范围内的地表水体漏失、井泉干涸及水资源枯竭。

与宝口煤矿生产营运期主要水污染源为矿井水和场地生产、生活污废水。

（1）矿井水水量。与宝口煤矿矿井水正常涌水量为6624m^3/d（最大涌水量为

35424m³/d）。

（2）矿井水水质类比。由于煤矿尚未建设，因此无法对该煤矿的矿井水进行取样实测，环境影响报告书中采用类比临近煤矿的矿井水水质的方法，来确定本矿井水水质。与本矿同处一个向斜的安桂良煤矿和苦李树煤矿（生产能力均为3万t/a），其矿井水水质具有一定的类比性。因此，选取安桂良煤矿和苦李树煤矿作为本矿井水的类比水质。通过对安桂良煤矿和苦李树煤矿矿井水现场采样与水质监测（2007年10月13日至10月15日进行了监测），结果表明，矿井水水质偏碱性，重金属含量较低，主要污染因子为SS、COD、Fe。考虑到开发强度，并参考省内其他中型煤矿的水质情况，因而作了调整，类比矿井水水质监测结果统计见表5.12。

表5.12　类比矿井水水质监测结果统计表　单位：mg/L（pH除外）

类比矿井 监测项目	安桂良 煤矿	苦李树 煤矿	与宝口煤矿 类比水质	与宝口煤矿 处理后水质	GB 20426—2006 煤炭工业污染 物排放标准	CJ 3020—1993 二级标准
pH	8.0～8.4	8.3～8.7	8.0～8.5	6～9	6～9	6.5～8.5
SS	68～349	8.0～195	500*	25	50	—
总硬度	148.9～168.3	23.5～113.2	170	170.0	—	450
COD	10.0～16.0	11.0～22.0	100*	10	50	—
Fe	7.86～23.41	5.86～8.04	20	0.40	1.0**	≤0.5
Mn	0.17～0.69	0.46～0.51	0.70	0.07	4	≤0.1
Zn	0.02L	0.03～0.21	0.20	0.20	2.0	≤1.0
F^-	0.15～0.17	0.26～0.93	0.90	0.90	10	≤1.0
As	0.0002～0.0025	0.0013～0.0026	0.0026	0.0026	0.5	≤0.05
Hg	0.00001L	0.00001L	0.000005	0.000005	0.05	≤0.001
Pb	0.001L	0.001L	0.0005	0.0005	0.5	≤0.07
Cd	未检出	未检出	—	—	0.1	≤0.01
Cr	0.004L	0.004L	0.002	0.002	1.5	≤0.05
Cr^{6+}	0.004L	0.004L	0.002	0.002	0.5	≤0.01
SO_4^{2-}	92.45～239.82	123.75～239.82	240	240	—	≤250
S^{2-}	0.02L	0.02L	0.01	0.01	1.0	—
NH_3^-N	0.267～0.874	0.310～0.667	0.80	0.8	15***	1.0
石油类	未检出	0～0.15	0.10	0.10	5	—

注：*为贵州省中型煤矿矿井水类比水质；**为《贵州省环境污染物排放标准》（DB 52/12—1999）；***为《污水综合排放标准》（GB 8978—1996）一级标准。

（3）生产、生活污废水水量。矿井生产、生活污废水总排放量为200.46m³/d。

（4）生产、生活污废水水质预测。矿井工业场地生产、生活污废水主要来自于办公楼、灯房浴室、食堂、单身宿舍等生活设施的污水废水。污废水中污染物浓度较低，属低浓度可生化的生活污水。根据国内同规模生产矿井污废水的监测情况，预测本矿场地生产、生活污废水水质为：COD = 200mg/L、BOD_5 = 100mg/L、SS = 250mg/L、NH_3^- N = 20mg/L。

5. 固体废物堆放对环境的影响

矿井营运期间的主要固体废物为：煤矸石、矿井水处理站煤泥、生活污水处理站污泥及生活垃圾等。矿井营运期矸石主要为采掘矸石，总排矸量为 7.2 万 t/a。生活垃圾年排放量为 162.94t，矿井水处理站煤泥年产生量为 1148.44t，生活污水处理站污泥年产生量约为 12.43t。

矸石堆放不仅占用土地，矸石堆扬尘还可能对环境空气，矸石淋溶水可能对土壤及地表水、地下水环境造成影响。

6. 其他污染物排放造成的污染

（1）大气污染。矿井建成后的大气污染源主要有：原煤筛分楼、储煤场、原煤皮带运输转载点、滑坡煤仓、装车仓、排矸场、道路扬尘及汽车运输过程中产生的煤尘等。

（2）噪声。矿井生产营运期主要噪声源有：工业场地坑木加工房、筛分楼产生的机械噪声，水处理站泵房产生的电动噪声，以及风井场地通风机房、压风机房和瓦斯抽放站产生的空气动力噪声等。

5.6 矿山（地质）环境影响预测评估

5.6.1 建设期环境影响预测评估

1. 施工期土石方平衡分析

根据已批复的《贵州省织金县与宝口煤矿环境影响报告书》和《贵州省织金县与宝口煤矿水土保持方案报告书》，与宝口煤矿工业场地、风井场地、排矸场区、地面运输系统区、附属系统区挖填方及建井期间掘进矸石排放量见表 5.13。

1）地面系统土石方情况

地面系统的土石方主要来自工业场地、风井场地、运输系统区和附属系统区。根据矿井建设可研报告，与宝口矿山工程地面建设共开挖土石方量 39.23 万 m^3（土方量 35.31 万 m^3，石方量 3.92 万 m^3），回填土石方量 34.10 万 m^3（土方量 30.69 万 m^3，石方量 3.41 万 m^3），排弃土石方量 6.16 万 m^3（土方量 5.54 万 m^3，石方量 0.62 万 m^3），借方量 1.03 万 m^3（掘井矸石）。为不破坏地表植被造成新的水土流失，覆土土料来源于煤矿建设将破坏地块的表土。与宝口矿山采掘工程采用场内空闲地临时堆放需转运的土石方量以减少占压耕地。场内建筑砂石料不足部分从场外购进。

表5.13　土石方量及调配表

项目区		开挖量	填方量	借方量	弃方量	调配量/万 m^3		调配情况
一级	二级	/万 m^3	/万 m^3	/万 m^3	/万 m^3	本区借出	本区借进	
工业场地区	生产区	10.77	6.06		3.33	1.38		工业场地区弃方6.28万 m^3，除借出1.38万 m^3 给地面运输系统区外，剩余4.9万 m^3 全部排弃到排矸场；生产区利用掘井矸石1.03万 m^3，挖填方中包含0.76万 m^3 覆土时利用的表土
	辅助生产区	7.6	6.03		1.57			
	行政福利设施区	5.01	6.04	1.03				
	小计	23.38	18.13	1.03	4.9	1.38		
风井场地区	风井场地区	3.75	3.45		0.3			本区弃方0.30万 m^3，全部排弃到排矸场，挖填方中包含0.096万 m^3 覆土时利用的表土
	小计	3.75	3.45		0.3			
排矸场区	排矸场区	0.17	0.13		0.04			本区挖方0.04万 m^3 全部就近排弃到本场区，挖填方中包含0.09万 m^3 覆土时利用的表土
	小计	0.17	0.13		0.04			
进场道路区	工业场地进场道路	5.68	6.56				0.88	本区不足的1.38万 m^3 全部利用主工业场区的弃方补充，地面爆破材料库进场道路区弃方0.43万 m^3 全部排弃到排矸场
	风井场地、排矸场进场道路	1.05	1.55				0.5	
	炸药库进场道路	0.97	0.54		0.43			
	小计	7.7	8.65		0.43		1.38	
附属系统区	爆破材料库区	2.94	2.94					本区剩余挖方量0.49万 m^3 就地平整，挖填方中包含0.12万 m^3 覆土时利用的表土
	生活、消防水池区	0.17	0.15		0.02			
	输水管线区	0.9	0.5		0.4			
	输电线路区	0.22	0.15		0.07			
	小计	4.23	3.74		0.49			
	井巷开拓	8.18			7.15	1.03		
合计		47.41	34.10	1.03	13.31	2.41	1.38	

2）井巷工程开挖土石方

井巷工程主要包括井筒工程、主要运输巷及回风巷、采区巷道、排水系统及供电系统五部分，矿井移交生产时井巷工程量10232m（其中煤及半煤巷3990m，岩巷6242m）；掘进体积10. 75 万 m^3（其中煤及半煤巷3. 67 万 m^3，岩巷7. 08 万 m^3）；利用掘井矸石1. 03 万 m^3，除去利用部分，井巷开挖土石方合计弃渣7. 15 万 m^3（其中煤及半煤岩巷弃渣1. 10 万 m^3），运往排矸场堆弃。

2. 生态环境影响预测评估

根据已批复的《贵州省织金县与宝口煤矿环境影响报告书》，与宝口矿山建设施工对生态环境的影响主要在于占用土地，与宝口煤矿工业场地、风井场地、进场道路、排矸场地和地面炸药库等占地是对生态环境的主要影响因素。

与宝口煤矿建设总占地14. 11hm^2，矿井占地情况见表5. 14。矿井建设总占地中农用地13. 45hm^2，耕地11. 47hm^2（基本农田7. 90hm^2），建设用地0. 3hm^2，未利用地0. 36hm^2。

表5. 14　矿井占地面积汇总表

序号	项目名称	用地面积/hm^2	备注
1	工业场地	9. 10	根据贵州省国土资源厅对土地预审意见的复函：与宝口煤矿拟占用土地14. 11hm^2，其中农用地13. 45hm^2，耕地11. 47hm^2（基本农田7. 9 hm^2），建设用地0. 3 hm^2，未利用地0. 36 hm^2
2	风井场地	1. 80	
3	地面爆破材料库	0. 85	
4	排矸场地	2. 36	
合计		14. 11	

占地对生态环境的影响主要是植被破坏、造成水土流失等。占地包括施工占地和工程占地。施工占地属临时占地，其影响是短期的、可以恢复的，工程占地影响是永久性的，其中建筑物、构筑物、道路等占地是不可恢复的。矿井施工采用环境友好型的施工方案，施工营地和临时物料堆场均在矿井征用的土地内设置，尽量不设置临时施工占地，因此主要为工程占地。矿井工业场地施工道路可利用井田已改建完成的后寨乡—与宝口三级公路，风井场地施工可利用现有乡道，其进场道路与风井场地建设同步，风井场地和地面炸药库需改建1. 304km和新建1. 116km的进场公路。

矿井工程占地和施工活动将破坏其用地范围内的农作物和天然植被，改变土地资源的原有使用功能及其地形地貌，增加裸露面积，并可能引起局部的水土流失及施工边坡的地质灾害，从而对区内生态系统产生一定的不利影响。但相对项目所在的区域而言，工程所占用的土地及破坏农田、自然植被的植物种类数量较小，因此不会对区域内的生态环境产生明显的不利影响。矿井新建工业场地生活福利设施区，填方利用建井期间的矸石填筑，风井场地挖方大于填方，各场地不需场外取土，因此也不会因取土而产生对生态环境的不利影响。

3. 水环境影响预测评估

1）地表水环境影响分析

由于矿井的建设周期长达25. 6 个月，施工高峰期间施工人员人数可能达到400 ~ 600

人，施工现场需要建临时食堂、临时浴室和厕所等，必然要排放一定量的生活污水。由于施工队伍卫生条件不具备，因此生活污水排放系数相对较小（小于 50L/人·d），以此估算生活污水排放量最大约为 $30m^3/d$，污水中主要污染物是 SS 和 COD，SS 排放量最大约 6kg/d，COD 约 5.4kg/d，不处理不能满足污水综合排放标准的一级要求。

矿井井下施工过程中也将产生一定量的井下排水。矿井井下施工主要是掘进巷道及其支护，一般不会形成破碎带和裂隙带。建井前期井筒建设期间矿井排水主要是井壁淋水和井下施工用水，水量较小，只有到了后期出煤阶段才会产生较多井下涌水量，井下排水的主要污染物为 SS。

建设期间由于矿井的污水系统尚未健全，难以集中处理并排放。施工期污废水如果不经处理直接排入长箐河，对长箐河及下游苏家河水质将会产生一定的影响。

2）地下水环境影响分析

矿井的建设施工会对地下水造成不同程度的影响，有可能造成地下水位的下降和地下水资源的破坏，同时也会影响施工的进展，因此在施工过程中要考虑采取相应的措施。在井巷掘进过程中，采用先探后掘、一次成形的施工方法。

井巷掘进过程中应注意：

（1）巷道施工中所揭穿的含水层应及时封堵，应使用隔水性能良好且毒性小的材料，如 Fe、Mn 含量少且纯度高的高标号水泥。

（2）主平硐排水管道应与主体工程同时敷设，掘进过程所产生的淋水必须排入地面场地集水池中与施工废水一并处理，不得直接排入地表水体或地下就地入渗。

（3）合理安排施工顺序，在工作面准备结束前地面矿井水处理及复用系统应建成并调试完毕，以便在矿井试生产阶段即实现矿井水的资源化。

综上所述，矿井建设期对地下水环境的影响环节及影响程度均较小，在采取合理措施后，这种不利影响是轻微的、短期的，也是环境可接受的。

4. 固体废物对环境的影响预测评估

矿井施工过程中产生的固体废物主要是掘进矸石，从前述施工期土石方平衡分析可见，与宝口煤矿矿井掘进矸石为 8.18 万 m^3，建井掘进矸石部分 1.03 万 m^3 用于工业场地填方后，剩余部分 7.15 万 m^3 运往排矸场堆弃。矿井地面工程中，工业场地、风井场地、排矸场、进场道路和附属设施区挖方量大于填方量，剩余挖方量为 13.31 万 m^3，采取多余挖方运往排矸场堆弃处理的措施。与宝口煤矿建设工程采用场内空闲地进行临时堆放需转运的土石方量。临时堆渣场必须用防雨布遮盖，周围设临时土袋挡土墙。

地面各场地施工过程中将排放少量建筑垃圾和生活垃圾，建筑垃圾主要是废弃的碎砖、石、砼块等和各类包装箱、纸等，产生量较少。废弃碎砖、石、砼块等一般作为地基的填筑料，各类包装箱、纸一般有专人负责收集分类存放，统一运往废品收购站进行回收利用，因此，矿井施工期的施工建筑垃圾对井田环境产生的影响较小。

施工期生活垃圾是由施工人员产生的，产生量与施工人员数量有关。施工高峰期的人数将达到 400～600 人，生活垃圾产生量则将达到 240kg/d。各施工区的生活垃圾如不及时处理，在气温适宜的条件下则会滋生蚊虫、产生恶臭、传播疾病，对施工区环境卫生将产生不利影响。因此，施工期各施工场地生活垃圾应集中收集后运往当地环卫部门指定的地点处理，并采取压实、覆土措施，覆土可用施工场地表土覆盖。

5. 对社会环境和生活环境的影响

施工期大量施工人员与流动人员的聚集，将给当地粮食与蔬菜供应，饮食服务业等社会经济环境带来一定压力。高峰期 400 ~ 600 人的施工人员与流动人口的粮食与蔬菜供应，在目前市场经济条件下，可以通过商品流通市场采购解决，不会给当地农村居民的正常生活造成影响；而是有助于带动地方经济更好地向多元化农业经济发展，加速小城镇建设与第三产业的发展，增加农民的经济收入。同时施工过程也将促进当地建材业和运输业的发展，社会经济条件也将得到改善。

6. 建设期引发地质灾害的可能性及危害程度评估

根据已备案的《贵州省织金县与宝口煤矿矿区及地面工程地质灾害危险性评估报告书》，建设期引发地质灾害的可能性及危害程度如下。

1）*矿井主工业场地*

拟建场地地势总体上南西高，北东低，最高海拔高程 EL. 1880m，最低海拔高程 EL. 1868m，相对高差 12m。场地北、东部有季节性冲沟发育，场地被第四系黏土层覆盖，厚 1 ~ 2m，下伏地层为上二叠统龙潭组二段（P_3l^2）砂岩、粉砂质泥岩夹煤层。岩层倾向 176°，倾角 30°。根据设计，拟建工业场地分 2 个场坪标高进行平场，平场后再进行工程建设，为叙述方便，分 3 个地块（A、B、C 地块）进行评估。

A 地块：位于场地北部，第四系覆盖层厚 1 ~ 2m，边坡组构为逆向坡。拟建构建筑物有职工宿舍 1、职工宿舍 2、食堂、办公楼、救护队、任务接待处、门卫室等。场区地形标高 EL. 1868 ~ 1880m，整体平场标高 EL. 1870m。A 地块场地平整需进行切、填方活动，平场时东部填方，填方厚度 0 ~ 2m，引发填方边坡滑塌的可能性小；西部切方，切方高度 0 ~ 10m，引发临时切方边坡崩塌的可能性小。该地块平场后，西部形成高 10m 的永久性切方边坡，引发切方边坡滑坡、崩塌的可能性大；东部形成高 2m 的永久性填方边坡，引发填方边坡滑塌的可能性小。

B 地块：位于场区东部，第四系覆盖层厚 1 ~ 2m，边坡组构为斜向坡。拟建构建筑物有综合设备库、地磅房、机修车间、产品仓、矸石仓、原煤储煤场、选煤主厂房、浓缩车间、介质库等。场区地形标高 EL. 1864 ~ 1870m，整体平场标高 EL. 1870m。平场时，B 地块大部分填方，填方高度 0 ~ 6m，引发填方边坡滑塌、滑坡的可能性小—大。该地块平场后，东部形成高 6m 的永久性填方边坡，引发填方边坡滑坡的可能性大，对构筑物、施工人员、设备的危害程度大。

C 地块：位于场区西、南部，第四系覆盖层厚 0. 5 ~ 2m。所建构（建）筑物：压风机房、锅炉房、矿井水处理站、翻矸机房、联合建筑楼、卫生室、瓦斯储罐、变电所、主井口房等。拟建场区地形标高 EL. 1870 ~ 1889m，整体平场标高 EL. 1875m。C 地块需进行切、填方平场。该地块东部填方，填方高度 0 ~ 5m，引发填方边坡滑塌、滑坡的可能性小—大；西、南部切方，临时切方高度 0 ~ 14m，引发切方边坡滑坡、崩塌的可能性小—大。

该地块平场后，南西侧形成最大14m高的永久性切方边坡，引发滑坡、崩塌的可能性大；与A地块（西部）之间形成高5m的永久性切方边坡，引发切方边坡崩塌的可能性大；与B地块之间形成高5m的永久性填方边坡，引发填方边坡滑塌、滑坡的可能性大，对构筑物、施工人员、设备的危害程度大。

2）风井场地

场地第四系覆盖层厚0.5～2m，边坡组构为斜向坡、逆向坡。所建构（建）筑物：通风机房、配电及控制室、瓦斯抽放泵房、注氮机房及风井口等，地形标高EL.1936～1964m，整体平场标高EL.1945m，该地块需进行切、填方平场。北部填方，填方高度0～9m，引发填方边坡滑塌、滑坡的可能性小—大；南部切方，临时切方高度0～19m，引发切方边坡滑坡、崩塌的可能性小—大。平场后，北部形成高9m的永久性填方边坡，引发填方边坡滑坡的可能性大；南部形成高19m的永久性切方边坡，引发切方边坡滑坡、崩塌的可能性大，对下游构筑物、施工人员、设备的危害程度大。

3）临时排矸场地

场地位于风井场地北侧冲沟内，堆填高度10～20m，排矸场地工程建设主要在东侧（冲沟下游）修建拦渣挡墙，南北两侧设截水沟，拦渣坝高15m，宽1.5m，挡墙及截水沟基坑开挖深度小于3m，引发基坑坑壁坍塌的可能性小。弃渣堆填后，由于其结构松散，且沿冲沟堆放，堆填过高后溢坝溃坝引发滑坡、泥石流等地质灾害的可能性大，对下游居民点、农田的危害程度大。

4）排水沟渠

排水沟渠位于主工业场地北东和南西外围。排水沟渠依地势而建，切填方高度小于2m，引发地质灾害危害的可能性小。

5）进场道路

进场道路与乡村公路相接，位于场地北东侧，地形标高EL.1868m，道坪标高EL.1870m，填方厚度0～2m，引发填方边坡滑塌的可能性小。

7. 建设期其他环境影响预测评估

1）噪声环境影响预测评估

（1）建设期噪声源分析

建井施工过程中，主要噪声源是地面工程施工中的噪声源和为井筒及井下施工服务的通风机和压风机。

（2）建设期噪声预测结果及分析

由于施工阶段一般为露天作业，无隔声与削减措施，故传播较远，对各施工场地周围的居民影响较大。由于施工场地内设备运行数量总在波动，要准确预测施工场地各厂界噪声值很困难，根据类比分析结果可知，昼间施工最大影响半径为71m；施工场地夜间最大影响半径为447m。工业场地附近大芦塘居民点距工业场地的最小距离为25m，背后寨居民点距工业场地的最小距离为60m，工业场地昼间和夜间施工对大芦塘和背后寨居民点的影响较大；风井场地附近500m范围内无居民居住，风井场地施工对周围声环境敏感点基本无影响。

矿井工业场地进场道路已由当地政府改建完成；风井场地进场道路施工阶段对道路两侧的背后寨1户居民和大芦塘的1户居民有一定的影响，对其余居民点的影响白天较小，夜间一般不施工，对村民基本上没有影响；地面爆破炸药库进场道路两侧无居民居住，道路施工噪声对环境影响甚微。

2）环境空气影响预测评估

项目在施工过程中对环境空气的影响主要有下面几个方面：

（1）施工期环境空气影响分析；

（2）施工作业面和施工交通运输产生的扬尘；

（3）场地平整形成的裸露地表、地基开挖、回填以及散状物料堆放等扬尘；

（4）推土机、挖掘机及交通工具释放的尾气、施工单位生活炉灶排烟。

工业场地施工现场距离村寨、居民等敏感目标最近距离约25m，风井场地距离附近村寨、居民点等敏感目标最近距离约500m。工业场地施工期扬尘对附近居民点和保护目标有一定影响，风井场地和地面炸药库施工期扬尘对环境保护目标基本上无影响。

5.6.2　矿山开采引发地质灾害的预测评估

1. 矿业活动（地下采煤）可能引发（加剧）的地质灾害影响预测评估

我国目前实际应用的地表移动计算理论和方法比较多，主要有典型曲线法，负指数函数法和概率积分法，还有安全采深判定方法等。对井田范围内村庄的影响预测结果可直接采用矿井地质灾害危险性评估的预测结果，对井田范围内生态环境的影响预测结果则可采用矿井环境影响评价结果。

1）确定安全开采深度和综合作用厚度

煤矿地下开采后采空区上方地表的建筑物将因地表下沉而发生变形甚至破坏。因此，许多煤矿在地下开采实施之前，将预计开采影响范围之内的建筑物迁往别处或者事先推倒，以解决建筑物下安全采煤问题。但是，建筑物搬迁费以及重建新房时的抗变形措施费耗资巨大，使许多煤矿难以承受。其实，如果说浅部开采时这种搬迁与重建必要的话，那么在深部开采时，再这样做就具有一定的盲目性。现在我国煤矿开采正逐渐向深部转移，在某一临界开采深度以下采煤时，地表建筑物完全可以不搬迁和不重建。因此，及时深入地探讨安全开采深度问题是十分必要的。“安全开采深度”最早是原苏联学者提出来的，我国学者接受了这个概念并且在有关著作中有所提及，但是并未得到实际应用。这主要是因为我国煤矿尚缺少大采深（60m以深）的开采实践，或者虽然开采深度大但地面没有建筑物可以对照，因而未引起注意。根据开采沉陷理论，随着开采深度的增加，地表下沉范围扩大，下沉盆地变缓，从而使地表变形（倾斜变形、曲率变形、水平变形、扭曲变形和剪切变形）减小。当这种变形小到建筑物可以承受时，与其对应的开采深度即为安全开采深度。

一些学者认为，地表下沉值应随开采深度增大而减小，理由是采深增大采空区上覆岩层中的永久性裂缝多，开采空间传递到地表的量少。因此，地表下沉值变小。另一些学者则认为，随着开采深度增加，采空区上覆岩层自重增大，使冒落带矸石压得更实，因此地表下沉变大。也有人根据实地观测资料认为开采深度与地表下沉关系不大。

以贵州永兴煤矿为例，安全开采深度是在此深度以下采煤，不会使地面建筑和井巷等遭到坍塌和破坏的深度。按《建筑物、水体、铁路及主要井巷煤柱留设与压煤开采规程》（2000年5月）及《地方煤矿实用手册》中相关技术要求，开采煤层上覆岩层开采安全深度（图5.4）按下式计算，如下：

$$H_\delta = M \times K \tag{5.1}$$

$$M_n = m_n + C_n M_{n+1} \tag{5.2}$$

式中：H_δ—多煤层综合作用下安全深度，m；M—多煤层综合作用厚度，m；m—煤层厚度或采高，m；n—可采煤层数，层；K—安全开采系数（根据理论计算或实测资料求得），按Ⅱ类矿山Ⅱ级保护级别确定，取$K=150$。

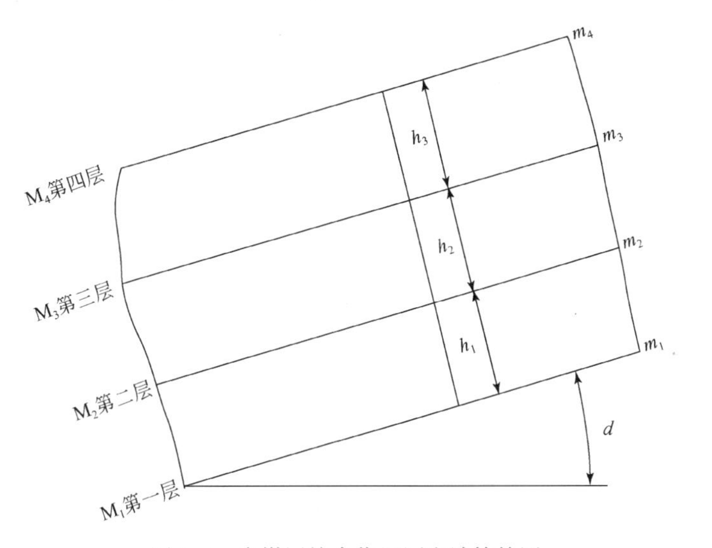

图5.4　多煤层综合作用厚度计算简图

在开采煤层群时，要确定其安全深度，需计算综合作用厚度m，该厚度对地面所造成的影响是回采数个煤层后给地面造成的总影响。

重复开采时综合作用厚度可按下式计算：

$$\begin{cases} M_4 = m_4 \\ M_3 = m_3 + C_3 M_4 \\ M_2 = m_2 + C_2 M_3 \\ M_1 = m_1 + C_1 M_2 \end{cases} \tag{5.3}$$

式中，系数C为相邻的两煤层距离h与两层中靠下一层的层厚m之比的函数，C值可由表5.15查得。

表 5.15　系数 C 值

煤层厚度/两层间的距离（h/m）	缓倾煤层 C 值（倾角<25°）	倾斜煤层 C 值（倾角 25°～45°）	急倾斜煤层 C 值（倾角>45°）
0	1.00	1.00	1.00
10	1.00	1.00	1.00
20	0.85	0.80	0.75
30	0.70	0.60	0.50
40	0.55	0.40	0.25
50	0.45	0.20	0.25
60	0.30	0.20	0.25
70	0.15	0.20	0.25
80	0.00	0.20	0.25

其中安全系数 K 如表 5.16 按Ⅱ类矿山Ⅱ级保护级别确定，取值为 150，综合作用厚度计算如表 5.17 所示。

表 5.16　地面建筑物和主要井巷的安全系数 K

煤田类型	煤层倾角	地面建筑物和主要井巷的级别安全系数 K		
		Ⅰ	Ⅱ	Ⅲ
Ⅰ	0°～45°	200	125	80
	45°以上	250	175	100
Ⅱ	0°～45°	250	150	100
	45°以上	300	200	125
Ⅲ	0°～45°	350	250	125
	45°以上	400	300	150

注：永兴煤矿岩层倾角为 17°～28°，故取其平均值 22.5°为煤层倾角。

表 5.17　永兴煤矿煤层综合作用厚度计算表

煤层编号（从上而下）	煤层厚度（m）/m	平均层间距（h）/m	h/m	系数 C	计算编号	综合作用厚度公式	m 值/m
M_{16}	1.80（按 2.2 计）	48	—	1.00（C_4）	3	$M_4=m_4$	2.2
M_{23}	1.60（按 2.2 计）		21.82	0.95（C_3）	2	$M_3=m_3+C_3M_4$	4.29
M_{27}	1.55（按 2.2 计）	6	2.73	1.0（C_2）	1	$M_2=m_2+C_2M_3$	6.29
M_{30}	1.60（按 2.2 计）	上距 M_{27} 为 17.9m；下距茅口组顶界 40m	8.14	1.0（C_2）	1	$M_1=m_1+C_1M_2$	8.49

注：表中煤层的开采高度取煤层厚度的最大值，当煤层最大厚度小于煤巷开拓最小高度 2.20m 时，则煤层的开采高度按 2.20m 取值；煤层的厚度大于 2.2m 时，则按最大厚度取值，煤层平均倾角 22.5°。

永兴煤矿可采煤层有M_{16}、M_{23}、M_{27}、M_{30}四层，属重复采动之煤矿，取煤层平均倾角为22.5℃（17°~28°），其安全开采深度按公式（5.3）、公式（5.1）计算如下：

由此得安全开采深度为$H_{\delta}=M\times K=150\text{m}\times 8.49=1273.5\text{m}$。

2）地质灾害危险性大区范围的确定

我国有许多矿山地质和水文地质条件很复杂，采矿时对地下水必须进行疏干排水，甚至要深降强排，由此而出现了一系列的环境地质问题，给矿山生产带来许多灾害，详见表5.18。

表5.18 疏干排水引起事故一览表

事故类型	矿区类型	主要发生区域	事故危害	具体表现
矿井突水	上覆和下伏地层为含水丰富的石灰岩矿区	北方	威胁矿井和职工生命安全，造成巨大经济损失	30多年来我国主要煤矿区，因突水淹没全矿井58次，部分淹井64次，造成经济损失27亿元
地面塌陷	岩溶充水矿区	广东、湖南、安徽淮南、山东莱芜及长江中下游两侧	严重地影响地面建筑，交通运输以及农田耕作与灌溉	广东凡口矿发现塌陷1600多个，范围5km^2；湖南恩口矿塌陷5800多个，范围20km^2；安徽淮南、山东莱芜及长江中下游两侧的有色金属矿山，也都出现了地面塌陷
海水入侵	沿海地区的有些矿区	辽宁、河北、天津	破坏了当地淡水资源，影响了植物生长	
其他	缺水矿区	山西	导致地区缺水，影响植物生长，形成土地石化和沙化	山西因采矿而造成缺水的县有18个、吃水困难26万人，30多万亩[①]水田变成旱地

许多露天矿山在开采过程中，经常发生边坡失稳、滑坡和崩塌等灾害。如阜新海洲、平庄西露天、抚顺西露天、辽宁大孤山铁矿、湖北盐池河磷矿，都发生过较严重的滑坡和崩塌，少则几百立方米，多则几十万、几百万立方米，除造成运输和生产中断、附近建筑物遭受破坏外，还严重地影响人民群众的生命安全。

矿山排出大量矿渣及尾矿的堆放，除了占用大量土地、严重污染水土资源及大气外，还经常发生塌方、滑坡、泥石流，尤其是一些乡镇集体和个人采矿场，在河床、公路、铁路两侧开山采矿，乱采滥挖，乱堆乱放，经常把矸石甚至矿石堆放在河床、河口、公（铁）路边等处，一遇暴雨造成水土流失，产生滑坡、泥石流，把其尾矿、矸石等冲入江河湖泊，造成水库河塘淤塞、洪水排泄不畅，甚至冲毁公路铁路，交通中断，给国民经济造成严重损失。山西峨口铁矿，尾矿坝被洪水冲垮，形成和泥石流相似的灾害，使下游的繁峙、代县的6000亩农田被毁。陕西金华山煤矿因地下采空，地面变形，产生崩塌性滑坡，摧毁了村庄和矿山工业广场的设施。

尾矿和矸石堆，经常发生自然放出有害的气体，污染大气。目前我国煤矿除一些煤因

① 1亩≈666.7m^2。

浅部煤层存在自燃外，还有88座矸石山在燃烧；湖南湘潭锰矿的废石堆中因含黄铁矿而发生自燃，放出有害气体。另外，在尾矿和矸石堆中含有许多有害的干燥废渣物，在刮风的日子里，随风吹到城市和居民区，影响人们生活和身体健康。

瓦斯突出和爆炸是我国矿山生产建设中的重要地质灾害之一，采煤高峰期仅煤矿的煤层和瓦斯突出，每年即发生1000次以上，突出强度有的达1000t以上，强度与频率均居世界之首。瓦斯突出造成的恶性灾害，其损失是惊人的。

在矿山经常发生的地质灾害现象中，还有矿床围岩变形、顶板冒落等。因此，对矿山地质灾害进行评价是保护人们生命财产安全十分必要的一个环节。

根据《贵州省织金县永兴煤矿矿区及工业广场地质灾害危险性评估报告书》，井田现状评估区地质灾害不发育，未见滑坡、崩塌、泥石流、地裂缝、地面塌陷等地质灾害现象。但在个别地段，如河流两侧谷坡，沿裂隙结构面常见有陡壁、悬崖、危岩和错落体。

由此可知，评估区内的隐患体在开采条件下处于不稳定状态。根据表5.19的分级标准可知，地质灾害危害程度为危险性大。

表5.19　地质灾害危险性分级表

隐患体稳定状态	地质灾害危害程度		
	严重	较严重	较轻
不稳定	危险性大	危险性大	危险性中等
较不稳定	危险性大	危险性中等	危险性小
基本稳定	危险性中等	危险性小	危险性小

注：地质灾害危害程度的确定按《地质灾害危险性评估技术规范》表3—表25执行。

前已述及，永兴煤矿开采煤层上覆岩层厚度0～381.1m，远小于煤矿安全开采深度1273.5m，即在开采煤层过程中，在采矿影响范围内，均有可能发生地质灾害。

地质灾害危险性大区范围就是，在开采煤层过后，地面移动和变形较大的范围，即充分采动情况下，地表移动盆地下沉量最大的范围。

按照《建筑物、水体、铁路及主要井巷煤柱留高与压煤开采规程》（表5.20），当煤系地层的覆岩类型为中硬覆岩时，其矿体走向移动角δ（$\delta=70°$），上山方向移动角γ（$\gamma=70°$）以及下山方向移动角β，按下式（5.4）计算：

$$\beta=\delta-0.6\alpha \tag{5.4}$$

式中，δ—走向移动角；β—下山方向移动角；α—煤层平均倾角（按岩层倾角17°～28°取平均值22.5°）。

由此可得永兴煤矿煤系地层因采掘活动，造成的下山方向移动角$\beta=70°-(0.6\times22.5°)=56.5°$。

由于该矿山属于多煤层重复采动，根据《三下采煤规程》，移动角应相应地做第一次折减5°～10°（取5°），由于贵州地区多为山地丘陵地带，根据经验走向移动角δ，上山方向移动角γ，下山方向移动角β应再次修正，移动角则相应地做第二次折减5°～10°（取5°）。

表 5.20 按覆岩性质区分的地表移动一般参数综合表（$\alpha<50°$）

覆岩类型	覆岩性质		下沉系数 q	水平移动系数 b	移动角（°）			边界角（°）			主要影响角正切 $\tan\beta$	拐点偏移距 $\frac{S}{H_0}$	开采影响传播角 θ_0/(°)
	主要岩性	单轴抗压强度/MPa			δ	γ	β	δ_0	γ_0	β_0			
坚硬	大部分以中生代地层硬砂岩、硬石灰岩为主，其他为砂质页岩、页岩、辉绿岩	>60	0.27～0.54	0.2～0.3	75～80	75～80	$\delta-(0.7\sim0.8)\alpha$	60～65	60～65	$\delta_0-(0.7\sim0.8)\alpha$	1.2～1.91	0.31～0.43	$90-(0.7\sim0.8)\alpha$
中硬	大部分以中生代地层中硬砂岩、石灰岩、砂质页岩为主。其他为软砾岩、致密泥灰岩、铁矿石	30～60	0.55～0.84	0.2～0.3	70～75	70～75	$\delta-(0.6\sim0.7)\alpha$	55～60	55～60	$\delta_0-(0.6\sim0.7)\alpha$	1.92～2.40	0.08～0.30	$90-(0.6\sim0.7)\alpha$
软弱	大部分为新生代地层砂质页岩、页岩、泥灰岩及黏土、砂质黏土等松散层	<30	0.85～1.0	0.2～0.3	60～70	60～70	$\delta-(0.3\sim0.5)\alpha$	50～55	50～55	$\delta_0-(0.3\sim0.5)\alpha$	2.41～3.54	0～0.07	$90-(0.5\sim0.6)\alpha$

所以该矿山上山移动角 $\gamma=60°$，下山移动角 $\beta=46.5°$。因此，可根据移动角确定出评估区的地质灾害危险性大区的范围，见图 5.5、图 5.6。

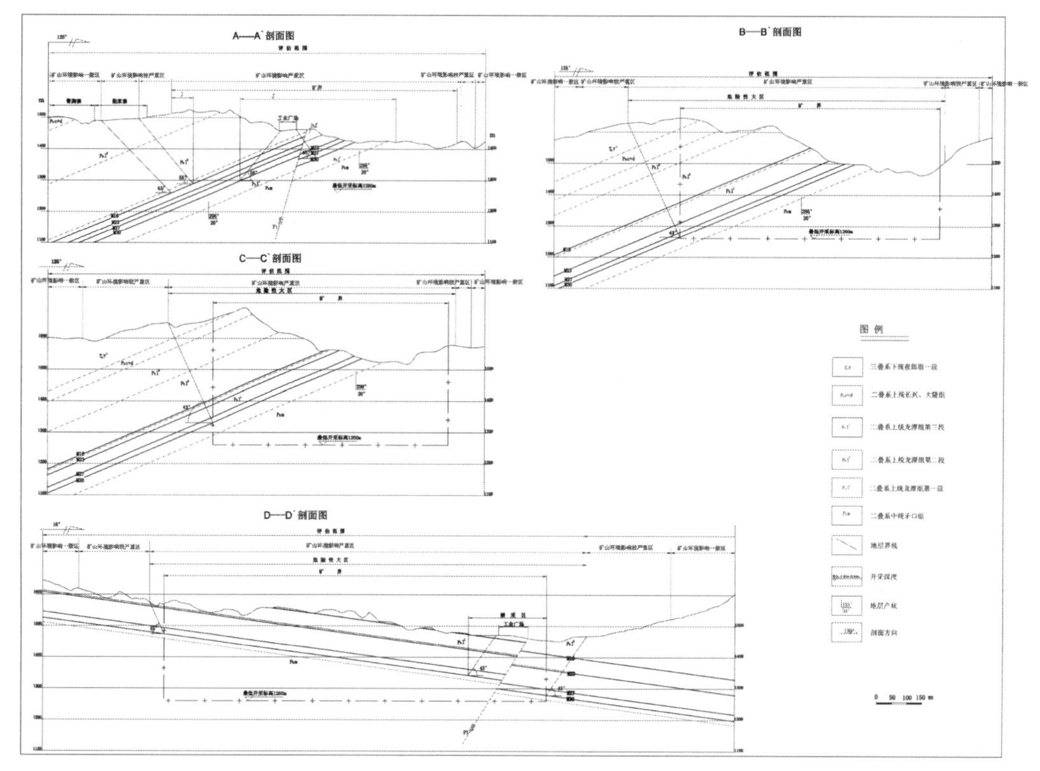

图 5.5　永兴煤矿矿山环境影响评估预测剖面图

当地下开采形成采空区后，在井田及开采影响范围内将引发滑坡、崩塌、泥石流、地面塌陷、地裂缝等地质灾害危害的可能性大。其引发地质灾害影响的范围依据最低开采煤层下山方向移动角（$\beta=46.5°$），上山方向、走向方向移动角（$\gamma=60°$）与地面投影的交点确定。

3）开采影响范围的确定

矿山地质环境的自然性、社会性、综合性、复杂性和开放性决定了因矿山开采所引起的环境变化不会是单一的、局限的、瞬发的，而是扩大的、连续的、具时效性的。因此在进行矿山地质灾害危险性评估时不能局限于矿山建设用地面积之内，应依据矿山开发利用方案和地质环境条件，将矿业活动可能产生地质灾害的影响范围作为评估区范围。单个矿山地质灾害危险性评估区应以计划采矿用地或最终用地范围为基础。若矿业活动对地质环境的影响范围超出用地范围，则应该根据实际和可能的影响情况，适当扩大评估区范围。矿区（多个矿山）地质灾害危险性评估区，不仅依据单个矿山的矿业活动影响范围，还应根据矿区（多个矿山）矿业活动对周围环境的整体影响，确定影响范围。

矿山覆岩为中硬覆岩，按《建筑物、水体、铁路及主要井巷煤柱留设与压煤开采规程》（表 5.20）。初取走向边界角 δ_0 及上山边界角 γ_0 为 55°、下山边界角 $\beta_0=55°-0.6\alpha=$

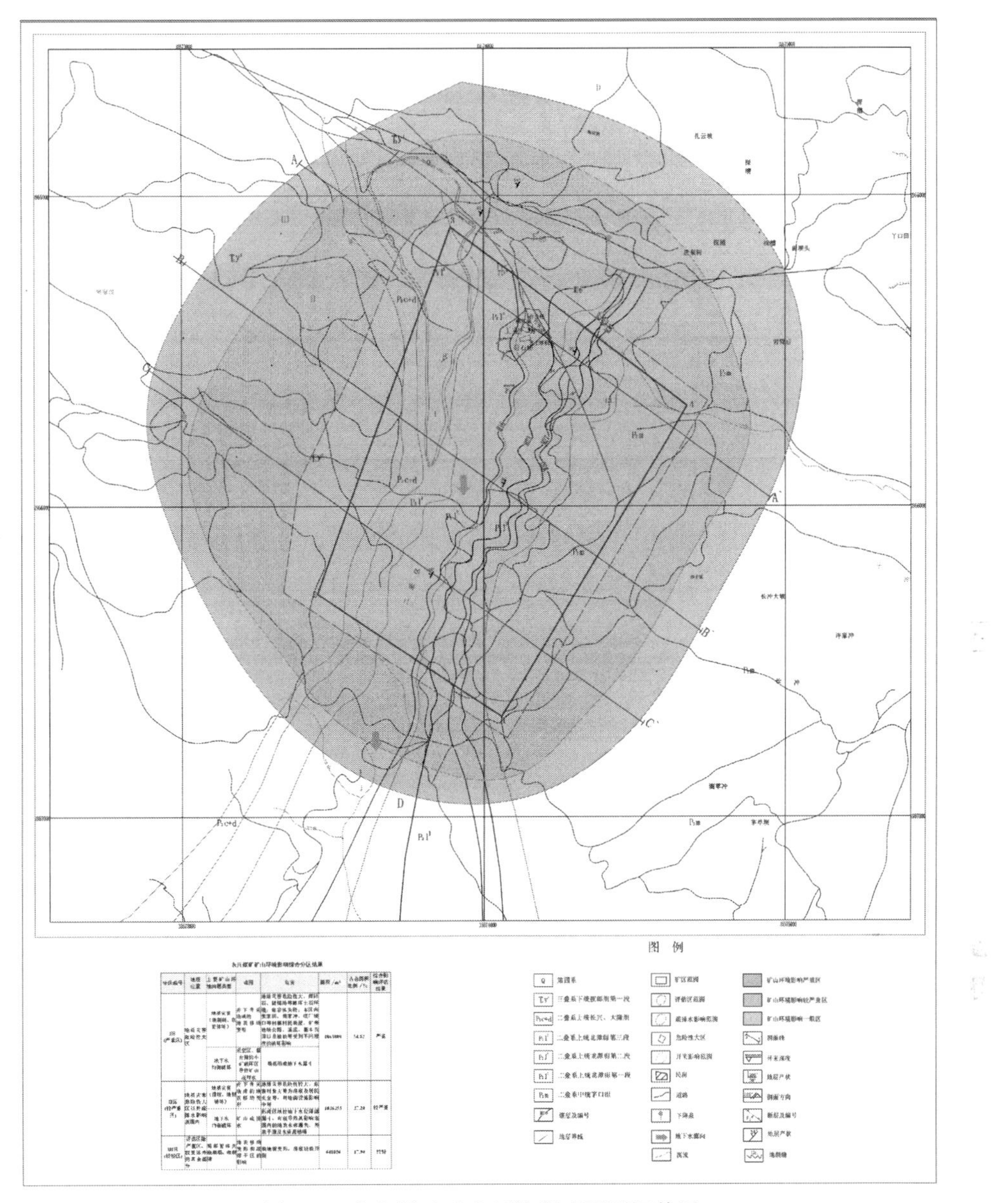

图5.6　永兴煤矿矿山环境影响预测评估图

41.5°（α为煤层平均倾角，按岩层倾角17°~28°取平均值22.5°）。永兴煤矿的可采煤层有4层（M_{16}、M_{23}、M_{27}、M_{30}），根据重复采动和山区煤矿，边界角在移动角基础上折减4°~14°的原则，本方案选取走向边界角δ_0及上山边界角γ_0均为45°、下山边界角β_0为31.5°。充分考虑地形地貌的影响，因此，开采影响范围参见图5.5、图5.6（见彩图）所确定的边界角所圈定的范围，即2.093km^2。

另外，因为大面积开采煤层，围岩失去平衡，上覆岩层会出现冒落和裂隙，上覆岩层冒落，会严重危及井下工人的生命安全，如不及时治理，可能会产生井下塌陷，影响矿山的正常工作，也会造成严重的危害。因此应加强巷道的支护。

4）地下采煤加剧地质灾害可能性评估

（1）地下采煤对断层的影响预测评估

如图 5.7 所示，断层位于移动范围内，边界角与断层相交，二者倾向一致，如果将煤层开采后，岩层移动过程中遇到断层，将产生沿断层面的移动，并一直发展到地表断层露头处。

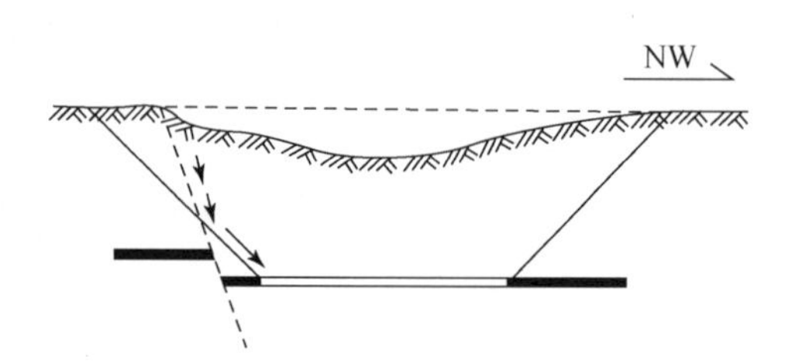

图 5.7　受采动影响断层对地表移动的影响示意图

断层露头处地表移动和变形一般较剧烈，常产生裂缝，有时甚至产生台阶状大裂缝。断层露头处以外的地表移动却突然减小（仅地表移动范围减小）。断层露头处如有建筑物，将遭受严重破坏，断层露头处以外的建筑物则只受到轻微破坏或不受影响。

（2）地下采煤对滑坡的影响预测评估

该评估区内迄今为止仅发现一处小型矸石堆滑坡，但是不排除评估区内其他地方存在滑坡尚未发现的可能性。滑坡产生与岩土层的工程地质条件、地表移动的剧烈程度以及滑坡在地表移动盆地的位置有关。煤层开采后，岩层和地表将产生移动，岩层和地表移动越剧烈，滑坡就越容易产生滑动。如果滑坡位于地表移动盆地最大倾斜变形区内，且滑坡的倾向与地表移动盆地的倾斜方向一致，滑坡就有可能加剧，而原本没有产生滑动的陡坡也可能形成滑坡。

另外，因为大面积开采煤层，围岩失去平衡，上覆岩层会出现冒落和裂隙，上覆岩层的裂隙和水文地质条件关系较密切。由于可采煤层上覆地层为上二叠统龙潭组薄层状黏土岩，地下开采煤层后，冒落带或断裂带中的大裂缝可能会和龙潭组薄层状黏土岩沟通，联通上层地下水和煤层可使地表水位降低，疏排水量扩大，地表移动盆地扩大，加剧地下水位下降的危害。

（3）矿山开采对地面居民点建筑物的影响预测评估

与宝口煤矿及地下开采影响和危害范围全部为地质灾害危险性大区，对 18 个村寨，合计 510 户 2256 人的危害程度大。

受与宝口煤矿采掘活动影响需搬迁村寨情况详见表 6.4。

（4）矿山开采对进场公路的影响预测评估

与宝口煤矿评估区内的主要公路为后寨乡—工业场地的进场公路，全长约 13km，于后寨乡接通三塘—织金的三级公路。目前由后寨乡—工业场地的进场公路已由地方政府改造完毕，该段公路在井田内全长约 2.75km，该段进场公路位于矿山开采影响范围内，遭受矿山地质灾害的可能性大，危害程度大。

（5）矿山开采对矿井工业场地和风井场地的影响预测评估

与宝口煤矿工业场地和风井场地位于矿山开采影响范围内，遭受矿山地质灾害的可能性大，危害程度大。

2. 禁采区保安煤柱设置

为确保村寨住户、工业场地及公路的安全，针对主工业场地，风井场地及公路划出了禁采区。对未受禁采区保护的地质灾害危险性大区内的村寨必须搬迁至矿山开采影响和危害范围以外的安全地带。

5.6.3　矿业活动诱发的水资源、水环境预测评估

1. 疏排水影响半径确定

确定影响半径的方法很多，在矿坑涌水量计算中常用库萨金和吉哈尔特经验公式作近似计算。当设计的矿山进行了大降深群孔抽水试验或坑道放水试验时，为了推求较为准确的影响半径，可利用观测孔网资料为基础的图解法进行推求。

1）经验公式法

计算影响半径的主要经验公式见表 5.21。

表 5.21　计算影响半径的经验公式

<table>
<tr><th>公式</th><th>提出者</th><th>应用条件</th><th>公式中符号说明</th></tr>
<tr><td>$R=2S\sqrt{HK}$</td><td>库萨金</td><td>计算潜水含水层群井、基坑、矿山巷道的影响半径，有时也用于承压含水层</td><td rowspan="11">R—影响半径，m；
Q—抽水时的涌水量，m^3/d；
H—承压水和潜水含水层的厚度，m；
K—渗透系数，m/d；
h—抽水时的水柱高度，m；
S—抽水时的水位降深，m；
ω—单位面积内的渗透量，m^3/h；
μ—给水度；
t—由开始抽水至稳定下降漏斗形成的时间，h；
I—自然条件下的水力坡度</td></tr>
<tr><td>$R=10S\sqrt{K}$</td><td>吉哈尔特</td><td>潜水及承压水抽水初期确定影响半径</td></tr>
<tr><td>$R=47\sqrt{\frac{6HKt}{\mu}}$</td><td>库萨金</td><td>潜水</td></tr>
<tr><td>$R=60\sqrt{\frac{6HKt}{\mu}}$</td><td>舒尔米</td><td>潜水</td></tr>
<tr><td>$R=74\sqrt{\frac{6HKt}{\mu}}$</td><td>维别尔</td><td>潜水</td></tr>
<tr><td>$R=\sqrt{\frac{K}{\omega}(H^2-h^2)}$</td><td>苏洛夫和卡赞斯基</td><td>计算泄水沟和排水渠的影响半径</td></tr>
<tr><td>$R=47\sqrt{\frac{12t}{\mu}\sqrt{\frac{2H}{\pi}}}$</td><td>柯泽尼</td><td>潜水完整井</td></tr>
<tr><td>$R=47\sqrt[3]{\frac{10HKt}{\mu}}$</td><td>维别尔</td><td>承压水</td></tr>
<tr><td>$R=0.1\frac{2}{HKI}$</td><td>别里托夫斯基</td><td>潜水</td></tr>
<tr><td>$R=0.34\sqrt{\frac{Q}{\omega}}$</td><td>苏洛夫和卡赞斯基</td><td>根据渗透值确定单孔或单井长期抽水影响半径引用值</td></tr>
<tr><td>$R=\frac{15Q}{HKt}$</td><td>特罗扬斯基</td><td>潜水完整井</td></tr>
</table>

2）图解法

当矿山做了大降深群孔抽水或坑道放水试验时，为了推求较为准确的影响半径，可利用观测孔实测资料，用图解法确定影响半径。

（1）自然数直角坐标图解法

在直角坐标上，将抽水孔与分布在同一直线上的各观测孔的同一时刻所测得的水位连结起来，顺曲线趋势延长，与抽水前的静止水位线相交，该交点至抽水孔的距离即为影响半径。观测孔较多时，用图解法确定的影响半径较为准确（图5.8）。

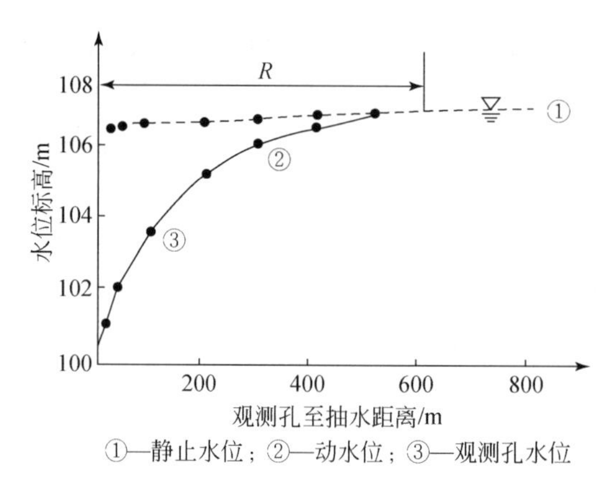

图5.8　自然数直角坐标图解法求影响半径示意图

（2）半对数坐标图解法

在横坐标用对数表示观测孔至抽水孔的距离，纵坐标用自然数表示抽水主孔及观测孔水位降深的直角坐标系中。将抽水主孔的稳定水位降深及同时刻的观测孔水位降低标绘在相应位置，连结这两点并延长与横坐标的交点即为影响半径（图5.9）。当有两个或两个以上观测孔时，以观测孔稳定水位降深来绘图更准确些。

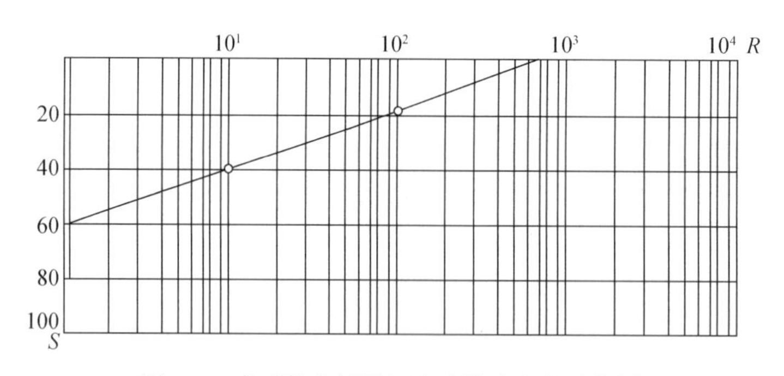

图5.9　半对数坐标图解法求影响半径示意图

3）影响半径经验取值

根据岩层性质、颗粒粒径及单位涌水量与影响半径的关系来确定影响半径，见表5.22、表5.23所示。

表5.22　松散岩土影响半径经验数值

岩土名称	主要颗粒粒径/mm	影响半径/m
粉砂	0.05～0.1	25～50
细砂	0.1～0.25	50～100
中砂	0.25～0.5	100～200
粗砂	0.5～1.0	300～400
板粗砂	1.0～2.0	400～500
小砾	2.0～3.0	500～600
中砾	3.0～5.0	600～1500
大砾	5.0～10.0	1500～3000

表5.23　单位涌水量与影响半径关系

单位涌水量/(L·S^{-1}·m^{-1})	影响半径/m	单位涌水量/(L·S^{-1}·m^{-1})	影响半径/m
>2.0	>300～500	0.5～0.33	25～50
2.0～1.0	100～300	0.33～0.2	10～25
1.0～0.5	50～100	<0.2	<10

2. 矿坑涌水量预测的内容、方法、步骤与特点

1）矿井涌水量预测的内容及要求

矿坑涌水量预测是一项重要而复杂的工作，是矿床水文地质勘探的重要组成部分。矿坑涌水量是指矿山开拓与开采过程中，单位时间内涌入矿坑（包括井、巷和开采系统）的水量。通常以 m^3/h 表示。它是确定矿床水文地质条件复杂程度的重要指标之一，关系到矿山的生产条件与成本，对矿床的经济技术评价有很大的影响。并且也是设计与开采部门选择开采方案、开采方法，制定防治水疏干措施，设计水仓、排水系统与设备的主要依据。因此，在矿床水文地质调查中，要求正确评价未来矿山开发各个阶段的涌水量。其内容与要求可概括为以下四个方面：①矿坑正常涌水量：指开采系统达到某一标高（水平或中段）时，正常状态下保持相对稳定的总涌水量，通常是指平水年的涌水量。②矿坑最大涌水量：是指正常状态下开采系统在丰水年雨季时的最大涌水量。对某些受暴雨强度直接控制的裸露型、暗河型岩溶充水矿床来说，常常还应依据矿山的服务年限与当地气象变化周期，按当地气象站所记录的最大暴雨强度，预测数十年一遇特大暴雨强度产生时，可能出现暂短的特大矿坑涌水量，作为制订各种应变措施的依据。③开拓井巷涌水量：指包括井筒（立井、斜井）和巷道（平巷、斜巷、石门）在开拓过程中的涌水量。④疏干工程的排水量：是指在规定的疏干时间内，将一定范围内的水位降到某一规定标高时，所需的疏干排水强度。对于地质勘探阶段来说，主要是进行评价性的计算，以预测正常状态下矿坑涌水量及最大涌水量为主。至于开拓井巷的涌水量预测和专门性疏干工程的排水量的计算，由于与矿山的生产条件密切相关，一般均由矿山基建部门或生产部门承担。

2）矿坑涌水量预测的方法

根据当前矿床水文地质计算中常用的各种数学模型的地质背景特征及其对水文地质模

型概化的要求，可作如下类型的划分：$Q-S$ 曲线方程非确定性统计模型、回归方程、稳定井流公式解析解—井流方程、非稳定井流公式、数学模型分类、有限元法数值解、有限差法、水均衡法。

3）*矿坑涌水量预测的步骤*

矿坑涌水量预测是在查明矿床的充水因素及水文地质条件的基础上进行的。它是一项贯穿矿区水文地质勘探全过程的工作。一个正确预测方案的建立，是随着对水文地质条件认识的不断深化，不断修正、完善而逐渐形成的，一般应遵循如下三个基本步骤：①选择计算方法与相应的数学模型详勘阶段均要求选择 2 个或 2 个以上的计算方法，以相互检验，印证。选择时必须考虑三个基本要素：矿床的充水因素及水文地质条件复杂程度。如：位于当地侵蚀基准面之上，以降水入渗补给的矿床，应采用水均衡法；水文地质条件简单或中等的矿床，可采用解析法或比拟法；水文地质条件复杂的大水矿床，要求采用数值方法；②勘探阶段对矿坑涌水量预测的精度要求；③勘探方法、勘探工程的控制程度与信息量：如：水均衡法，要求不少于一个水文年的完整均衡域的补给与排泄的动态资料；$Q-S$ 曲线方程外推法，要求具抽水试验的水位降达到预测标高水柱高度的 1/3 ~ 1/2；解析法，要求勘探工程全面控制含水层的非均质各向异性、非等厚的结构特征及其边界条件与补给、径流与排泄，并提供数值模型的建立、识别、预测所需的完整信息数据，这些数据的获取，只有采用大型抽水、放水试验对渗透场进行整体控制与揭露才可能做到。因此，计算方法与相应数学模型类型的选择，与矿床的充水因素及水文地质条件复杂程度、勘探方法、勘探工程的控制程度及信息量是相互关联的，统一于最佳技术经济条件这一原则之下。所以数学模型类型选择是否合理，可以用以下标准衡量：一是，对矿床水文地质条件的适应性，指能否正确刻画水文地质条件的基本特征；二是，对勘探方法、勘探工程控制程度的适应性：指是否最充分的利用勘探工程提供的各种信息，即信息的利用率；同时，也可理解为所选数学模型要求的勘探信息是否有保证，即信息的保障率。

4）*构造水文地质模型*

矿坑涌水量预测中数学模型的作用，是对水文地质条件进行量化，因此预测精度主要取决于对充水因素与水文地质条件判断的准确性。由于不同数学模型类型对水文地质条件的刻画形式与功能各异，因此必须按数学模型的特点构造水文地质模型，称水文地质条件概化。概化后的水文地质模型称水文地质概念模型，它在地质实体与数学模型之间起中介桥梁作用。

解析法和数值法是两种最基本的预测方法，其中解析法将复杂的含水层结构与内外边界，以理想化模式构造理论公式，因此必须按解析解要求进行概化。如含水层均质等厚，内外边界几何形态规则，边界供水条件简单、确定。数值法以近似分割原理对复杂的含水层结构、内外边界条件进行量化“逼真”，概化时要求以控制水文地质条件与内外边界的节点参数、水位与流量来构造水文地质概念模型。随着数学模型研究的不断进展，现代水文地质计算对水文地质模型的要求越来越高。目前，对复杂的大水矿床来说，一个可靠的水文地质模型的建立，必须贯穿整个勘探过程，并大致经历三个阶段，如表 5. 24 所示。

表5.24　构造水文地质模型

序号	阶段	完成工作	备注
1	第一阶段	整理了以往资料，建立“雏型”	是下一步勘探设计的依据（尤其对大型抽（放）水试验）
2	第二阶段	根据勘探资料，进行调整，建立“校正型”	调整方法为对大型抽（放）水资料进行流场分析或数值模拟
3	第三阶段	结合疏干工程的给定内边界条件与勘探资料预测外边界条件，建立“预测型”	

5）计算数学模型，评价预测结果

应该指出，不能把数学模型的解仅仅看作是一个单纯的数学计算，而应看作是对水文地质模型和数学模型进行全面验证识别的过程，也是对矿区水文地质条件从定性到定量再回到定性的不断深化的认识过程。

3. 地下水环境影响评估

1）与宝口煤矿疏排水影响范围

根据《贵州省织金县与宝口煤矿勘探地质报告》以及贵州省环境保护局批复的《织金县与宝口煤矿环境影响报告书》，矿山开采过程中对地下水环境影响如下：

（1）矿井井下开采对地下水的影响分析

Ⅰ. 采煤地下水下降漏斗半径预测

根据《贵州省织金县与宝口煤矿勘探地质报告》中的相关参数及计算：

①“大井法”矿坑涌水量计算公式选择

煤系顶板 T_1y^2 储量疏干计算时，四周视为无限边界。采用潜水完整井公式：

$$Q=\frac{1.366K(2H-S)S}{\lg R_0-\lg r_0} \tag{5.5}$$

煤系地层（P_3l）矿坑涌水量计算时，四周视为无限补给边界，对 P_3l 矿坑疏干中，层状承压水将转为无压水，由此可采用完整井公式：

$$Q=\frac{1.366K(2H-M)M}{\lg R_0-\lg r_0} \tag{5.6}$$

② 计算参数的确定

A. T_1y^2 计算参数的确定

a. 渗透系数 K 值的确定：采用ZK304孔抽水试验结果0.0677m/d。

b. 大井引用半径 r_0 的确定：采用补给带宽度之半，相当于矿区宽度之半，即2805m。

c. 降深值 S 的确定：采用8孔实测的 T_1y^2 水位标高与 T_1y^2 底板标高之差，即130.90m。

d. 含水层厚度 H 的确定：采用钻孔揭露 T_1y^2 的厚度的平均值194.14m。

e. 大井引用影响半径 R_0 的确定：$R_0=R+r_0=3754.12\text{m}$，$R=2S\sqrt{KH}=949.12\text{m}$。

R 为采用抽水试验参数，计算降深至大井降深位置时的影响半径949.12m。

B. P_3l+P_3c+d 计算参数的确定

a. 渗透系数 K 的确定：采用 ZK302 的 P_3l、P_3c+d 的加权平均值 $K=0.0316m/d$（因 P_3c+d 为煤系直接顶板，和 P_3l 共同构成矿坑直接充水含水层，故应参与计算）。

b. 含水层厚度 H 的确定：采用 P_3l+P_3c+d 钻孔稳定水位标高与 P_3l^1 底标高之差的平均值 336.23m。

c. 承压含层厚度 M 的确定：采用全区所有钻孔揭穿 P_3l+P_3c+d 厚度的平均值 289.17m。

d. 大井引用半径 r_0 的确定：采用公式 $r_0=F/\pi/2$ 计算之值 1665.09m，F 为全区可采煤层 M_{16} 开采面积 8705699m^2。

e. 大井引用影响半径 R_0 的确定：采用 $R_0=R+r_0=3857.02m$。R 为采用抽水试验参数，计算降深至大井降深位置时的钻孔影响半径 2191.93m。

Ⅱ. 矿井开采对地下含水层的影响

①对煤系地层及上覆含水层的影响

与宝口煤矿井田范围内的煤系地层为上二叠统龙潭组（P_3l），主要出露于井田的北部，含煤岩系为以滨海相为主的陆源碎屑岩夹石灰岩含煤沉积，厚 293.13～330.98m，平均厚 301.29m。岩石组合复杂，以细砂岩、粉砂岩、粉砂质黏土岩为主体，夹石灰岩层及煤层。根据岩性组合特征可分为三个岩性段，即龙潭组一段（P_3l^1）、二段（P_3l^2）和三段（P_3l^3），而矿井主采煤层 M_6、M_{16} 和 M_{30} 分别位于龙潭组一段（P_3l^1）、二段（P_3l^2）和三段（P_3l^3）中。因此，矿井地下煤层开采后，上二叠统龙潭组煤系地层的地下水有被疏干的可能。

②对煤系地层下伏含水层的影响

由于煤系地层在煤层开采后，地下水有疏干可能，因此，对下伏各地层地下水将产生补给量的减少或得不到补给，从而使下伏含水层的含水状况和水位下降，含水层连续性和稳定性也将受到一定的影响。但与宝口煤矿在开采过程中，由于 M_{30} 煤层距离下伏的主要含水层茅口组（P_2m）中间相隔了一层厚度 170.50～190.25m，平均约 180m 的峨眉山玄武岩、辉绿岩（$\beta P+\beta\mu$）隔水层。因此，与宝口煤矿开采对煤系地层下伏主要含水层茅口组（P_2m）的影响将非常有限。

Ⅲ. 矿井开采对地下水资源的影响

该矿山开采疏排水影响半径达 949.12m，在矿区及其影响范围的所有井、泉都有可能遭受影响，造成地下水位下降，井泉流量减少，甚至干涸。

（2）矿井开采对地表水体的影响

在矿山疏排水影响范围内的所有地表水体，都可能遭受矿山开采活动的影响，出现漏失，甚至干涸、断流，水田变旱地等现象。

（3）矿井地面生产对地下水的影响分析

Ⅰ. 主要污染源及污染途径分析

与宝口煤矿矿井开采过程中可能对地下水造成污染的主要污染源是矿井水和生活污水的排放。其污染途径主要有以下几方面：

① 通过包气带垂直渗透进入地下水

研究区地层包气带以砂质黏土为主，防污性能中等偏弱，地面各种污染物如矿井水、生产废水、生活污水等污染源中所含污染物质和有害物质将会随着雨水或地表水通过地层包气带进入地下水中。但矿井设计对矿井水和场地生产、生活污废水以及矸石场淋溶水均设有较为完善的处理措施，因此，矿井污废水渗入地下并造成污染的几率非常小，一般情况下也是不会发生的。

② 污染物质通过地表河流渗入地下水

与宝口煤矿矿井水和生产、生活污废水处理后的，尽量进行复用，多余部分经处理达标后排入了长箐河。因此，通过地表河流渗入地下，并造成污染的这种几率也非常的小，一般情况下也不会发生。

Ⅱ. 对地下水水质影响分析

由于与宝口煤矿矿井投产后污废水经处理后已要求尽量进行资源化利用，即使有外排，外排污废水也已达到排放标准；因此，与宝口煤矿矿井的建设不会对区域地下水的水质产生大的影响。

2）永兴煤矿疏排水影响范围

（1）矿坑涌水量预测

永兴煤矿矿区地下水丰水期为5～10月份，枯水期为11～4月份，地下水丰、枯期与雨、旱季相对应。根据《织金县绮陌乡永兴煤矿资源/储量核实报告》和《织金县绮陌乡永兴煤矿（扩能扩界）开采方案设计说明书》中所计算的成果，工程矿井正常涌水量为$25m^3/h$，最大涌水量为$75m^3/h$。根据最大涌水量确定年最大涌水量为$Q=75\times24\times365=657000m^3/a$，即水资源损失量为65万t/a。预测评估未来矿业活动对疏干含水层影响较严重、对区域地下水水位超常降低影响较严重、对区域地下水均衡影响较严重，总体上对地下水资源影响较严重。

（2）矿山水资源影响预测

随着开采的深入，会形成大面积井下采空区，导致部分地下水水位呈降低趋势。水均衡破坏的影响范围采用大井法公式（5.7）：

$$R = 2S\sqrt{KH} \tag{5.7}$$

式中，R—影响半径，m；S—降水深度（水位降深），m；K—渗透系数，m/d；H—含水层度，m。

① 参数的确定

渗透系数K值的确定：根据永兴煤矿矿界范围内可采煤层上覆地层为龙潭组弱含水层和少部分长兴组、大隆组含水层，渗透系数取其经验值，获得K=0.015m/d。

降深值S的确定：采用泉水位平均标高与煤层最低开采标高之差，即139.54m。

含水层厚度H的确定：根据剖面资料取282.8m。

② 将K、H、S代入式（5.7），经计算得R=574.80m

综上所述，受永兴煤矿采动的影响半径574.80m范围内的区域都为水均衡破坏的影响范围，见图5.6矿山环境影响预测评估图，即可作为地下水资源均衡破坏影响预测区域。

预测评估未来矿业活动对疏干含水层影响较严重、对区域地下水水位超常降低影响较严重、对区域地下水均衡影响较严重，总体上对地下水资源影响较严重。

3）矿山水环境影响预测

区内矿业活动对水环境的影响主要为井下部分与井上部分的工业废水、生活污水排放对附近地表水、地下水的污染影响。根据“开采方案”得知，矿山选矿主要将采用手工选矿，设排矸场堆放煤矸石，并修建废水沉淀池进行废水澄清净化，井上部分的工业废水可澄清后重复使用。煤矸石在降水等作用下，残留有害物质向下游搬运，造成水体污染，故未来矿业活动对地表、地下水污染将较严重，预测水环境影响较严重。

5.6.4 矿业活动对人居环境影响的预测评估

随着矿山的开采引发、加剧塌陷、滑坡、地裂缝、崩塌的可能性大。威胁村民和矿山工作人员的生命财产安全。预计煤矸石比例为年产煤量的10%，即永兴煤矿矸石量为1.5万t/a、与宝口煤矿矸石量为6.0万t/a。矸石集中堆放排矸场地，雨季特别是暴雨时有可能引发泥石流，威胁附近地势较低的村寨、农田、公路。对附近的河流造成一定污染，对景观造成一定程度破坏。

地表沉陷和地下水位的下降造成居民的饮水困难，还可能降低局部地区农作物和植物群落等生物量，使农作物减产，较大的地裂缝还将对农田作业带来危险。

工业广场远离村寨人居区，矿业活动产生的粉尘和尾矿扬尘对周围空气的污染以及生产设备产生的噪声污染，其影响范围有限，预计对周围环境产生危害程度较小。

现状条件废石堆、尾砂堆景观效果较差，未来矿山建设的废石、尾砂堆置量虽有一定程度的增加，但距公路主干道远，附近无旅游景点、风景区存在，预测对景观影响较轻。

矿业活动产生的粉尘和尾矿的扬尘对周围空气和噪声的污染，预计对周围环境产生危害程度不大。

5.7 矿山（地质）环境影响防治难度分析

1）地表水环境影响防治难度分析

与宝口煤矿污废水排放量较小，主要污染物为SS、COD、Fe和Mn，污染物种类较少，同类污染物治理工艺国内比较成熟，在贵州的煤矿中有比较广泛的应用，治理效果较好。因此，与宝口煤矿地表水环境影响防治难度较低。

2）地下水环境影响防治难度分析

矿井地下煤炭开采后，上二叠统龙潭组煤系地层的地下水有被疏干的可能。随着地下煤炭采空区的不断扩大和加深，覆于煤系地层之上的各地层也可能随同煤系地层一起发生移动，地下水流向也可能会发生改变，这会引起地下水的补排条件、径流方向的变化。

通过留设防水煤柱来保护部分地下水资源，但无法保护全部的地下水资源。因此，地下水环境影响防治难度大。

3）生态环境影响防治难度分析

矿井地下煤炭开采后，将造成采空区地表的移动变形，对地表植被造成破坏，引发滑坡、崩塌、泥石流等地质灾害。

通过采空区的土地复垦和植被恢复可以将移动变形对地表植被的影响降至最低，因采煤引发的地质灾害通过滑坡、崩塌、泥石流治理工程可予以控制。由于这些工程普遍投资较高，工程周期较长，因此生态环境影响防治难度大。

5.8　矿山（地质）环境影响综合评估

综合现状评估和预测评估的内容，结合当地的社会经济情况和矿山开发特点，进行矿山地质环境影响综合评估。

5.8.1　影响分区原则

（1）综合评估分区主要依据环境地质问题类型及影响程度进行划分。遵循“地表为主、区内相似、区际相异、影响取重”的原则，即综合评估分区只考虑矿业活动对地表地质环境的影响，井下地质灾害不参与分区和定名。

（2）同一综合分区内的矿山地质环境影响的主要因素、危害程度应相同或大致相同；不同综合分区内的矿山地质环境影响的主要因素、危害程度不同或在空间上不相邻。

（3）综合矿山地质环境条件和矿山现状、预测评估结果，取其影响程度高值作为综合评估的影响程度，共分为三类：地质环境影响较轻、地质环境影响较重、地质环境影响严重，分别对应影响较轻区、影响较严重区、影响严重区；对每一个综合评估分区均依据主要因素的影响程度确定综合评估的影响程度。

5.8.2　矿山环境影响综合分区结果

永兴煤矿在开采过程中，将不同程度地影响评估区的矿山环境，其综合分区结果如表5.25所示。

表5.25　永兴煤矿矿山环境影响综合分区结果

分区编号	地理位置	主要矿山环境问题类型	成因	影响及其危害	面积/hm^2	占总面积比例/%	综合影响评估结果	防治难度
Ⅰ区（严重区）	排矸场、工业广场、煤坪、进场公路、河溪流域、熊家寨、煤厂垭口等住户区和整个危险性大区	地质灾害（地裂缝、危岩体等）	井下开采造成的地表移动变形	地质灾害危险性大，煤矸石、储煤场等破坏土石环境；危岩体失稳；永兴煤矿区内张家田、樊家冲、煤厂垭口等村寨村民房屋、矿井进场公路、溪流、基本农田以及植被等受到不同程度的破坏影响	116.6475	31.46	严重	难度大

续表

<table>
<tr><th>分区编号</th><th>地理位置</th><th>主要矿山环境问题类型</th><th>成因</th><th>影响及其危害</th><th>面积/hm²</th><th>占总面积比例/%</th><th>综合影响评估结果</th><th>防治难度</th></tr>
<tr><td>Ⅰ区（严重区）</td><td>排矸场、工业广场、煤坪、进场公路、河溪流域、熊家寨、煤厂垭口等住户区和整个危险性大区</td><td>地下水均衡破坏</td><td>采空区、技改前的小煤矿破坏区导致矿山疏排水</td><td>局部形成地下水漏斗</td><td>116.6475</td><td>31.46</td><td>严重</td><td>难度大</td></tr>
<tr><td rowspan="2">Ⅱ区（较严重区）</td><td rowspan="2">影响严重区以外疏排水影响范围内</td><td>地质灾害（滑坡、地裂缝等）</td><td>井下开采造成的地表移动变形</td><td>地质灾害危险性较大，危害对象主要为房屋及居民安全等，对地面设施影响中等，占用损毁土地</td><td rowspan="2">72.0725</td><td rowspan="2">19.44</td><td rowspan="2">较严重</td><td rowspan="2">难度较大</td></tr>
<tr><td>地下水均衡破坏</td><td>矿山疏排水</td><td>形成区域性地下水位降落漏斗，可能导致其影响范围内的地表水体漏失、井泉干涸及水资源枯竭</td></tr>
<tr><td>Ⅲ区（较轻区）</td><td>评估区除严重区、较严重区外的其余部分</td><td>局部岩体失稳崩塌、微裂隙</td><td>地表移动变形和疏排干区的影响</td><td>微地貌变形，房屋轻微开裂</td><td>181.9875</td><td>49.10</td><td>较轻</td><td>难度小</td></tr>
</table>

1. 矿山环境影响严重区（Ⅰ区）

主要是排矸场及相邻的工业广场、煤坪和采空区，即整个地质灾害危险性大区，总面积约为1166475m²，占31.46%。分别为现状评估和预测评估影响土石环境严重，水土流失严重，地裂缝、泥石流、滑坡等地质灾害危险性大，危害大，其他地质环境问题影响大；地面、斜坡和危岩体稳定性为不稳定，危害对象主要为村寨居民、基本农田、林地和荒地等，恢复治理难度很大，总体为矿山地质环境影响严重区。根据《矿山环境保护与综合治理方案编制规范》（DZ/T 223—2007）附录E表E.1的矿山环境影响程度分级表、《矿山地质环境保护与恢复治理方案编制规范》（DZ/T 0223—2011）：①工业场地满足遭受矿山地质灾害危害程度严重。重要工程设施，定为影响严重区；②排矸场导致污染地表、地下水，易引起滑坡、泥石流，定为严重区；③进场公路受控于矿山地质灾害的危害，属矿区内重要交通干线，修建破坏土石环境严重，定为严重区；④地质灾害危险性大区内河溪流域、已采空区和各老窑矿井满足防治难度大，易塌陷，定为严重区；⑤熊家寨、煤厂垭口等村寨521（466+55）人（表7.6），受威胁人数>100人，属于矿山开采移动角所影响的范围（地质灾害危险性大区）（图5.6），满足地质灾害危害程度严重，地质灾害影响对象为大村庄，按照“以人为本”的原则定为严重区。

2. 矿山环境影响较严重区（Ⅱ区）

主要是矿山环境影响严重区以外疏排水影响范围内的区域，总面积约为720725m ^{2}，占19.44%。该区主要是受疏排水影响，受其他各地质灾害影响比较大，另外就是水质污染和受潜在塌陷影响较大。水质污染影响较严重区位于评估区东部的冲沟，污染源主要为山坡堆放的煤矸石，在降水等作用下，这些带有残留有害物质的煤矸石长年向下游搬运，造成水体污染。现状评估和预测评估为水质污染影响较严重，其他环境问题影响较轻，总体为矿山环境影响较严重区。采空区的顶板岩层在自身的重力和其上覆岩层的压力作用下，可能产生顶板破碎和断裂并相继冒落，接着上覆岩层相继向下弯曲、移动进而发生断裂和离层，形成大范围的潜在塌陷区。

采煤塌陷盆地不仅会加速评估区地表水土流失，使耕地土壤质量下降，给当地农业生产造成巨大损失；同时还表现为采煤塌陷土地改变了地表原有的地形地貌，破坏评估区自然景观，总体为矿山环境影响较严重区。

3. 矿山环境影响较轻区（Ⅲ区）

评估区内除影响严重区、较严重区外的其他地区，总面积约为1819 875m ^{2}，占49.10%。现状评估、预测评估均为矿山环境影响较轻；地面与斜坡基本稳定。总体为矿山地质环境影响较轻区。

第6章　矿山（地质）环境保护与恢复治理

为了合理开发、充分利用矿产资源，又有效保护矿山地质环境，按照“预防为主，防治结合”、“在保护中开发，在开发中保护”、“依靠科技进步，发展循环经济，建设绿色矿业”的原则，编制矿山（地质）环境保护与恢复治理方案，指导建设单位在开发矿产资源的同时，能采取有效的措施保护环境，把矿产资源开发对环境的破坏降到最低限度，实现资源开发与环境的协调发展。

6.1　矿山（地质）环境保护与综合治理原则、目标和任务

6.1.1　矿山（地质）环境保护与治理恢复原则

矿山（地质）环境保护与综合治理工作应根据当地自然环境与社会经济发展情况，按照经济可行、技术科学合理、综合效益最佳和便于操作的要求，结合项目特征和实际情况，体现以下原则。

1. 源头控制，预防与治理相结合

首先，应贯彻科学发展观，从井田可持续发展的高度出发，从源头控制，采用先进的采煤工艺，预防与复垦相结合。通过综合治理，使发展煤炭生产与耕地保护、水土保持和改善井田生态环境相协调，矿区煤炭资源的开发利用与矿区的工农业生产和社会经济的综合发展相协调，山、水、田、林、路得到综合治理，矿区的生态环境得到明显改善。

2. 统一规划，统筹安排

矿区环境保护与综合治理方案应与当地环境保护规划相一致，根据环境保护规划统筹安排，促进和谐矿区的建立，使矿区生态环境得到恢复和改善。

3. 谁开发，谁保护

坚持“谁开发，谁保护；谁破坏，谁恢复；谁投资，谁受益”的原则，因地制宜地布设环境综合治理措施，重点防治矿山开发过程中突出的环境问题，尤其是运营期生态环境影响，突出生态环境建设体系的特色。

6.1.2　矿山（地质）环境防治原则

1. 可持续发展原则

事实说明，地质灾害损失与矿山经济发展同步增长。地质灾害的经济损失很大，减灾

投入不仅可以获取矿山更大的社会效益和经济效益，而且关系到矿山经济发展计划能否实现。在制定矿山开发规划和经济发展规划时，要考虑灾害因素，制定可持续发展的减灾对策原则。以科学的发展观正确处理好矿业开发与矿山生态环境保护的关系。

2. "以人为本"的原则

"人"乃根本所在，矿山（地质）环境保护与综合治理要坚决贯彻"以人为本"的原则，将人永远看做是第一位的，只有这样，才能达到为人谋福祉的目的。

3. 预防为主，防治结合原则

矿山（地质）环境保护与综合治理要坚持"以人为本"、"预防为主，防治结合"、"在保护中开发，在开发中保护"、"依靠科技进步，发展循环经济，建设绿色矿山"的原则。

4. "三同时"原则

矿山（地质）环境保护与综合治理设施投入应该保持与矿山开采"同时设计、同时施工、同时投入使用"。

（1）综合设计、就地取材、预防为主、防治结合；

（2）待治理区经治理后，基本消除滑坡、崩塌、泥石流、地面塌陷和地裂缝等地质灾害；

（3）通过坡顶种植适宜性乔灌木、坡面及平台人工造林，结合评估区的复垦，快速恢复治理区的自然生态面貌，与周围环境相适应；

（4）在确定方案时，遵循安全可靠、技术可行和经济合理的原则；

（5）遵循"因地制宜，适地植树"的科学原则，以恢复地带性植被类型为目的，植树以乡土树种为主，采取多林种、多树种、乔木、灌木相结合的方法。

在坚持上述原则的同时，还要按照环境保护的经济评价程序，对各个阶段进行矿山（地质）环境技术经济评价，重视环境保护成本，对矿山开采的环境影响和破坏程度开展定量研究。

6.1.3 矿山（地质）环境保护分区

1. 永兴煤矿

1）保护对象

位于矿山（地质）环境影响严重区内的工业广场、炸药库、风井，张家田、煤厂垭口、樊家冲、跑马土、大土脚、熊家寨等集中村寨，矿井进场公路及附近陡斜坡、陡崖、危岩体和基本农田，地裂缝影响范围，评估区内生态环境，水源和居民点等均为矿山（地质）环境防护的对象。

2）保护措施

按照矿山（地质）环境防治原则，依据矿业活动危害对象的重要程度、危害程度和治理难度，将矿山（地质）环境保护分为重点保护区、次重点保护区和一般保护区。具体分区如表6.1和图6.1（见彩图）所示。

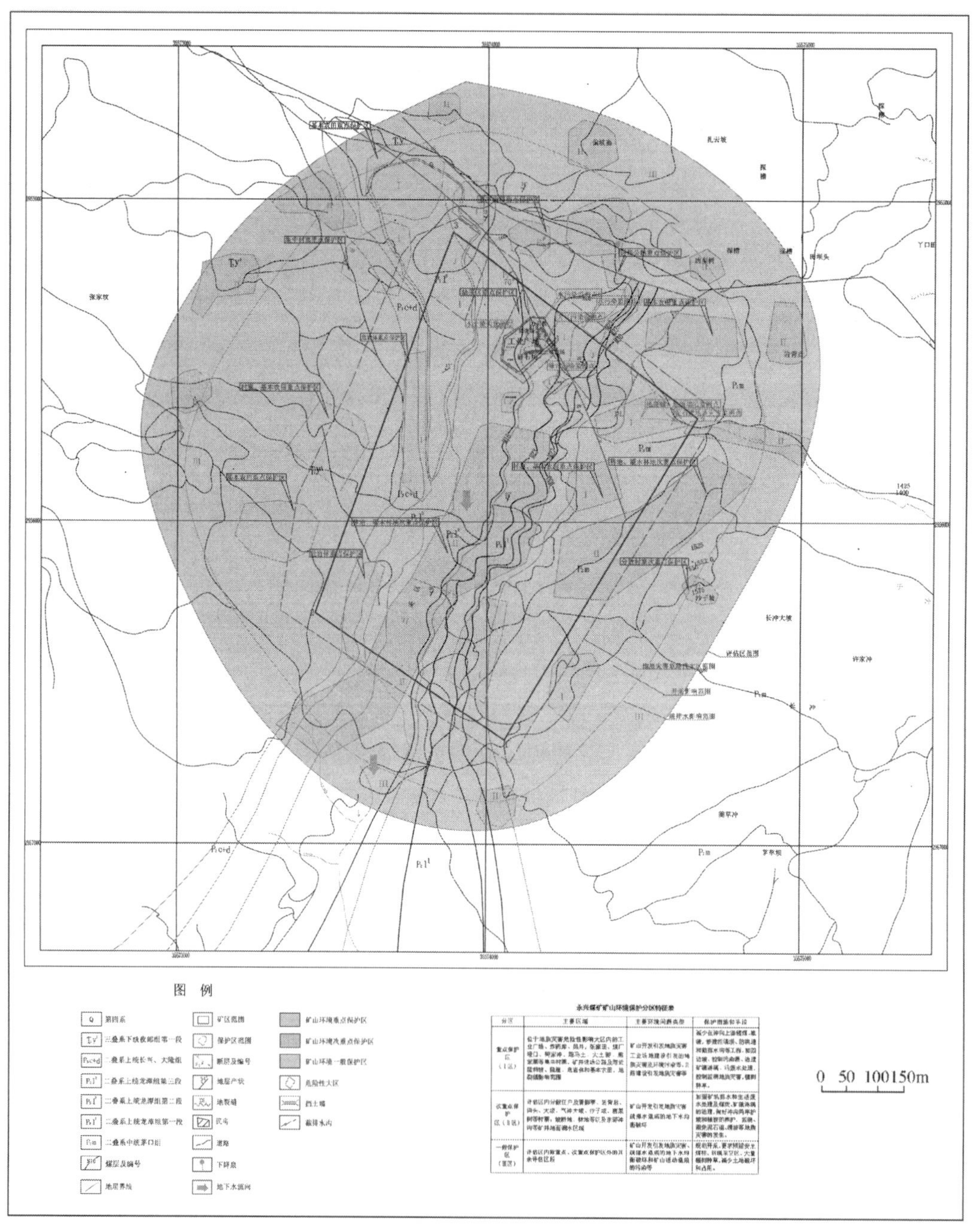

图6.1　永兴煤矿矿山（地质）环境保护分区图

表 6.1　永兴煤矿矿山（地质）环境保护分区特征表

分区	主要区域	主要环境问题类型	保护措施和手段
重点保护区（Ⅰ区）	位于矿山（地质）环境影响严重区内的工业广场、炸药库、风井，张家田、煤厂哑口、樊家冲、跑马土、大土脚、熊家寨等集中村寨，矿井进场公路及附近陡斜坡、陡崖、危岩体和基本农田，地裂缝影响范围	矿山开发引发地质灾害；工业场地建设引发的地质灾害及环境污染等，公路建设引发地质灾害等	减少在冲沟上游储煤、堆渣，修建拦渣坝、防洪堤和截排水沟等工程，加固边坡
次重点保护区（Ⅱ区）	评估区内分散住户及箐脚寨、岩背后、沟头、大坡、气冲大坡、沙子坡、唐梨树等村寨；坡耕地、林地等以及东部冲沟等矿井地面漏水区域	矿山开发引发地质灾害；疏排水造成的地下水均衡破坏	做好冲沟两岸护坡和植被的养护
一般保护区（Ⅲ区）	评估区内除重点、次重点保护区外的其余评估区段	矿山开发引发地质灾害、疏排水造成的地下水均衡破坏和矿山活动造成的污染等	规范开采，要求预留安全煤柱，回填采空区，减少土地破坏和占用

各个方面的保护措施如下：

（1）保护评估区生态环境，确保评估区水资源

水环境不受矿山开采的影响，该项目地处山地，周围无明沟、河道，因此水质保护目标主要为地下水。矿山开采中水用量较少，产生的污水主要为生活污水及其矿石、废渣等在雨水的淋滤下产生的污水。矿山污水采取沉淀后循环使用的方法，矿山最终污水排放要求符合国家《污水综合排放标准》（GB 8978—1996，1998—01—01 实施）。

（2）空气、环境保护

该矿山的空气污染和噪声对评估区周边村民及矿山工作人员的影响。矿山开采过程中，应采取相应措施，使空气、噪声质量标准要求达到国家要求的矿山标准。

（3）矿井开采引起的地质灾害及监测预防措施

矿山开采过程中，随着煤层开采面积的增大，须建立对评估区地表的变形监测制度，对井下开采可能引起的地表陡峭地段山体崩塌、滑坡、泥石流等地质灾害，须采取相应的预防措施。如在地面陡峭地段、岩层松软地段预先打锚杆、锚钉或修筑挡墙加固；在地表仅发生轻微变形、产生微小裂缝地段，也应及时进行填堵等。

（4）开采引起区域地质条件变化的预防措施

评估区面积不大，且地下开采范围有限，矿井开采对区域地质环境条件的影响甚微，但可能对地面、地下水环境产生影响。建议矿井在生产过程中重视对地面和地下水环境变化进行实时监测，发现问题须及时采取处理措施。

（5）生态环境保护

严禁砍伐评估区附近林木、从事有毁坏环境的工程活动，保护评估区及周围植被。搞好评估区绿化，在不影响生产的前提下，尽量提高绿化系数，确保工业场地绿化率达到15%。进场公路两旁种植适合当地条件的骨干树种（如松树、杉树、油杉树、水梧桐树、棕树、竹子等），辅以四季常青的灌木（如夹竹桃、万年青、大叶冬青等）。在锅炉房附近，应针对粉尘、SO_2、CO 等有害物质，种植抗逆性强的树种，如大叶冬青、夹竹桃、丝

棉木等。

（6）固体废弃物处理

锅炉炉渣、除尘渣、生活垃圾等固废应及时收集，运往指定的堆放场所。应积极开展煤矸石的综合利用，变废为宝。

（7）禁采预防措施

为了保护居民集中居住的村寨、矿山工业广场不遭受开采煤矿诱发的地质灾害影响，在工业广场四周、评估区的西北角留设禁采区。

综上所述，永兴煤矿矿山（地质）环境保护对象与保护措施如表6.2所示，其中将保护分区则按保护对象进一步划分亚区，即三大区、九个亚区。

表6.2　永兴煤矿矿山（地质）环境保护对象与具体保护措施

保护大区	保护亚区	保护对象	保护措施
Ⅰ区	ⅠA	工业场地、煤坪、排矸场、炸药库、主井、风井、工业场地	留设禁采区；水土保持措施；永久性支挡工程及护坡措施；修建拦渣坝和截排水工程；水质防污染措施，建立泥石流监测点和污水处理池；噪声控制措施与粉尘减少措施，购置防尘消噪净空设备；建立垃圾处理系统；土地复垦措施
	ⅠB	近期搬迁的村寨、和少数住户等村寨以及张家田、煤厂垭口、樊家冲、熊家寨等集中村寨	村庄下留设禁采区；地质灾害防治工程；村庄搬迁避让或房屋维修工程；饮水工程
	ⅠC	进场公路及附近陡斜坡	对危岩体、崩落危险体进行监测；公路永久性边坡的可靠支挡及护坡措施
	ⅠD	评估区内尚未占用破坏的基本农田	实施水土保持措施、及时复垦恢复
	ⅠE	评估区内的河流等主要水源地	矿界内河流小溪等水体下留设禁采区；在河段建立相应污水监测点
Ⅱ区	ⅡA	评估区内的沙子坡、沟沟寨、大土脚、跑马土等零散住户	房屋维修工程、地质灾害防治工程；饮水工程
	ⅡB	坡耕地、林地等土地利用类型	水土保持措施；生态保护措施，禁砍林木；人工覆土、撒播草种、植树造林
	ⅡC	开采移动及疏排水和矸石场淋溶水影响区域	建立矸石淋溶水沉淀池
	ⅡD	矿山的建设和开采所造成区内地表水和浅层地下水漏失的独立小溪，植被破坏，水土流失范围	建立拦河坝蓄水，维护地下水均衡系统；水土保持措施；植树造林维护区内生态平衡
Ⅲ区	受矿业活动影响的其余评估区范围		植树造林、绿化荒山等生态恢复措施，保护矿山生态环境

2. 与宝口煤矿

1）分区原则

依据矿业活动危害对象的重要程度、危害程度和治理难度，将矿山（地质）环境保护与综合治理划分为重点保护区、次重点保护区和一般保护区。

依据矿山服务年限和矿山开采计划，将矿山（地质）环境保护与治理划分为近期综合治理区、中期综合治理区和远期综合治理区。

2）矿山（地质）环境保护分区

根据上述分区原则，并遵循“以人为本”、“区内相似、区际相异”和地质灾害危险性“从大不从小”的原则，将矿山及其影响范围划为重点保护区（Ⅰ区）、次重点保护区（Ⅱ区）和一般保护区（Ⅲ区）（表6.3）。

表6.3 与宝口矿山（地质）环境保护分区特征表

分区	主要区域	主要环境（地质）问题类型
重点保护区（Ⅰ区）	位于地质灾害危险性影响大区内的主井、风井场地，以及大芦塘、背后寨、大丫口、小丫口、与宝口、空包包、头坝、高炉、下白脚冲等9个人口在90人以上的村寨，矿井进场公路及附近陡斜坡、陡崖和基本农田	矿山开发引发地质灾害 工业场地建设引发的地质灾害及环境污染等，公路建设引发地质灾害等
次重点保护区（Ⅱ区）	位于地质灾害危险性影响大区内的大寿地、滑石板、上石旮旯、下石旮旯、岩头上、长箐、上白脚冲、小坝、石垭口等9个人口在90人以下的村寨； 受矿山疏排水影响的山脚、三湾、老屋基、路寨河大寨、石板寨、垭口寨、梁子上、龙潭、平河等9个村寨	矿山开发引发地质灾害 疏排水造成的地下水均衡破坏
一般保护区（Ⅲ区）	评估区的其余区段	矿山开发引发地质灾害 疏排水造成的地下水均衡破坏 矿山活动造成的污染等

6.1.4 矿山（地质）环境保护与综合治理目标

1. 污废水处理及综合利用

制定科学的环境治理方案，实现矿井污染物的100%达标排放，并对矿井所产生的污染物进行充分的资源化利用，以最大限度地减少矿井污染物的排放量。

2. 矸石处置及综合利用

煤矸石安全处置率达到100%，综合利用率达到50%以上。

3. 土地复垦

复垦总面积72.57hm^2，总复垦率达到80%以上；其中复垦为耕地面积47.14hm^2，植被恢复面积（林地及草地工程）3.31hm²；保证复垦后的土地效益最大化，实现经济、社会及生态效益的协调统一。

4. 水土保持

矿山（地质）环境保护与恢复治理工程试运行期的水土流失总治理度不小于90%，扰动土地整治率不小于95%，土壤流失控制比将不小于0.8，拦渣率不小于98%，植被恢复系数不小于98%，林草覆盖率不小于25%。

矿山（地质）环境保护与恢复治理工程生产期的水土流失总治理度大于90%，扰动土地整治率大于95%，土壤流失控制比将大于0.7，拦渣率大于98%，植被恢复率大于98%，林草覆盖率大于25%。

5. 地质灾害治理

煤矿闭矿后对因煤层开采过程中所造成的地质灾害治理率达到100%。

6. 矿山（地质）环境监测

建立健全矿山生态环境监测体系和矿山地质灾害预警预报系统。

7. 移民搬迁及禁采区（保安煤柱）设置

为确保村寨住户、工业场地及公路的安全，针对主工业场地，风井场地及公路划出了禁采区。对未受禁采区保护的地质灾害危险性大区内的村寨必须搬迁至矿山开采影响和危害范围以外的安全地带。

6.1.5　矿山（地质）环境保护与综合治理任务

1. 矿山生态环境保护与恢复治理

矿山生态环境保护与恢复治理工作应结合织金县生态环境保护总体规划，建立并完善矿山生态环境破坏和环境污染监测与治理制度，履行环境保护、土地复垦、地质灾害防治等法定义务。加强矿山生态环境恢复治理，对矿山损毁土地的复垦，对矿山污染物进行综合治理、综合利用，对矿山开发造成的滑坡、崩塌、塌陷和泥石流等人为地质灾害及水源枯竭、水质恶化等环境问题加强预防、监测，及时组织治理。积极推进矿山（地质）环境恢复治理工作。

2. 矿产资源保护与合理利用

正确处理经济发展与资源保护、生态环境保护的关系，调整优化矿产资源利用结构，提高集约化利用水平，最大程度减轻资源不合理利用所产生的生态破坏和环境污染。限制对生态环境有较大影响的矿产资源开发。

坚持矿产资源开发利用与环境保护并重、预防为主、防治结合的方针，严格执行国家环境保护制度，努力改善矿山生态环境，逐步建立和谐矿山。

3. 禁采区设置及移民搬迁

在矿山开采影响范围内，针对矿井主工业场地、风井场地、进场公路、三塘—织金的三级公路以及长箐河等保护目标留设保安煤柱。

对无法留设保安煤柱的村寨实施统一搬迁安置，共搬迁 18 个居民点，510 户，2256 人，搬迁村寨情况详见表 6.4。

表 6.4　搬迁村寨情况一览表

<table>
<tr><th>乡镇</th><th>行政村</th><th>居民点</th><th>户数</th><th>人口</th></tr>
<tr><td rowspan="18">后寨乡</td><td rowspan="2">大芦塘村</td><td>背后寨</td><td>55</td><td>230</td></tr>
<tr><td>大芦塘</td><td>80</td><td>330</td></tr>
<tr><td rowspan="7">与宝口村</td><td>与宝口</td><td>68</td><td>350</td></tr>
<tr><td>大丫口</td><td>20</td><td>95</td></tr>
<tr><td>小丫口</td><td>20</td><td>90</td></tr>
<tr><td>岩头上</td><td>10</td><td>45</td></tr>
<tr><td>长箐</td><td>8</td><td>40</td></tr>
<tr><td>大寿地</td><td>6</td><td>28</td></tr>
<tr><td>滑石板</td><td>10</td><td>45</td></tr>
<tr><td rowspan="5">路寨河村</td><td>上石旮旯</td><td>10</td><td>52</td></tr>
<tr><td>下石旮旯</td><td>8</td><td>43</td></tr>
<tr><td>高炉</td><td>110</td><td>350</td></tr>
<tr><td>头坝</td><td>30</td><td>205</td></tr>
<tr><td>小坝</td><td>10</td><td>38</td></tr>
<tr><td>三家寨村</td><td>空包包</td><td>25</td><td>90</td></tr>
<tr><td rowspan="3">青山村</td><td>上白脚冲</td><td>10</td><td>60</td></tr>
<tr><td>下白脚冲</td><td>20</td><td>110</td></tr>
<tr><td>石垭口</td><td>10</td><td>55</td></tr>
<tr><td colspan="2">合计</td><td>18 个</td><td>510</td><td>2256</td></tr>
</table>

6.2　矿山（地质）环境保护与恢复治理总体布局

6.2.1　矿山（地质）环境治理规划分区

1. 与宝口煤矿

根据上述分区原则，将与宝口煤矿矿山（地质）环境综合治理措施分为 3 个区，分别为矿山（地质）环境综合治理近期规划区、矿山（地质）环境综合治理中期规划区和矿山（地质）环境综合治理远期规划区。具体如表6.5所示。

表6.5　与宝口矿山（地质）环境治理规划分区特征表

分区	主要区域	主要治理工程内容	规划实施时间
近期规划区	主工业场地周边、风井场地周边、排矸场周边、地面爆破器材库周边、场外线性工程、首采区内的大芦塘、背后寨、大丫口、与宝口等4个村寨	主工业场地周边截排水沟等水保措施，污废水治理工程、大气污染治理工程、噪声控制工程 风井场地周边截排水沟等水土保持措施，噪声治理工程、排矸场拦矸坝、周边截排水沟等水保措施、矸石淋溶水沉淀池 地面爆破器材库、场外线性工程周边截排水沟等水保措施 大芦塘、背后寨、大丫口、与宝口等4个村寨的搬迁	近期（建设期） 2008～2010年 （3年）
中期规划区	M_{30}煤层露头线以南区域，扣除主工业场地、风井场地、排矸场及地面爆破器材库等场地	采区影响范围以及地质灾害危险性大区内的小丫口、大寿地、滑石板、上石旮旯、下石旮旯、岩头上、长箐、空包包、头坝、小坝、高炉、上白脚冲、下白脚冲、石垭口等14个村寨的搬迁 遭受矿井地质灾害及矿井疏排水影响的山脚、三湾、老屋基、路寨河大寨、石板寨、垭口寨、梁子上、龙潭、平河等9个村寨的房屋维修加固工程； 对矿山开采引发的地质灾害进行治理；对受矿山开采及疏排水影响的土地采取水保措施，进行土地复垦	中期（生产期） 2011～2035年 （25年）
远期规划区	M_{30}煤层露头线以北区域，以及主工业场地、风井场地、排矸场及地面爆破器材库等场地	主井及风井等井口的封闭； 主工业场地、风井场地、排矸场及地面爆破器材库等场地服务期满后进行土地复垦； 对可能受疏排水影响的土地进行补偿	远期（闭矿期） 2036～2038年 （3年）

2. 永兴煤矿

按照矿山环境防治原则，将永兴煤矿的环境治理措施分为3个区，分别为矿山环境综合治理近期规划区、中期规划区和远期规划区，具体分区特征如表6.6和图6.2（见彩图）所示。

表6.6　永兴煤矿矿山环境治理规划分区特征表

分区	主要区域	主要治理工程内容	规划实施时间
近期治理区	工业场地周边、风井周边、炸药库周边，箐脚寨、熊家寨、张家田、跑马土、樊家冲等地质灾害危险性大区内及附近的集中村寨，地裂缝周边，东部冲沟，进场公路进场公路及附近陡斜坡	工业场地周边污废水治理工程、大气污染治理工程、噪声控制工程； 修建矸石淋溶水沉淀池； 对危岩体、崩落危险体进行监测；公路永久性边坡的可靠支挡及护坡措施	近期（生产初期） 2009～2011年 （3年）

续表

分区	主要区域	主要治理工程内容	规划实施时间
中期治理区	大土脚、唐梨树、大坡、偏坡寨、老熊冲、大深田、气冲大坡、沙子坡、岩背后、熊家寨等村寨及矿区分散住户，西部危岩体，原回风平硐	矿区分散住户及大土脚、唐梨树、熊家寨等村寨住户的房屋维修； 对矿山开采引发的地质灾害进行治理；对受矿山开采及疏排水影响的土地采取治理措施，进行土地复垦	中期 （生产中晚期） 2012～2018年 （7年）
远期治理区	评估区除了上述两个区域的其他区域以及工业场地（包括储煤场、排矸场、表土堆积场）及地面爆破器材库等场地	主井及风井等井口的封闭； 主工业场地及地面爆破器材库等场地服务期满后进行土地复垦； 对可能受疏排水影响的土地进行补偿	远期（闭矿期） 2019～2022年 （3年）

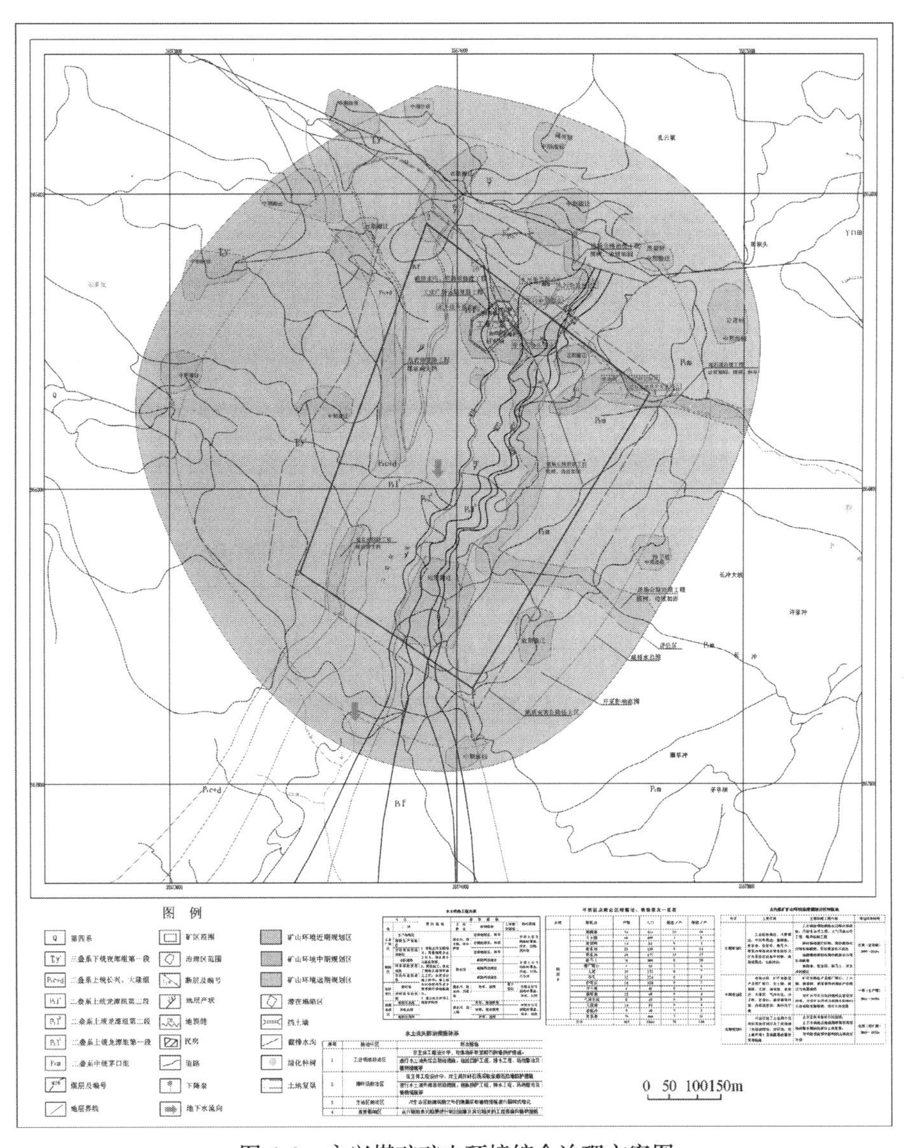

图6.2　永兴煤矿矿山环境综合治理方案图

6.2.2　矿山（地质）环境保护与综合治理工作部署

1. 与宝口煤矿

与宝口煤矿矿山（地质）环境保护与综合治理工作分3个阶段部署。

1）近期（2008～2010年）（3年）

近期即为矿井的建设期，约3年。这阶段的主要工作为落实建设项目“三同时”制度，落实矿井污染物的各项治理措施及综合利用措施，对首采区影响危害范围内的4个村寨的村民实施搬迁避让。

这一阶段治理工作主要集中在矿山（地质）环境综合治理近期规划区进行（表6.5）。

2）中期（2011～2035年）（25年）

中期涵盖了矿井投产后的整个服务期，共计25年。这阶段的主要工作为：对地质灾害危险性大区内的14个村寨的村民实施搬迁避让，对遭受矿井地质灾害及矿井疏排水影响的9个村寨的房屋维修、地质灾害治理等，对可能发生的地质灾害进行治理，对已稳定的移动变形区进行土地复垦和植被恢复等生态恢复措施。

这一阶段治理工作主要集中在矿山（地质）环境综合治理中期规划区进行（表6.5）。

3）远期（2036～2038年）（3年）

远期即为矿山开采结束后的闭坑期，按3年考虑。这阶段的主要工作为继续落实移动变形区的生态环境综合治理和恢复措施，对主井及风井等井口进行封闭，主工业场地、风井场地、排矸场及地面爆破器材库等场地服务期满后进行土地复垦；对可能受疏排水影响的土地进行补偿。

这一阶段治理工作主要集中在矿山（地质）环境综合治理远期规划区进行（表6.5）。

2. 永兴煤矿

首先对矿业活动可能引发地面塌陷、地裂缝、滑坡、崩塌、水资源与水环境变化等进行专题研究，然后进行分期治理防治工作。

1）近期（2009～2011年（建设期））（3年）

（1）加强矿山管理，具体落实矿山制定的以后矿渣用于采空区回填、铺路，减少矿渣在河、溪岸边堆放等，控制泥石流物源、减少水体污染源保护措施；

（2）加强矿山管理，具体落实按相关规范要求采矿、预留安全矿柱、采空区回填等预防采矿引起的地面塌陷、地裂缝、滑坡、崩塌等地质灾害的保护措施；

（3）完成污水处理池的建设，建议在工业广场北部建立1座污水处理池，以防止废弃物对溪流的污染；

（4）建立和完善矿山环境监测系统，分别在溪流以及矿部附近各建立1个污水监测点（污1、污2）；在张家田建立1个泥石流地质灾害监测点（泥1），并根据监测点布设位置安排2名矿山工作人员分别对（泥1）、（污1、污2）进行定期观测记录；在张家田东南建立1个地质灾害（地裂缝、地面塌陷）监测点，并安排1名本村寨村民对其进行定期观测记录。

2）中期（2012～2018年（生产期））（7年）

（1）在此期间，必须对所有监测点进行定期观测记录，如果出现问题，必须即时上报，矿山相关负责人必须对出现的问题立即进行分析，并作出相应的预防处理措施。

（2）根据对张家田地质灾害、井泉的监测结果，如果出现地面塌陷、地裂缝迹象，必须对居民建筑进行维修。

3）远期（2019～2022年（闭坑期））（3年）

闭坑期间，对矿山所有被占用损毁的土地、植被采用种草、植树等方法进行有效治理。

6.2.3　矿山（地质）环境保护与恢复治理技术方法

对于矿井生产过程中所产生的污废水、煤矸石等污染物均采取合理可行的环境治理措施，以确保实现100%达标排放；对矿井所产生的污染物进行充分的资源化利用，最大限度地减少排放量；沉陷土地应实施水土保持和土地复垦等生态恢复措施，其中轻度和中度沉陷的农用地可通过复垦恢复其原来利用类型，只有少量严重沉陷的耕地，应视其开发类型和区位条件复垦为林地或草地。荒山荒坡上的灌木林地、荒草地及其他未利用土地的沉陷地采取填堵沉陷裂缝等水土保护措施；对可能受采煤沉陷影响和危害的村庄实施搬迁异地安置的措施；对主井、风井、工业场地及进场公路等设置禁采区（保安煤柱）；优化主体工程设计，合理调配土石方，尽量利用多余土石方与矸石，防止弃土石渣乱堆乱放；闭矿后严密封闭各井口，以使得地下水位得以逐渐恢复。

具体的保护与恢复治理技术方法如下：

1. 矿山环境保护技术

1）工业场地绿化技术

工业场地是散发粉尘、噪声和有害气体的主要地段。绿色植物能够制造氧气、吸收二氧化碳和有害物质，同时还有降尘、滞尘、衰减噪声、监测环境、改善小气候和美化环境等功能。因此，应重视对工业场地的绿化，以种植具有抗毒性和防护性树木为主。在水泵房及坑木加工房等高噪音源附近种植长绿乔灌木，高矮搭配，形成一定宽度的吸声林带。在锅炉房、贮矿场等易散发粉尘和有害气体的建筑物附近，种植滞尘性、抗毒性强的树木。

2）固体废物处置技术

矿山废石除部分回填外，剩余部分应集中堆放。废石场设置在主井口附近的较平坦地带，并修筑废石挡墙，挡墙为浆砌块石，墙体为浆砌片石或干砌石片，以确保坝的长久稳定性。在废石堆放过程中，采取边堆放边绿化，以减少雨季对裸露泥土的冲蚀导致水土流失，在堆放场四周修筑防洪沟，避免自然灾害的发生，在暴雨季节来临时，加强各种地质灾害的监测。

3）地质灾害治理技术

按相关规范要求进行开采、留足安全矿柱、采空区回填、维修居民建筑等方法对采矿可能引发地面塌陷、地裂缝、滑坡、崩塌等地质灾害进行预防。

采用矿渣尽量用于采空区回填或用于铺路，降低泥石流物源的办法对泥石流地质灾害进行预防。

4）防尘及消音技术

矿山开采过程中将产生大量粉尘，除加强通风措施外、并对高粉尘点（区域）采取水喷淋措施，预防硅肺病发生。

矿山高噪声源主要有：压风机、井下局扇、采掘设备等。对产生高噪声的压风，采取设隔声风机房。井下采掘设备不易消声、隔声，因此高噪声源附近的工作人员应采取个体防护措施。

2. 矿山环境综合治理技术

1）矿山地质灾害综合治理技术

（1）地下采矿可能引发地面塌陷、地裂缝等地质灾害的治理技术

该矿山此类地质灾害影响范围内主要为灌丛林，如果采矿过程中形成地面塌陷、地裂缝等地质灾害，只需采取采空区回填、夯填、封堵，种草、植树恢复植被等治理技术方法就可以了。

（2）泥石流地质灾害的治理技术

矿山东北部一条泥石流沟，目前可以采取防洪堤、拦渣坝等治理技术方法。

2）水土保持和土地复垦技术

矿山在开采过程中要严格执行环境保护“三同时”制度，且要达到以下要求：

(1) 矿井水要经过处理达到《污水综合排放标准》(GB 8978—1996) 二级标准后排放，并尽量回用于生产；工业场地废水、生活污水经处理达到《污水综合排放标准》(GB 8978—1996) 二级标准后排放；

（2）矿渣要有专门堆放场，对堆放场须修筑拦渣坝和排水管道，实行雨污分流，污水排入废水处理池进行处理；

（3）重视防尘工作，工业场地必须采取洒水防尘措施，尽量减轻粉尘对环境的影响；

（4）做好矿区植被保护和恢复，提高矿区生活环境质量，对被侵占、破坏的土地、植被，采用土地复垦，变成农地、林地等技术方法。

第7章　矿山（地质）环境保护与恢复治理工程

采矿权人应贯彻煤矿资源开发与环境保护并重，综合治理与环境保护并举的原则。严格控制矿产资源开发对矿山环境的扰动和破坏，推行循环经济的“污染物减量，资源利用和循环利用”的技术。根据矿山生产实际情况，采取边开采边治理的方式，及时开展矿山环境恢复治理工作。最大限度地减少或避免矿山开采所引发的矿山环境（地质）问题。

7.1　环境保护方案

7.1.1　保护目标、措施

保护评估区生态环境，确保评估区水资源、水环境不受矿山开采的影响。矿井开采引起的地质灾害及监测预防措施、开采引起区域地质条件变化的预防措施、固体废弃物处理、禁采预防措施等参见6.1.3节。

1. 环境空气保护

矿山（地质）环境保护项目对空气的污染主要是矿石开挖、装载及运输，煤及废渣（矸石）堆放产生的粉尘对评估区周边村民及矿山工作人员的影响。矿山开采过程中，采取洒水降尘，空气质量标准要求达到《环境空气质量标准》（GB 3095—1996）二级标准的要求（表7.1）。

表7.1　环境空气质量二级标准各项污染物浓度限值表　　单位：mg/m^3

污染因子	选用标准	浓度限值		
		小时平均	日均值	年均值
二氧化硫 SO_2	GB 3095—96（二级）	0.50	0.15	0.06
二氧化氮 NO_2		0.12	0.08	0.04
总悬浮颗粒物 TSP		/	0.30	0.20
可吸入颗粒物 PM_{10}		/	0.15	0.10

锅炉废气应治理达到《锅炉大气污染物排放标准》（GB 13271—2014）二类区（Ⅱ时段）标准后排放，脱硫除尘废水循环使用不外排。

对煤矿堆放场和装载场进行洒水降尘，对于汽车行驶引起的道路扬尘，同样采取洒水降尘（每天4～5次）、清扫路面，除保持路面清洁外，还可以减少扬尘。汽车行驶场地的扬尘，主要通过限制车辆行驶速度（场地行驶不大于5km/h，道路行驶不大于15km/h）

予以抑制。

在切实落实各环节防治措施并加强管理的前提下，使场界粉尘浓度能够得到有效控制，对外环境不造成较大的影响。

2. 声环境保护

矿山（地质）环境保护项目所在的区域为人烟稀少的山地，根据《工业企业厂界噪声标准》（GB 12348—90）1.2 条对各类标准适用范围的划定，新建、扩建、改建煤矿山须执行《工业企业厂界噪声标准》（GB 12348—90）1.1 条中的Ⅱ类标准（工业区）（表 7.2）。

表 7.2　工业企业厂界噪声标准值等效声级 Leq　　单位：dB（A）

类　别	昼　间	夜　间
Ⅱ类	60	50
Ⅲ类	65	55
Ⅳ类	70	55

评估区及其影响区域内工业生产场所噪声影响较大。其中设备噪声应按《工业企业噪声卫生标准》（试行草案）来要求（表 7.3），除加强设备的维修及保养外，主要通过种植隔音吸声能力强的绿化树种，加大种植密度，降低噪声影响。

表 7.3　新建、扩建、改建企业噪声卫生标准

每个工作日接触噪声时间/h	允许噪声/dB（A）
8	85
4	88
2	91
1	94

注：最高不得超过 115dB（A）。

3. 施工期和营运期生态环境保护

矿山（地质）环境保护项目建设时搞好绿化工作，防治水土流失，保护生态植被，是矿山和周边环境相协调的有力保障。

施工期和营运期应采取措施防止水土流失和生态破坏。对弃土、弃石、煤矸石等固体废弃物应设置规范化场地，防止二次污染。同时，矿山生态环境保护要求绿化点的绿化率达到 90% 以上。评估区所涉及生活办公区、运输道路两旁、废料堆放场周围可以绿化的区域都要求进行绿化，提高评估区绿化率，使之与周边环境相协调，构筑和谐矿区。矿山闭坑时，对采矿遗留下来的边坡、堆渣场进行植被复绿和景观再造。

7.1.2　资金来源

1. 严格实行保证金制度

矿山在申办采矿许可证时，不仅与国土资源部门签订矿山自然生态治理责任书，同时还缴纳矿山治理恢复保证金。保证金实行专项管理，所有权属采矿权人。

2. 资金筹集方式

为保证矿山环境保护与综合治理有可靠的资金资助，矿山开采企业应将矿山环境保护工作列为矿山建设项目的一部分，通过追加矿山开采投资的方式筹集矿山环境保护与综合治理所需资金。

采矿权人应贯彻矿产资源开发与环境保护并重，综合治理与环境保护并举的原则。

矿山生产结束时，对采矿坑所留下的陡坎、低洼等区域进行清理开挖、填土并复垦。避免影响当地居民的正常生产活动，尽量恢复矿山原始地质环境。

7.2　治理工程方案

永兴煤矿矿山环境恢复治理对象主要涵盖以下方面：

（1）水污染源：矿井排水主要来自地面生产、生活设施排水和井下煤泥废水。

（2）大气污染源。

（3）噪声源。

（4）固体堆放场：包括储煤场和矸石场。

（5）评估区内高危边坡：主要是指矿区内工业广场、办公、住房、矿区公路及其影响范围内的永久性边坡。

（6）工业场地绿化。

（7）矿山井口严密封闭、土地复垦。

7.2.1　截排水沟治理工程

为减少地表水渗入工业广场，在工业广场周围重点修建截排水沟。同时在煤坪周围、排矸场的上边坡设置截排水沟，以防地表水渗入煤坪与矸石堆，降雨季节无形中增加评估区废水。井口边坡上部以及闭坑后评估区潜在塌陷区周围均应设置截排水沟，防止地表水漫流或下渗。

截排水沟规格：深度0.3m，宽度0.3m，浆砌块石厚度0.15m，砂浆标号M7.5。各排水沟自然顺接，沟底及两侧面用M7.5水泥砂浆抹面，厚度4~5cm。截、排水沟间隔15m设置一条宽度2cm的沉降缝，缝内填塞麻丝及沥青。永兴煤矿具体开挖工程量如表7.4所示。

表7.4　截排水沟治理工程量表

序号	位置	长度/m	工程量/m^3	
			截排水沟土方开挖	截排水沟石方开挖
1	工业广场	245.55	26	40.5
2	潜在塌陷区外侧	3075.9	326.4	507

7.2.2　废渣（矸石）场治理工程

矿井固体废物主要是煤矸石，包括矿井采、掘矸石及筛选车间矸石。永兴煤矿建成达标生产后，矸石排放量预计约1.5万t/a。其中：掘进矸石量约1.3万t/a，人工选矸石量为0.2万t/a。另外，还有少量锅炉炉渣和生活垃圾产生，炉渣产生量约300t/a。须对堆渣场修建拦砂坝和排水沟。矿山闭坑后，须对堆渣场进行复垦。

技改前的评估区现累计储存固体弃土、弃渣3125m^3，全部堆放在斜坡上，占地面积约为625m^2。随着新矿井开采量的增加，预计每年将增加固体弃土、弃渣6500m^3。考虑先消除地质灾害，应修筑拦渣（矸石）墙。煤矸石可用于生产新型砖。建议业主购置生产新型砖的一系列设备，将矿井中排出的煤矸石生产新型砖。既可提高该矿井的经济效益，又可减小评估区的环境污染。

固体弃土、弃渣（矸石）在暴雨或流水作用下，可能发生泥石流等地质灾害，为消除尾矿（矸石）堆泥石流等地质灾害的隐患，在废石（排矸）场下部修筑拦砂坝，可防止尾矿（矸石）堆在水作用下产生流动，形成灾害。拦渣（矸石）坝设计如下：

1. 断面设计

采用仰斜式重力挡渣墙，初步拟定挡渣墙体断面为顶宽1.6m，墙高8.3m（含基础，其中预留0.3m用于渣场覆土），长度根据山谷地形初定为主工业场区排矸场挡渣墙长85m。墙面边坡1：0.14，墙背坡1：0.33，底宽2.15m，其中墙踵高0.5m，填料面与水平面夹角$\beta=26°$，墙背与竖直面的夹角$\varepsilon=18°$。填料（渣体）容重为$\gamma=1.8t/m^3$，填料（渣体）内摩擦角$\varphi=30°$，墙背粗糙，排水良好，填料与墙背的摩擦角$\delta=10°$，M7.5浆砌块石$\gamma_{浆}=2.4t/m^3$，墙体与基础（岩基）的摩擦系数$\mu=0.40$。经计算得库仑主动土压力系数$K_a=0.109$。

2. 稳定性分析

1）抗滑稳定性分析

抗滑稳定验算采取公式（7.1）进行：

$$K_s=\frac{\mu\cdot\sum W}{\sum P} \tag{7.1}$$

式中，K_s—坝体抗滑稳定安全系数，取$K_s=1.30$；μ—坝体与基础（岩基）的摩擦系数，取$\mu=0.40$；$\sum W$—垂直与滑动面的单宽荷载总和（含斜面填料）；$\sum P$—平行与滑动面的荷载总和，矿山（地质）环境恢复治理项目不计水压力。

经计算得

$$K_s=\frac{0.40\times(339.00-0.54)}{103.34}=1.31\geqslant1.30$$

满足规范要求。

2）抗倾覆稳定分析

抗倾覆稳定验算采取公式（7.2）所示：

$$K_t = \frac{抗倾覆力矩}{倾覆力矩} = \frac{W \cdot a + P_y \cdot b}{P_x \cdot h} \tag{7.2}$$

式中，K_t—抗倾覆稳定安全系数，取 $K_t = 1.50$；W—垂直于滑动面的荷载总和；P_y—作用于墙体的外部荷载的竖向分力；P_x—作用于墙体的外部荷载的水平分力；a—W 对墙址点的力臂；b—P_y 对墙址点的力臂；h—P_x 对墙址点的力臂。

经计算得：

$$K_t = \frac{653.43 \times 1.93 - 0.54 \times 2.81}{103.34 \times 3.67} = 1.72 \geqslant 1.5$$

满足规范要求。

3）地基承载力验算

采用公式（7.3）进行地基承载力验算：

$$偏心矩\ e = B/2 - x \tag{7.3}$$

基底边缘应力 $P_{max} = N/F(1+6e/B)$，$P_{min} = N/F(1-6e/B)$。

式中，B—墙体底宽度；x—合力作用点与墙址点的距离；N—作用在基础底面上的竖向力；F—墙体底面面积。

经计算得

$$P_{max} = 158.75\text{kN/m}^3,\ P_{min} = 156.10\text{kN/m}^3;$$

$$1/2(P_{max} + P_{min}) = 157.43\text{kPa} < f_{允} = 200\text{kPa};$$

$$P_{max} = 158.75\text{kPa} < 1.2 f_{允} = 240\text{kPa};$$

满足规范要求。

通过以上稳定性验算可知，所设计的挡墙断面的抗滑、抗倾及地基承载力，均满足规范设计要求。

3. 基础处理

挡土墙基础开挖深度应达到坚硬土层以上。挡土墙设排水孔（10cm×10cm，间排距3m，梅花形布置），排水孔靠渣体侧设碎石反滤层。

挡土墙水平方向每8m设置一道伸缩沉降缝，缝宽2cm。

除拦砂坝、拦渣（矸石）坝之外，还要在排矸场的外围上坡挖截排水沟（表7.4）。

固体弃土、弃渣（矸石）堆表层整理。合理安排岩土排弃次序，尽量将含不良成分的岩土堆放在深部，品质适宜的土层包括易风化性岩层，则可安排在上部，富含养分的土层则宜安排在排土场顶部或表层。

7.2.3　污水治理工程

1. 技改后矿山污水处理模式

永兴煤矿矿井设计生产能力为15万t/a。评估区生产、生活会不断地产生污废水。针对目前对工业广场以及评估区生活污水不加治理的现状，特提出如下的评估区污水治理模式。

由于工业废水与生活污水的水质差异较大，且排放规律不一样，所以在合并处理之前，先要进行水量水质调节，之后再进行COD、油类、SS等的去除。

处理工艺见图7.1。

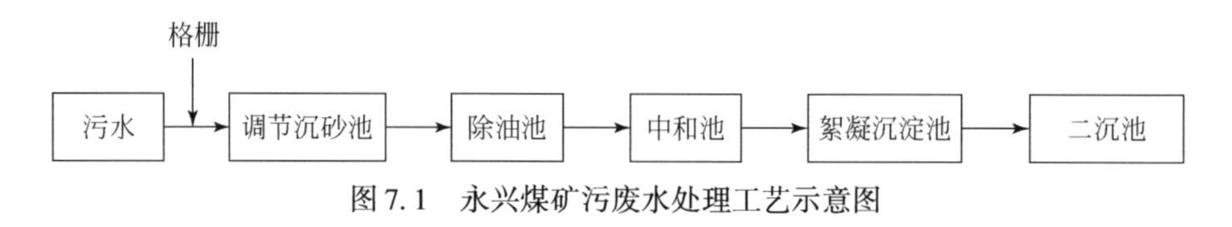

图7.1　永兴煤矿污废水处理工艺示意图

综合废水首先经格栅去除废水中的浮渣、树叶、纤维杂质等，再进入调节池，在调节池内实现水质水量的均和，之后用泵提升至平流隔油池内进行处理。隔油池内设撇油管，将浮油收集到集油井内，回收利用或者集中处理。污水在进入中和池之前，在水泵的吸水管处向污水投加碱式氯化铝药剂，污水与药剂通过水泵搅拌混合后反应，用潜水泵提升至中和池反应池处理。在中和反应池内投加石灰乳，调节废水的pH值至中性（pH≈7.5），同时Fe、Mn在中和池中与OH^-生成难溶的氢氧化物。在絮凝沉淀池中加入混凝剂PAC、助凝剂PAM，难溶的氢氧化物与水中的大颗粒无机物一起发生混凝沉淀，Fe、Mn和大部分SS得到去除。混凝沉淀池上清液进入二沉池，在二沉池中大部分的COD、SS和油类得到去除。上清液部分用于消防和防尘洒水，其余经排水沟达标排放。

根据处理工艺，工艺流程如图7.2所示：污水首先通过格栅去除浮渣、杂质后进入调节池，在调节池内实现水质水量的均和，之后用泵提升至平流隔油池内进行处理。隔油池内设撇油管，将浮油收集到集油井内，回收利用或者集中处理。污水在进入中和池之前，在水泵的吸水管处向污水投加碱式氯化铝药剂，污水与药剂通过水泵搅拌混合后反应，用潜水泵提升至中和池反应池处理。在中和反应池内投加石灰乳，调节废水的pH值至中性（pH≈7.5），同时Fe、Mn在中和池中与OH^-生成难溶的氢氧化物。反应池内采用机械强制搅拌。废水经反应池反应后，重力流流至絮凝沉淀池，在絮凝沉淀池中加入混凝剂PAC、助凝剂PAM，强化混凝效果，使Fe、Mn等生成的氢氧化物絮状体和其他颗粒物快速沉淀，实现泥水分离，底泥由污泥泵送至污泥浓缩池。絮凝沉淀后的废水由重力流流入二沉池。二沉池泥水分离后，COD、SS及油类被有效去除。二沉池上清液部分用于消防防尘用水，其余经排水沟达标排放，底泥进入污泥浓缩池。在池内，污泥进行重力自然浓缩，浓缩后的污泥人工外运填埋，污泥滤液送入调节池。

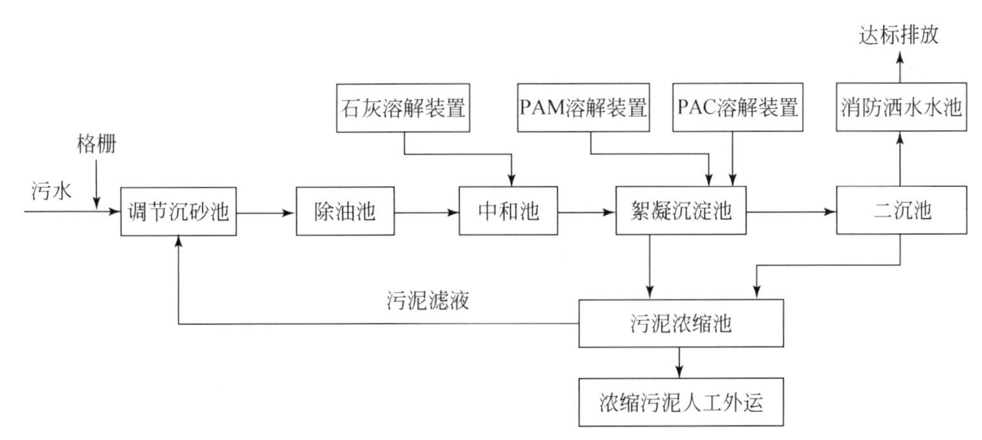

图7.2　永兴煤矿废水处理工艺流程图

针对上述生产、生活废水处理工艺流程，特进行如下的工艺参数设计，如表7.5所示。

表7.5　永兴煤矿生产、生活废水处理工艺设计参数

污废水处理池	设计参数
格栅除污机	在污水处理前部工序中，拦截、清除各种固体颗粒物、漂浮物等，使后续处理工序得以顺利进行。产品型号：NG-1600LXG型，该设备由机架、动力装置、耙齿链、清洗机构及电控箱等组成。结构紧凑、电气控制简单、操作实现自动化。耐腐蚀性好、能耗省、低噪音。除污动作连续、排渣干净、分离效率高。技术参数：设备宽度B2（mm）1600；有效栅宽B1（mm）1450；外形总宽B2（mm）1900；有效栅隙b（mm）1、3、5、10、15、20；耙链线速度约2m/min；电机功率2.2kW
调节沉砂池（兼事故池）	由于污水中的各个组成部分水质水量不同，为了防止水质波动对后续处理工艺产生冲击，造成整个工艺运行不稳，设置调节池进行水质水量均和。另外调节池兼作事故池，处理工艺发生事故及设备检修时，废水停留在调节池内。进水流量：$Q=9.12\text{m}^3/\text{h}$；停留时间：$T=8\text{h}$；调节池有效容积为：$96\text{m}^3$；取调节池容积为$160\text{m}^3$，设计尺寸：6000×4000×4000。调节池设两台潜水泵，一用一备，型号为50QW42-9-2.2，功率2.2kW
隔油池	工艺按每天工作8h计，则设计流量$Q=36\text{m}^3/\text{h}$；隔油池采用平流式隔油池，其中油珠上浮速度V_v取1.08m/h，水平流速V_h取2.57mm/s；由V_v/V_h值，可得隔油池表面积修正系数$a=1.3$；隔油池表面积$A=aQ/v=44\text{m}^2$；隔油池横断面积$A_0=Q/v=4\text{m}^2$；隔油池宽B取3m，则有效水深$h_2=A_0/B=1.3\text{m}$；隔油池长$L=A/B=44/3=14.7\text{m}$；隔油池有效体积$V=Ah_2=57.2\text{m}^3$；则有效停留时间$T=V/Q=1.58\text{h}>1.5\text{h}$，满足要求；隔油池设带式刮油机一台，型号为TSK-TT2CR，功率0.06kW
中和池	设计处理水量$Q=36\text{m}^3/\text{h}$；反应时间$T=15\text{min}$；反应池有效容积为：9m^3；取反应池容积为12m^3，设计尺寸：3000×2000×2000；反应池设搅拌机一台，型号为JWH-1.5×3，功率4.0kW

续表

污废水处理池	设计参数
絮凝沉淀池	设计处理水量 $Q=36m^3/h$；絮凝池设两格，第一格为混合池，第二格为反应池，各自水力停留时间分别为 15min 和 30min；混合池有效容积为 $10m^3$，设计尺寸 2000×2000×2500。混合池设搅拌机一台，型号为 JWH-1. 5×3，功率 4. 0kW；反应池有效容积为 $18m^3$，设计尺寸 3000×2000×3000。反应池设搅拌机一台，型号为 JWH-1. 5×3，功率 4. 0kW。采用平流式沉淀池，设计处理水量 $Q=36m^3/h$；沉淀池停留时间 $T=2h$，沉淀池有效容积为 $V=QT=36\times2=72m^2$；表面负荷取 q_0 取 $1.0m^3/m^2\cdot h$，沉淀池有效面积为 $A=Q/q_0=36/1=36m^2$；有效水深 $h=q_0T=1.0\times2=2m$；沉淀池水平流速 V_h 取为 1. 5mm/s，则池长 $L=V_hT=10.8m$；池宽 $B=A/L=36/10.8=3.33m$；沉淀池内设污泥提升泵一台，型号为 WQ5-10-1，功率 0. 5kW
二沉池	中心管面积 $A_0=Q/v_0=0.33m^2$，管径 $d=0.65m$；表面负荷取 q_0 取 $1.0m^3/m^2.h$；沉淀池有效面积为 $A=Q/q_0=36/1=36m^2$；沉淀池总面积为 $36.33m^2$，沉淀池直径 $D=6.8m$；沉淀池有效水深 $H=q_0T=2m$；沉淀池内设污泥提升泵一台，型号为 WQ5-10-1，功率 0. 5kW
污泥浓缩池	设计处理污泥量 $Q=3m^3/d$；污泥干化池内污泥停留时间 $T=2d$；污泥干化池有效容积为：$6m^3$；取污泥干化池容积为 $8m^3$，高 2m、长 2m、宽 2m；干化池底部设集水室，高 1m，集水室收集的污泥滤液定期排放，由水泵送至调节池，水泵型号为 WQ5-10-1，功率 0. 5kW。集水室之上设过滤层，过滤层厚度 0. 2m，过滤介质采用煤渣
石灰溶解装置	石灰溶解装置的容积按配置一天所需石灰乳计算，每天需石灰用量约为 150kg，石灰乳投加浓度按 10% 计算，则石灰溶解装置有效容积为 $1.5m^3$，取石灰溶解装置容积 $2m^3$，型号为 RYZ-1400，功率为 0. 75kW
PAM 溶解装置	PAM 溶解装置的容积按配置一天所需 PAM 计算，PAM 投加率为 $0.005kg/m^3$，每天需 PAM 用量约为 1. 44kg，PAM 投加浓度为 1%，则 PAM 溶解装置有效容积为 $0.15m^3$，PAM 溶解装置型号为 DS-100B，功率为 0. 06kW
PAC 溶解装置	PAC 溶解装置的容积按配置一天所需 PAM 计算，PAC 投加率为 $0.05kg/m^3$，每天需 PAM 用量约为 14. 4kg，PAM 投加浓度为 5%，则 PAM 溶解装置有效容积为 $0.3m^3$，PAM 溶解装置型号为 RYT-300，功率为 0. 55kW

2. 处理后排水水质

污水经过处理后应达到了国家《煤矿工业污染物排放标准》（GB 20426—2006）中采煤废水排放限值。具体水质指标如下：

COD：70mg/L；SS：70mg/L；Fe：7mg/L；Mn：4mg/L；pH：6～9。

7.2.4 地质灾害治理工程

煤层地下开采将使采空区上方地表产生不同程度的移动和变形，形成影响程度不同的地面塌陷区。地表移动变形的范围稍大于采空区范围，一般开采深度越深对地表的影响越小。

对于工业场地及重要建（构）筑物，设计按《建筑物、水体、及主要井巷煤柱留设与压煤开采规程》留设保护煤柱。当开采深度深于安全开采厚度后，对于井田内零星分布的民房，根据其所处位置、地表变形情况及破坏等级，采取相应的搬迁、加固等措施，详见表7.6。

表7.6　评估区及附近区域搬迁、维修情况一览表

乡镇	居民点	户数	人口	搬迁/户	维修/户
绮陌乡	箐脚寨	54	324	10	16
	大土脚	68	405	4	8
	唐梨树	14	84	0	4
	张家田	23	138	9	14
	樊家冲	30	177	13	17
	跑马土	51	306	8	20
	煤厂哑口	9	55	3	6
	大坡	39	273	0	7
	沟头	32	224	0	3
	岩背后	18	128	0	5
	沙子坡	6	41	0	6
	偏坡寨	12	60	0	4
	气冲大坡	8	47	0	8
	大深田	14	84	0	4
	老熊冲	9	48	0	3
	熊家寨	78	466	5	11
合计		465	2860	52	136

根据永兴煤矿不同区域的水土流失特点和防治范围，将防治范围划分为4个水土流失防治区，永兴煤矿分区水土保持防治措施体系详见表7.7。

表7.7　水土流失防治措施体系

序号	防治分区	防治措施
1	工业场地防治区	在主体工程设计中，对煤场采取浆砌石挡墙挡护措施
		进行水土流失综合防治措施，包括挡护工程、排水工程、场地整治及植物措施等
2	排矸场防治区	在主体工程设计中，对主斜井矸石场采取浆砌石挡墙挡护措施
		进行水土流失综合防治措施，包括挡护工程、排水工程、场地整治及植物措施等
3	生活区防治区	对生活区除建筑物之外的地面采取植物措施进行园林式绿化
4	直接影响区	运行期地表沉陷要进行坑凹回填及其他相关的工程措施和植物措施

评估区地表因受井下采空区的影响，发育有多条地裂缝。这些地裂缝将对居民的人身安全造成不同程度的威胁。村民搬迁后，对于所产生的地裂缝，及时进行封堵处理。在潜在塌陷区外侧挖截、排水沟。

受地下开采影响，有可能引起陡峭地段山体滑坡及崩塌。对于有可能引起山体滑坡和崩塌地段，须预先进行加固和支挡。井口的洞脸边坡上部附近修筑长30m、宽1m、高2m的挡土墙，拦挡山上崩落岩块，保证井口安全。对东部危岩体则采用井下留保安煤柱和地表设挡土墙的方法，进行综合治理。为了居民的安全，在危岩体（BT）的东侧设置长685m、宽0.5m、高2m的挡土墙，以免发生岩崩，确保一方平安。

7.2.5 大气污染源及治理措施

1）大气污染源及污染物

大气环境主要污染源有：工业场地的锅炉燃烧，矿井抽放的煤层气（瓦斯）排烟，煤炭储、装、运及加工过程中产生的粉尘。其主要污染物是烟尘、SO_2等。

2）大气污染治理措施

永兴煤矿矿井属高瓦斯矿井，开采时已考虑瓦斯抽放，在地面设置永久式瓦斯抽放泵站，抽出后的瓦斯，可考虑再利用或者经过处理后排入大气。

评估区锅炉燃烧瓦斯时，硫分含量不高，锅炉烟气中SO_2浓度也较低，可不采取烟气脱硫措施；对于锅炉燃烧瓦斯所产生的烟尘，设计时采用效率较高的多管旋风除尘器进行处理（除尘效率大于95%），经处理后的烟尘和SO_2排放浓度基本能满足《锅炉大气污染物排放标准》（GB 13271—2001）二类区、Ⅱ时段标准要求。同时，煤炭储、装、运过程产生的粉尘，主要采取洒水防尘措施。

针对评估区的环境现状，在矿山服务年限（含闭坑期）之内，永兴煤矿企业应拨出防尘措施、环境监测等专门经费进行矿山整治，防患于未来。

7.2.6 噪声防治措施

1）高噪声源

矿井高噪声主要来自矿井通风机房、绞车房、机修车间、锅炉房、坑木加工房以及井下采、掘机械等，筛选车间噪声源主要由破碎及筛分机械产生，但声压级（SPL）一般均大于85dB（A）。

2）噪声防治措施

及时启动专用噪音处理费，在设备选型时，优先选择高效、低噪设备。对于通风机、锅炉房引风机所产生的空气动力噪声，采取在风机进、出气管上安装消声器等措施进行降噪；对于不易采取消声、隔声措施的高噪声源附近工作的人员，则采取个体防护措施。

7.2.7 生态环境治理工程

1. 复垦工程

主要对工业场地和废弃的矸石场进行复垦，对已破坏土地进行顺序回填、平整、覆土及综合整治，复垦成适宜林地。复垦基本要求：土层厚度不得少于30cm。土地平整度一般不超过2°～3°。土层有机质含量不得低于当地平均土层有机质含量。土壤质地为砂壤至壤土，不能是极端的砂或黏土。主要农作物单位面积产量达到当地中等以上水平。具体操作如下。

1）植物措施设计

（1）立地条件分析

矿山恢复治理区造林种草地类立地条件分析见表7.8。

表7.8　植物措施各分区立地条件表

项目区	植物措施布置范围	立地因子	植物措施布置目的
工业广场区	场内部分建筑物周边，部分空闲地	矿区内属亚热带季风性湿润气候区。月均气温33.2℃，年均气温14.6℃，≥10℃积温2680℃，年均降雨量1396mm，年均蒸发量为1205.9mm，年均相对湿度82%。属中低山地貌，海拔在1400m～1749m左右，相对高差339m左右。土壤以黄壤、石灰土为主	覆盖裸露土面，恢复植被，防止降雨对松散土面的冲刷，防尘，绿化，固土护坡

（2）树种选择

树种选择结合场地设施功能要求，做到以乡土树种为主，落叶树与常绿树种搭配，同时考虑景观性和防尘功能。根据厂区所在地气候、土壤、水土流失等特点，确定绿化工程主要以种草和栽种灌木为主，草种主要为三叶草；灌木则主要以小叶女贞，小叶黄杨为主。

（3）所选树种的生物学、生态学特性

小叶女贞：落叶或半常绿灌木，高2～3m。喜光，稍耐阴；较耐寒，全矿可露地栽培；对二氧化硫、氯气、氟化氢、氯化氢、二氧化碳等有毒气体抗性较强。性强健，萌枝力强，叶再生能力强，耐修剪。

小叶黄杨：木材黄色，细致，坚重，供雕刻及细木工用。各地栽培供观赏。根、枝、叶供药用。

（4）整地覆土

在栽植前，应采用机械与人工进行场地平整，清除块石等杂物，并覆土。覆土措施已在主体工程设计中考虑，覆土为40cm左右。

（5）造林技术及方法

造林技术及方法如表7.9所示：

表7.9　工业场地区造林设计表

立地条件特征		下层废弃石、表层覆土，黄壤
造林技术	植物名称及比例	树种：小叶女贞1000株，撒播三叶草面积0.09hm^2
	混交方式及造林方式	株间混交，植苗，撒播
	株行距	小叶女贞与小叶黄杨0.5m×0.5m×0.5m

续表

立地条件特征		下层废弃石、表层覆土，黄壤
造林技术	初植密度	灌木 20000 株/hm^2
	配置方式	灌木群植；三叶草局部种植
	整地	穴状整地，灌木整地规格 30cm×30cm×30cm
	苗木规格	灌木冠幅 0.3～0.5m，带土球
	种植季节	春季或冬季，阴天或小雨天
	抚育管理	在幼树的头两年，松土除草，每年 3 次，第二年、第三年各除草培土 1 次；防火，防病虫害，防牲畜和人为损害

2）土地整治设计

土地整治设计主要是针对排矸场覆土。覆土的来源主要是在矿井建设过程中置换的表土，如果不够，将排矸场区的表土置换出来。表土置换出来后，先堆砌在排矸场，但要作好临时防护，防止水土流失。

在进行覆土时，先将场地进行平整、碾压，再在上面覆土，覆土平均厚度 0.3m，复垦厚度 0.3m，覆土完成后，土地利用以种植林草为主。

3）临时措施设计

布设的临时土袋挡墙主要是防治场地平整施工过程中的水土流失，土方来自场区多余挖方，拆除后土方可用于植物措施换土。人工开挖临时排水沟过水断面设计为 40cm×40cm。临时措施典型设计如图 7.3 所示。

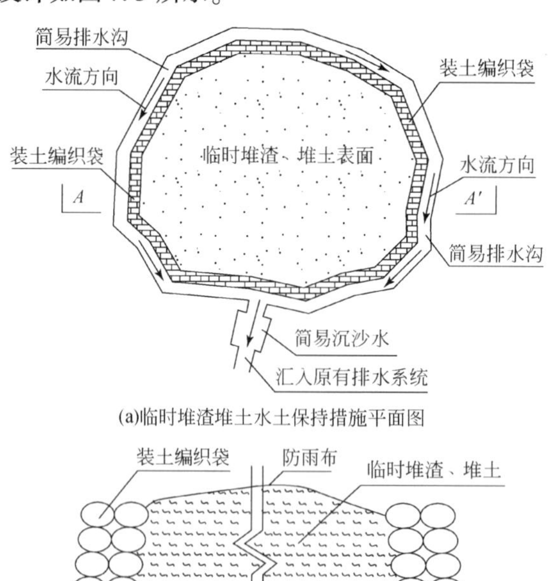

(a)临时堆渣堆土水土保持措施平面图

(b)临时堆渣堆土水土保持措施剖面图(A-A′)

图 7.3 临时拦挡防护措施示意图

按照矿山可持续发展的要求，复垦工程主要在矿山闭坑期后开展，包括堆渣（排矸）场及潜在塌陷区等的复垦。未来潜在塌陷区土地破坏面积难以确定，暂按评估区面积的1/10估算；堆渣（排矸）场拟土地复垦面积按矿山设计大小。主要需复垦区的工程量见表7.10。

表7.10　土地复垦工程表

序号	位置范围	外运土石方/m^3	平整场地/m^2
1	堆渣场	259	863.4
2	潜在塌陷区	36 453.8	121 512.8

2. 复绿工程

为尽快恢复矿山的自然生态环境，在边坡稳定性治理和矿山技改前复垦的基础上，进行人工植被复绿；同时根据现状条件塑造景观，提高技改矿山的综合经济价值。复绿工程包括工业场地（含矿坑边坡、办公场地等）和废渣（排矸）场周围等区域的复绿。

选用植物措施性能和规格如下。

1）侧柏

常绿乔木，有一定耐阴力，喜温暖湿润气候，耐湿耐寒，较耐寒，酸性、中性、碱性都能生长。对土壤要求不严格。在土壤贫瘠和干燥的山坡岩石路旁也可见生长。根系发达，生长速度中等偏慢。树苗为3年生播种苗。种植规格为3×3m。闭坑后与刺槐用于土地绿化。

2）荷花玉兰

荷花玉兰：广玉兰树形优美，花大清香，是优良环保庭院树，适合厂矿绿化。广玉兰喜温暖湿润气候，要求深厚肥沃排水良好的酸性土壤。喜阳光，但幼树颇能耐荫，不耐强阳光或西晒，否则易引起树干灼伤。抗烟尘毒气的能力较强。病虫害少，生长速度中等，3年以后生长逐渐加快，每年可生长0.5m以上。常用种子和高枝压条繁殖。种植规格为4×4m，树苗采用5年生移植苗。可选择种植在办公区内。

3）小叶女贞

落叶或半常绿灌木，喜光，稍耐阴，较耐寒，SO_2、Cl_2、HCl等有毒气体抗性较强，性强健，枝力强，耐修剪，播种或扦插均可。常做绿篱，枝叶紧密、圆整，是有名的抗污染树种，1年生移植。种植规格为0.3×0.3m。与荷花玉兰和构树搭配。

4）马尾松

对土地适应能力较强。具有较强的吸尘功能。种植树苗为2年生移植苗。种植规格4×4m。种植在储煤场附近，用于除尘。

5）刺槐

对土地适应能力较强。具有较强的耐旱能力。种植树苗为3年生移植苗。种植规格为3.5×3.5m。

6）黑麦草

分蘖力强，生长快，喜温暖凉爽湿润的气候生长。适宜在排水性良好、肥沃、湿润的黏土或黏壤土栽培。略能耐寒，适宜的土壤 pH 值为 6 ~ 7。一般生长温度在 15 ~ 30℃，27℃左右生长最旺盛，气候在-15℃发生冻害或者休眠，第二年 3、4 月份返青。黑麦草在年降雨量 500 ~ 1500mm 地方均可以生长，而以 1000mm 左右为适宜。种植规格为 $250kg/hm^2$。用于绿化草地。

7）构树

落叶乔木。花期 5 月，果期 8 ~ 9 月。产于黄河、长江、珠江流域及台湾。强阳性树种，适应性强，极耐干旱瘠薄，无论荒坡、砂石地以至墙壁、瓦屋顶均见生长，但多生长在石灰岩山地，为喜钙树种。根系浅，侧根分布很广，生长快，萌芽力和分蘖力强，耐修剪。因其对空气中有毒气体抗性较强，故可作工矿区绿化树种。种植规格为 4×4m，采用 3 年生移植苗。种植在生产场地内。

8）火棘

常绿灌木，具枝刺。花期 3 ~ 5 月，果期 8 ~ 11 月。产于秦岭以南，南至南岭，西至四川和云南，东达沿海地区；东部海拔 1000m 以下，西部海拔 2800m 以下。喜光，极耐干旱瘠薄。一般作绿篱种植，有观赏价值；果可食用或作饲料；药用治疗消化不良等。

矸石场内种植火棘，株行距为 1×1m，冠径 30cm。

9）香樟

常绿乔木，树皮常有香气，海拔 2500m 以下，稍耐阴，喜温，生长快，萌芽性强，可作为园林绿化树种。树苗为 5 年生移植苗。种植株行距为 3×3m。

植物措施施工流程如下：

1）施工准备

设安全防护区，施工现场附近，禁止行人通过，界定安全防护区，在施工场地两头设施工标志。

2）作业面清理

清除作业面杂物及松动岩块，对坡面转角处及坡顶的棱角进行修整，使之呈弧形，尽可能将作业面平整。同时，增加作业面绿化效果。保证施工前作业面的凹凸度平均为±10cm，最大不超过±15cm；对低洼处适当覆土夯实回填或以植生袋装土回填，以填至使反坡段消失为准，在作业面上每隔一定高度开一横向槽，以增加作业面的粗糙度，使客土对作业面的附着力加大。

3）养护管理

植物种子从出芽至幼苗期间，必须浇水养护，保持土壤湿润。从开始坚持每天早晨浇一次水（炎热夏季早晚各浇水一次），浇水时应将水滴雾化（有条件的地方可以安装雾化喷头），随后随植物的生长可逐渐减少浇水次数，并根据降水情况调整。在草坪草逐渐生长期间，对其适时施肥和防治病虫害，施肥坚持“多次少量”的原则。喷播完成后一个月，应全面检查植草生长情况，对生长明显不均匀的位置予以补播。

（1）工业场地复绿工程

主要包括办公室、宿舍、井口边坡等用地复绿。主要措施是平整土地，使覆盖土层不小于30cm，在其面上直接种植灌木和草本植物种子，形成与周边生态相适应的草地。具体实施以下方案：

① 厂前区绿化

厂前区是工业场地的重点绿化区段之一，其绿化布置应与场前区总平面布置紧密结合，种植树种应以树形美观、装饰性强、观赏价值高的乔木和灌木为主，适当配置花坛、绿篱等。

② 生产区绿化

生产区多为散发粉尘、噪声及有害气体地段，以种植具有抗性和防护性的树种为主。

③ 行政办公区绿化

行政办公区绿化以美化环境、改善小气候为主，宜选择树形整齐、美观、枝叶繁茂的树种，适当配置乔、灌木及花卉。

④ 井口边坡绿化

a. 复绿技术

直接种植灌木和草本植物种子。

b. 草种选择

根据矿山所处地区的气候、结合地质水文条件，选择适合本地区的草种种植。

工业场地面积根据《煤炭工业环境保护设计规范》，结合该煤矿工业场地总平面布置，设计确定工业场地绿化系数为15%。其中乔木种植间距按4m/棵，灌木种植间距2m/株。为保证复绿效果，复绿施工后养护期至少为1年。

（2）堆渣（矸石）场复绿工程

在矿山开采初期，待堆渣（矸石）场周围的截、排水沟、挡土墙以及拦砂坝修好后，对其周边进行绿化，使之与周围环境协调一致。

上述所需复绿范围的工程量如表7.11所示。

表7.11 土地复绿工程量表

序号	位置范围	绿化面积/m^2	绿化周长/m	数量			种植方式
				草籽	灌木/株	乔木/棵	
1	工业场地及周围	863.4	314.7		680	220	人工挖坑种植/人工撒播
2	堆渣场周围		92.5		47	24	人工挖坑种植

7.2.8 水均衡恢复的防治工程

为防治和防止因疏排地下水而引起对矿山地区水均衡的破坏，保护地下水资源，并消除或减轻因疏排地下水引起的地面塌陷等环境问题，在六冲河上游修建拦水坝、蓄水池等堵截外围地表水的补给，定将取得显著的环境效益和经济效益。为了防止永兴煤矿矿井井口因水倒灌等引发的灾害，在矿山闭坑之后，还应对所有井口进行封堵，如表7.12所示。

表 7.12 水均衡恢复的防治方案

序号	项目	单位	规格
1	修建拦水坝	m^3	200
2	修建蓄水池	m^3	200
3	封堵矿井井口		视情况而定，达到工程目标即可

7.2.9 水土保持工程

1. 坡面水土流失治理

山区坡面，特别是坡耕地是该域内水土流失最为严重的地方，同时也是泥沙的主要来源地。对现有一定林草覆盖的山地、疏林地，实行以封山育林措施为主，封育、补种、管护相结合的综合治理措施，使其尽快恢复植被，以提高林草的郁闭度，达到削减地表径流、改善生态环境的目的；对于坡度大于25°的荒坡地、退耕地和水土流失严重的沟坡地，采取营造水土保持林，进行多形式的乔、灌、草混交方式进行水土流失防治。树种主要为乡土树种，水土保持林营造以华山松、杉木、刺槐、杨树、女贞、柏树等为主，经济果木林以种植桃、李等为主，草种以黑麦、三叶草等为主。

2. 沟道防护工程的布局

在对沟道的综合治理中，根据侵蚀沟的发育程度、流失状况、集雨面积、土壤结构、地质条件等实际情况，本着先上游后下游，先支沟后主沟的治理顺序，因地制宜地修筑截、排水沟，层层设防，拦蓄地表径流和泥沙，达到防治水土流失的目的。

在沟道的中上部修筑谷坊群或拦沙坝，减少水对沟体的冲刷，并拦蓄泥沙，保护沟道两旁的耕地不被水冲沙压。对于部分坡度较缓，淤塞严重的沟渠进行清淤排水，疏通河道，束水归槽，保护沟道两旁的耕地不受洪水的威胁。

在沟道的中下部，开设排水沟，将上游下泄的水和泥沙引排到指定的地方去，形成了“上蓄、中截、下排”的沟道防护体系。另外，在上游来沙量逐渐减少，沟蚀已基本得到控制的基础上，对流域内主要排水沟进行整治，采取砂浆块石衬砌。

3. 及时治理塌陷区

在煤层开采过程中或受采动影响稳定后，对于地表产生的裂缝应及时平整填实，恢复耕地或植被；对滑坡、危岩崩塌造成的土地、植被破坏，及时组织人员进行清理，恢复或更新植被，防止水土流失。

4. 防止矸石堆放场水土流失

首先，在矸石堆放场设置排水沟及防流失挡土墙；在排矸过程中，逐步在矸石堆场周围营造 10 ~ 16m 宽的防护林带；排矸期满后进行林草复垦。

5. 加强绿化，扩大绿化面积，增加植被覆盖率，以减少水土流失

采取以上措施后，矿井开发引起的水土流失可得到有效控制，但矿井建设引起的水土流失量和范围都是很有限的，区域水土流失状况仍主要取决于现状。因此，区域水土保护主要还是应从治理区域水土流失现状入手。

多年的治理经验和当地的土地因素表明，在小流域治理的植物措施中，乔木树种多为刺槐、杨树等树种，灌木树种主要是采用小叶女贞、小叶黄杨等；草种以黑麦草、三叶草等为主。并采用乔、灌、草等相结合的方式，形成立体防护网。

为了防治水土流失，在工程水土流失防治责任区范围内，采取水土保持工程措施、植物措施和临时措施，有效控制因工程建设和生产运行而导致的新增水土流失，并在此基础上治理工程区域内的原有水土流失，保护和改善区域的生态环境。具体实施方案如表7.13所示。

表7.13 水土保持工程方案

<table>
<tr><th colspan="2">分区</th><th rowspan="2">预防措施</th><th colspan="3">治理措施</th><th rowspan="2">临时措施</th></tr>
<tr><th>一级</th><th>二级</th><th>工程措施</th><th>植物措施</th><th>土地整治措施</th></tr>
<tr><td rowspan="3">工业广场区</td><td>生产场地区</td><td rowspan="12">1. 优化主体工程设计。尽量利用多余土石方，防止弃土石渣乱堆放。
2. 规范施工。优化工程施工组织和施工工艺；合理设计施工时序；施工结束后合理利用表土恢复耕作和场地绿化。
3. 建立水土保持工程管护制度</td><td rowspan="3">排水沟、挡土墙、综合护坡</td><td rowspan="3">空闲地绿化、种草</td><td></td><td rowspan="6">开挖土石方的临时覆盖、排水、拦挡、沉沙池</td></tr>
<tr><td>辅助生产场地区</td><td></td></tr>
<tr><td>行政福利设施场地区</td><td></td></tr>
<tr><td rowspan="3">道路区</td><td>场区道路</td><td rowspan="3">排水沟</td><td rowspan="3">道路两边绿化</td><td></td></tr>
<tr><td>风井场地连接道路</td><td></td></tr>
<tr><td>炸药库连接道路</td><td></td></tr>
<tr><td rowspan="2">排矸场区</td><td>排矸场</td><td rowspan="2">截水沟、排水沟、挡渣墙</td><td>种草、植树</td><td>覆土整治</td><td rowspan="2">开挖土石方的临时覆盖、排水、拦挡</td></tr>
<tr><td>排矸场窄轨铁路</td><td></td><td></td></tr>
<tr><td rowspan="3">附属系统区</td><td>给排水系统</td><td rowspan="3">排水沟、挡土墙</td><td rowspan="2">种草、植被恢复</td><td></td><td rowspan="3">开挖土石方的临时覆盖、排水、拦挡</td></tr>
<tr><td>供电系统</td><td></td></tr>
<tr><td>地面炸药库</td><td>种草、植树</td><td></td></tr>
<tr><td>井田塌陷区</td><td>井田塌陷区</td><td>裂缝回填</td><td>植被恢复</td><td>土地复垦</td><td>临时排水</td></tr>
</table>

7.2.10 投资概算

1. 概算的基础依据

矿山环境保护与治理工程是一种涉及多种领域的综合性工程，在经费预算中本着以最

贴近国家、省（部）预算定额标准，特别是选择最新的、具有法规性的标准为依据。而暂时无严格标准的，则只有参考市场中等价格计算。

矿山（地质）环境保护与恢复治理方案主要参照依据有以下几种：

（1）国家物价局、建设部联合颁发的［1992］价费字375号文有关规定；

（2）《贵州省建筑工程计价定额》（2004）；

（3）《贵州省园林绿化及仿古建筑工程计价定额》；

（4）《全国统一市政工程预算定额》中有关部分；

（5）《水利水电工程施工定额》中有关部分；

（6）林业部门有关林业工程的现行参考价格；

（7）贵州省现行市场价格或实际工程价格。

2. 投资概算构成

包括直接工程费、其他费（设计费、设计评审费、工程监理费、现场协调费、竣工验收费）、措施费、利润、税金等。不包含监测费、养护费、土地征用费、青苗补偿费、房屋搬、拆迁费等。

3. 投资概算结果

根据计算结果，矿山环境保护与治理工程估算总投资14250912.91元（表7.14），其中直接工程费用9209381.34元。专项工程资金概算明细表见表7.15～表7.23。

表7.14　项目投资概算汇总表

序号	项目	费用/元
1	直接费	9209381.34
2	措施费	11578.00
3	设计费	28524.80
4	调试费	10000.00
5	设计评审费	11946.80
6	工程监理费	59902.20
7	现场协调费	178190.00
8	竣工验收费	23500.00
9	植物养护费	727.00
10	规费	714068.09
11	管理费	1585131.01
12	利润	1585131.01
13	税金	832832.66
合　计		14250912.91

表7.15　矿山环境保护与治理单项工程费用概算表（一）

工程名称：截、排水沟治理工程（堆渣场、井口边坡、潜在塌陷区外侧）

序号	项目名称及工作内容	单位	单价/元	工程量				合计/元			
				堆渣场	工业广场	井口边坡	潜在塌陷区外侧	堆渣场	工业广场	井口边坡	潜在塌陷区外侧
（一）	直接费用								1360.5		17187.8
1	人工运石方	$100m^3$	659.78		0.4		5.06		263.9		3338.5
2	截排水沟土方开挖	$100m^3$	788.14		0.26		3.26		204.9		2569.3
3	截排水沟石方开挖	$100m^3$	2229.26		0.4		5.06		891.7		11280
（二）	其他费用								1068		3359.4
1	工程监理费		（一）×3%						40.8		515.6
2	现场协调费		（一）×2%						27.2		343.7
3	竣工验收费								1000		2500
（三）	规费		[(一)+(二)]×6.65%						161.5		1366.4
（四）	管理费		[(一)+(二)]×15%						364.3		3082
（五）	利润		[(一)+(二)]×15%						364.3		3082
（六）	税金		[(一)-(五)]×7%						69.7		987.4
总计/元								32453.20			

表7.16　矿山环境保护与治理单项工程费用概算表（二）

工程名称：挡土墙治理工程（堆渣场、井口边坡、危岩体）

序号	项目名称及工作内容	单位	单价/元	工程量			合计/元		
				堆渣场	井口边坡	危岩体	堆渣场	井口边坡	危岩体
（一）	直接费用						193312.5		
		m^3	150	543.75	60	685	81562.5	9000	102750
（二）	其他费用						14665.6		
1	工程监理费		(一)×3%				5799.4		
2	现场协调费		(一)×2%				3866.3		
3	竣工验收费						5000		
（三）	规费		[(一)+(二)]×6.65%				13830.5		
（四）	管理费		[(一)+(二)]×15%				31196.7		
（五）	利润		[(一)+(二)]×15%				31196.7		
（六）	税金		[(一)-(五)]×7%				11348.1		
总计/元							295550.20		

表 7.17 矿山环境保护与治理单项工程费用概算表（三）

工程名称：评估区生产、生活污水处理工程

序号	项目名称及工作内容	型号及规格或结构	单位	单价/元	工程量	合计/元
(一)	直接费用					231560
1	建筑工程					138060
(1)	土建工程					7200
	值班室	砖混	m^2	600	12	7200
(2)	水工建筑物					130860
	格栅		个	5000	1	5000
	调节池	钢混	m^3	300	96	28800
	隔油池	钢混	m^3	350	57.2	20020
	中和池	钢混	m^3	300	28.8	8640
	絮凝沉淀池	钢混	m^3	400	100	40000
	二沉池	钢混	m^3	350	72	25200
	污泥浓缩池	钢混	m^3	400	8	3200
2	设备及材料					85000
(1)	潜水泵	50QW18-15-1.5	台	5000	2	10000
(2)	带式刮油机	TSK-TT2CR	台	8000	1	8000
(3)	搅拌机	JWH-1.5×3	台	6000	3	18000
(4)	污泥提升泵	WQ5-10-1	台	1000	3	3000
(5)	石灰溶解装置	RYZ-1400	套	12000	1	12000
(6)	PAM 溶解装置	DS-100B	套	8000	1	8000
(7)	PAC 溶解装置	RYT-300	套	8000	1	8000
(8)	pH 计		个	2000	2	4000
(9)	液位计		个	1000	2	2000
(10)	配电、控制柜	FD-2	个	8000	1	8000
(11)	管道阀门电线电缆		套	4000	全	4000
3	安装工程					8500
(二)	措施费用			污水处理工程方案费（5%）		11578
(三)	其他费用					52049.6
1	设计费	按《工程勘察设计收费标准》(2002)		污水处理工程方案费（8%）		18524.8
2	评审费					10000.00
3	调试费			污水处理工程方案费（3%）		6946.8
4	工程监理费		（一）×3%			6946.8

续表

工程名称：评估区生产、生活污水处理工程						
序号	项目名称及工作内容	型号及规格或结构	单位	单价/元	工程量	合计/元
5	现场协调费		（一）×2%			4631.2
6	竣工验收费					5000.00
（四）	规费		[（一）+（二）+（三）]×6.65%			19629.98
（五）	管理费		[（一）+（二）+（三）]×15%			44278.14
（六）	利润		[（一）+（二）+（三）]×15%			44278.14
（七）	税金		[（一）-（六）]×7%			13109.73
总计/元						416483.59

表7.18　矿山环境保护与治理单项工程费用概算表（四）

工程名称：复垦工程（潜在塌陷区、堆渣场）							
序号	项目名称及工作内容	单位	单价/元	工程量		合计/元	
				潜在塌陷区	堆渣场	潜在塌陷区	堆渣场
（一）	直接费用					129319.94	
1	自卸汽车运土方	$1000m^3$	10741.43	10.9	0.3	117081.58	3222.43
2	平整场地	$100m^2$	69.30	121.5	8.6	8419.95	595.98
（二）	其他费用					26466	
1	设计费	按《工程勘察设计收费标准》（2002）				10000.00	
2	设计评审费					5000.00	
3	工程监理费		（一）×3%			3879.6	
4	现场协调费		（一）×2%			2586.4	
（三）	规费		[（一）+（二）]×6.65%			10359.77	
（四）	管理费		[（一）+（二）]×15%			23367.89	
（五）	利润		[（一）+（二）]×15%			23367.89	
（六）	税金		[（一）-（五）]×7%			105952.05	
总计/元						313833.54	

表 7.19 矿山环境保护与治理单项工程费用概算表（五）

工程名称：复绿工程（工业场地、已塌陷区、堆渣场）

序号	项目名称及工作内容	单位	单价/元	工程量			合计/元		
				工业场地	堆渣场	已塌陷区	工业场地	堆渣场	已塌陷区
（一）	直接费用						37680.6		
1	人工撒播	$100m^2$	50.00	8.63			431.5		
2	人工挖土坑	$100m^3$	788.14	2.2	0.24		1733.9	189.2	
3	草籽	kg	20.00						
4	灌木	株	30	680	47		20400	1410	
	乔木	棵	50	224	24		11200	1200	
（二）	其他费用						1483		
1	现场协调费		（一）×2%	756			756		
2	植物养护费	元/(a · m^2)	1	727			727		
（三）	规费		[(一)+(二)]×6.65%				2612.6		
（四）	管理费		[(一)+(二)]×15%				5893.14		
（五）	利润		[(一)+(二)]×15%				5893.14		
（六）	税金		[(一)-(五)]×7%				2233.8		
总计/元							55796.28		

表 7.20 矿山环境保护与治理单项工程费用概算表（六）

工程名称：生态环境防治工程（防尘措施、防噪处理、环境巡视）

序号	项目名称及工作内容	单位	单价/元	工程量	合计/元
（一）	直接费用				524000.00
1	防尘措施	项目		1	300000.00
2	噪音处理	项目		1	200000.00
3	生态环境巡视	a	2000	12	24000.00
（二）	其他费用				31200.00
1	工程监理费		（一）×3%		15720.00
2	现场协调费		（一）×2%		10480.00
3	竣工验收费				5000.00
（三）	规费		[(一)+(二)]×6.65%		36588.3
（四）	管理费		[(一)+(二)]×15%		82530
（五）	利润		[(一)+(二)]×15%		82530
（六）	税金		[(一)-(五)]×7%		38514
总计/元					795362.30

表7.21　矿山环境保护与治理单项工程费用概算表（七）

工程名称：评估区地质灾害赔（补）偿				
序号	项目	数量	单价	合计/元
（一）	直接费用			5431480
1	房屋搬、拆迁	52户	50000元	2600000.00
2	房屋维修	96户	5000元	480000
3	田变土	10亩	50000元	500000.00
4	饮水工程	13寨	140000元	1820000.00
5	水土保持补偿费			31480.00
	梯坪地	0.498hm²	20000元/hm²	9960.00
	林地	0.27hm²	10000元/hm²	2700.00
	灌木林	0.608hm²	10000元/hm²	6080.00
	草地	1.274hm²	10000元/hm²	12740.00
（二）	其他费用			108629.6
	现场协调费		(一)×2%	108629.60
（三）	规费		[(一)+(二)]×6.65%	368417.3
（四）	管理费		[(一)+(二)]×15%	831016.4
（五）	利润		[(一)+(二)]×15%	831016.4
（六）	税金		[(一)-(五)]×7%	322032.5
合计/元				7892592.18

表7.22　矿山环境保护与治理单项工程费用概算表（八）

工程名称：矿山环境监测					
序号	项目	数量	单价/万元	合计/万元	备注
（一）	直接费用			131	
1	地质灾害隐患点监测				
	边坡位移监测	6个变形监测点	1	6	
	潜在地面塌陷	3个	2	6	
	潜在地面沉降		1	1	
	潜在滑坡	1处	2	2	
	潜在崩塌	1处	5	5	
	潜在泥石流	1条	15	15	
2	地下水及废水排放监测		10	10	
3	工业广场复垦土质监测	3个土壤剖面	2	16	
	噪声的实时监测		5	15	
	空气质量的实时监测		10	30	

续表

工程名称：矿山环境监测					
序号	项目	数量	单价/万元	合计/万元	备注
4	水土流失监测			25	（水土流失量/水土流失危害/水土保持工程/水土保持工程效益）
	工业场地内设点监测	1个	5	5	
	排矸场地设点监测	1个	5	5	
	进场公路弃渣场设点监测	1个	5	5	
	井田沉陷区整体监测	1个	10	10	
（二）	其他费用			6.25	
1	工程监理费		(一)×3%	3.93	
2	现场协调费		(一)×2%	2.32	
（三）	规费		[(一)+(二)]×6.65%	9.13	
（四）	管理费		[(一)+(二)]×15%	20.59	
（五）	利润		[(一)+(二)]×15%	20.59	
（六）	税金		[(一)-(五)]×7%	7.73	
合计/万元				195.29	

表7.23 矿山环境保护与治理单项工程费用概算表（九）

工程名称：矿山水均衡恢复（拦水坝、蓄水池等）							
序号	项目名称及工作内容	单位	单价/元	工程量		合计/元	
				拦水坝	蓄水池	拦水坝	蓄水池
（一）	直接费用					240000	
1	人工开挖	m^3	700	100	100	70000	70000
2	土建工程	m^3	500	100	100	50000	50000
（二）	其他费用						17000
1	工程监理费		(一)×3%				7200
2	现场协调费		(一)×2%				4800
3	竣工验收费						5000
（三）	规费		[(一)+(二)]×6.65%				17090.5
（四）	管理费		[(一)+(二)]×15%				38550
（五）	利润		[(一)+(二)]×15%				38550
（六）	税金		[(一)-(五)]×7%				14101.5
合计/元							365292

7.2.11 施工顺序与资金投入安排

1. 矿山环境保护与综合治理顺序

矿山开采前，应先按照矿山开采设计，按平、剖面图对工作区进行放样。根据矿山矿渣（矸石）堆放场位置，确定并修建挡土墙、截排水沟；开采过程中，对工业场地、废渣（矸石）场以及矿石运输道路等进行绿篱树种种植；矿山开采结束后进行塌陷区治理，修建塌陷区排水沟，并对堆渣（矸石）场进行土地复垦。

2. 资金投入安排

资金投入安排见表7.24。

表7.24 永兴煤矿矿山资金投入安排表 单位：万元

项目/分期		近期		中期	远期
年份		2009	2010～2011	2012～2018	2019～2021
环境保护	污水处理	22.0	7.0	150.0	
	噪声处理	17.0	8.0	70.0	
	防尘措施	30.0	10.0	66.0	
堆渣（矸石）场挡土墙		15.0	2.0	10.0	
堆渣（矸石）场/工业广场/井口边坡等排水沟		15.0			
堆渣（矸石）场土地复垦					60
井口边坡挡土墙		6.0			
危岩体挡土墙		11.0			
矿山工业场地、已塌陷区、堆渣场绿化		60.0	30.0		
矿山环境监测		40.0	25.0	90.5	
矿山水均衡恢复（拦水坝、蓄水池等）		31.5	5.0	60.0	
评估区地质灾害赔（补）偿		45.0	10.0	164.7	
潜在塌陷区土地复垦					80.0
潜在塌陷区排水沟					23.0
合计		292.5	97.0	611.2	163.0

注：地质灾害隐患点监测、治理费用，根据开采引发的实际情况，由规费和管理费等部分的资金予以解决。

7.2.12 实施方案的保障措施

1. 建立健全投入保障体系

根据《贵州省人民政府办公厅关于转发省国土资源厅等部门贵州省矿山环境治理恢复保证金管理暂行办法的通知》（黔府办发（2007）38号）要求，按照企业所有、政府监管、专户储存、专款专用的原则，建立矿山治理恢复保证金。保证金实行专户管理，由县级以上财政部门会同国土资源、环境保护行政主管部门对企业缴存的保证金进行监管。严格执行土地复垦履约保证金制度，积极鼓励矿山企业、有关单位和个人投资矿山环境治理，不断拓宽筹资、融资和招商引资渠道。

2. 加强领导、统一认识

矿山环境恢复治理工程是一项全新的“功在当代，利及千秋”的国土环境整治工程；但是，这类项目往往潜存着一系列矛盾，长远利益与暂时利益、全局利益与局部利益等矛盾。因此，仅仅有了技术可行的设计还难以实施，还必须由国家、地方政府、国土资源部门加强领导，统一认识，统筹协调多方面的工作，才能保证此项工作的顺利开展。

3. 统筹管理

由于矿山环境的恢复治理工程，在全国仍处于探索阶段，刚刚起步，而且矿山开采后遗留的环境条件是复杂多样的。因此，既要求设计得详细周密，面面俱到，又要求在施工时，严格按照设计方案施工。同时又不能完全拘泥于设计方案的每一个细节，只要是符合实际的科学合理修订方案，经质量监管组与设计部门协商统一后，可以对设计中某些不完善的部分进行适当地修改，允许在施工中不断地创新。

4. 科学管理

为了保证工程质量，必须坚持科学管理，实行监理工程师的施工监理责任制，以确保环境保护综合治理工程按期保质保量完成。

5. 建立有效的质量保证体系

无论是从工程质量管理角度，还是从矿山环境恢复治理百年大计的高度上去认识，建立有效的质量保证体系，都是非常重要的组织保证。为此，应建立三级质量保证体系，确保环境保护质量万里行。

（1）由主管国土资源局、矿山主要领导以及设计单位代表，共同组成本项目工程质量监管组，不定期进行检查监督。

（2）委托具有地质灾害及工程监理资质的单位，负责施工阶段的现场质量监管。

（3）施工单位应具有地质灾害防治工程施工资质，建立相应的环境保护与综合治理专项工程质量检查员，从源头上保证施工质量。

为保证环境保护和综合治理方案切实可行，保护评估区生态环境，矿山生产企业实施保证措施主要包括组织管理、技术保证、资金筹集及使用管理措施等三个方面。

1）管理和组织措施

（1）管理措施

a. 将环境保护和综合治理工作列为矿山管理工作的重点。

b. 健全矿山环境保护与综合治理工作由矿山企业主要领导负责的制度，建立坚强的矿山环境保护工作领导集体。

c. 组织管理人员，特别是企业各个职能部门的主要管理人员，认真学习矿山环境保护工作的相关法律、法规，矿业行政主管部门行政公文，同时对矿山环境保护工作中各职能部门的职责和任务进行划分和界定，并责成各部门制定完成任务的工作计划。

d. 各部门的工作计划制定完成，组织部门的员工、生产一线的工人等矿山建设的骨干力量进行培训学习，针对不同岗位，不同时期的工作目标，制定岗位职责，明确工作要求。

e. 坚持以人为本的管理理念，在创建管理工作中突出人的要素，通过对矿山企业人的管理来建设好绿色矿山，走出矿业开发与生态环境保护协调发展的新路子。

（2）组织措施

a. 矿山企业确定矿山环境保护工作行政领导机构，该机构要求是企业内独立的、行政管理能力强的机构，由其对矿山环境保护工作行使行政权力。

b. 加强职能部门的管理，根据各职能部门的工作内容，按照矿山环境保护与综合治理要求，明确各职能部门在矿山生产过程中的职责和工作指标。

c. 根据实际需要，设立主管矿山环境保护工作的职能部门，对矿山环境保护与治理工作进行宣传，对员工进行培训、教育，负责具体创建措施的落实工作。

2）技术保证措施

（1）矿业开发公司需引进先进的生产设备、矿山企业爆破技术人员、环境监测技术人员和植被恢复技术人员。通过引进专业对口、适应矿山工作环境的技术人员进行弥补，为矿山环境保护工作和治理工作提供技术人才保证。

（2）矿山企业生产设备齐全，管理手段完善，矿山企业增置矿山测量设备、矿山环境监测设备等仪器设备，为矿山环境保护工作提供技术上的物质保证。

（3）注重技术手段在决策过程中的运用。在矿山建设任务考评工作中采取量化的指标。

6. 项目的组织实施

由采矿权人负责治理恢复，其费用列入生产成本。矿山被批准关闭或者闭坑前，采矿权人应当按照矿山环境保护与综合治理方案，完成矿山环境的治理恢复。矿山环境治理恢复工程在施工过程中，应当由相应资质的监理单位实施监理。采矿权人不具备治理恢复能力的，应当委托具有相应地质灾害治理工程资质的勘查、设计、施工和监理单位承担矿山环境治理恢复业务。

7.2.13　环境效益分析

矿山环境保护与治理工程对环境资源的影响主要有三个方面：矿山环境保护与治理工程对已有的一些环境资源起到了保护的作用；地质灾害防治工程新增加了环境资源；地质灾害防治工程破坏了部分环境资源。地质灾害防治工程项目的环境效益，就是地质灾害防治工程所净增加的环境资源的价值部分。

随着评估区整治复绿工作的完成，自然与景观得到恢复与改善，矿山环境保护与综合治理工程产生了明显的环境效益。

矿山环境保护与综合治理方案实施后，将使矿山边坡所存在的潜在地质灾害得到彻底治理，防治率达到100%。矿山生态环境治理率达到100%，矿山废渣（煤矸石）利用率达到100%。项目区内的裸露地得到绿化和植被恢复，开采区内和周围得到绿化、美化，改善了开采区的环境景观。

7.2.14　社会效益分析

矿山（地质）环境保护与恢复治理项目社会效益评价应遵循以人为本的原则。以当地社会发展目标为依据，分析评价项目投资引发的各项社会效益与影响，以及当地社区及人们对项目的不同反映，促进项目与当地社区、人们相互适应，共同发展。

矿山（地质）环境保护与综合治理方案实施后，工程弃渣（煤矸石）得到全面治理，扰动的原地貌得以恢复，水土保持的功能有所提高。一方面，防止因水土流失危害下游村庄、周围农田、土地等；另一方面，可改善当地（地质）环境景观，促进当地经济发展。

7.2.15　经济效益分析

矿山（地质）环境保护与恢复治理项目是以保证人们生命安全及物质财富不受损害、矿山生态环境得到保护和治理为目的，以创造社会效益、环境效益为主的非生产性建设项目。矿山（地质）环境保护与恢复治理工程经济效益的定义是投资者投入资金，修建防治工程，被治理和保护的治理区最大可能的经济损失与投资者投入的资金之比。

矿山（地质）环境保护与恢复治理方案对矿井开采提出了充分保护环境的要求，开采过程中产生的“煤矸石”不能像其他工程那样作为弃渣处理，煤矸石可用于生产新型砖和发电。既可提高矿井经济效益，又可减小环境污染。充分发挥环境保护的综合利用功能。营造优美的环境景观，改善当地的投资环境，吸引更多的投资，带动当地的经济发展。

7.3　矿山（地质）环境监测方案

7.3.1　监测项目及其监测方法

实施对矿山环境问题的动态监测，是预测、预防的重要手段，制定矿山环境问题监测方案应以内部监测与外部监测，普通监测与专业技术监测，经常性监测与阶段性监测相结合。使用主成分分析法对矿山空气污染进行检测，并利用 GPS 方法对矿山边坡变形监测，同时，应用遥感技术对矿山开采动态变化进行监测。

监测的项目主要是对防治责任区范围内的降雨量、施工安全监测、整治效果监测和动态长期监测。

7.3.2　监测工作布置

1. 边坡位移监测

监测控制点建在边坡外，变形监测点建在边坡内的典型变形位置，布置 6 个变形监测点进行有效监测，监测方法采用经纬仪、全站仪、水准仪监测。监测成果应及时进行记录，及时整理地下水以及变化结果。随时提供监测资料，施工期间，每日监测；建成后一个水文年内，15天监测一次，暴雨期间加密监测次数。及时反馈边坡岩体变形情况和治理效果。

2. 地下水及废水排放监测

监测点布置在废石场的排水池和污水处理设施排水口，主要监测水质变化情况。矿山开采过程中，每日巡检，每季度取水样分析一次，监测项目主要为：pH、COD、SS等。废水排放必须符合国家要求。

3. 工业广场复垦土质监测

设置3个土壤剖面，每个剖面按0～0.1m和0.1m～0.3m深度，每季度取样一次，测定土壤质地、容量、孔隙率、有机质、全氮、速效磷、速效钾、pH值等理化指标。

4. 噪声实时监测

针对永兴煤矿主井鼓风机、风井抽风机、井下放炮、井下风钻空气压缩机所产生的噪声。除了采取相应的消声防治措施之外，还要采取相应的监测措施，实时对各种噪声进行监测，及时反映评估区声学环境状况，为采取有效控制噪声的对策，提供动态实时监测参数。

5. 空气质量的实时监测

评估区工业广场煤坪等地所产生的煤灰，严重影响评估区的空气质量，不同程度地影响矿工的身心健康。因此，实时监测评估区的空气质量，采取相应对策（如洒水防尘措施等)，净化评估区环境，提高空气质量，还矿山居民一个理想的生活环境。

6. 水土保持监测

为评估区水土保持生态环境，维护主体工程安全稳定运行，对水土流失成因、流失量、流失强度变化以及水土保持生态环境建设效益等进行监测，适时掌握评估区原生水土流失状况、工程水土流失状况、水土保持措施的实施效果。

根据评估区水土保持要求，重点防治区域的划分和水土流失特征，确定水土保持监测的重点地段为工业场地区、排矸场区、进场公路区和井田区。主要监测内容为各区的水土流失，以及水土保持各项治理工程实施后的保水保土效益。水土保持监测措施如表7.25所示。

表7.25　重点地段水土保持监测项目及其主要内容

重点监测区域	监测地点	重点监测因子和内容	监测方法	监测频次	
				矿山建设期	矿山生产期
工业场地区	工业场地内设1个监测点	水土保持工程，水土流失量，水土保持效益	调查巡视监测法、综合调查法、典型调查法	施工前、中、后各一次，雨季每月一次	汛前、汛后及年末各一次

续表

重点监测区域	监测地点	重点监测因子和内容	监测方法	监测频次	
				矿山建设期	矿山生产期
排矸场区	排矸场地设1个监测点	水土保持效益	典型调查观测断面监测法		汛前、汛后及年末各一次，雨季每月一次
生活区	弃渣场设1个监测点	弃渣流失量	观测断面	汛期每月一次，非汛期每季度一次	
井田塌陷区	将井田沉陷区作为一个整体进行监测	地面沉陷	调查巡视监测		汛前、汛后及年末各一次

还要注意矿山企业对地质、植被、土壤、水、大气环境的破坏，以达到全面保护矿山生态环境的目的。

7. 地质灾害的预警、预报

在有地裂缝、滑坡及潜在塌陷区和有可能发生泥石流的地段，如张家院子、采空区、排矸场等地段，设置地质灾害监测点和地质灾害预警、预报系统，对该地段进行24h监控。

第三篇　应用案例

第8章　大营煤矿矿山（地质）环境保护和恢复治理

8.1　矿山基本情况

8.1.1　交通状况、矿区范围

大营煤矿位于贵州省大方县城北东51°，直线距离为14.3km，地理坐标：东经105°42′46″～105°43′59″，北纬27°12′57″～27°14′04″。属大方县凤山乡管辖，北东距凤山乡3km，距大方县约15km。326国道从矿山南侧经过，交通十分便利（图8.1）。

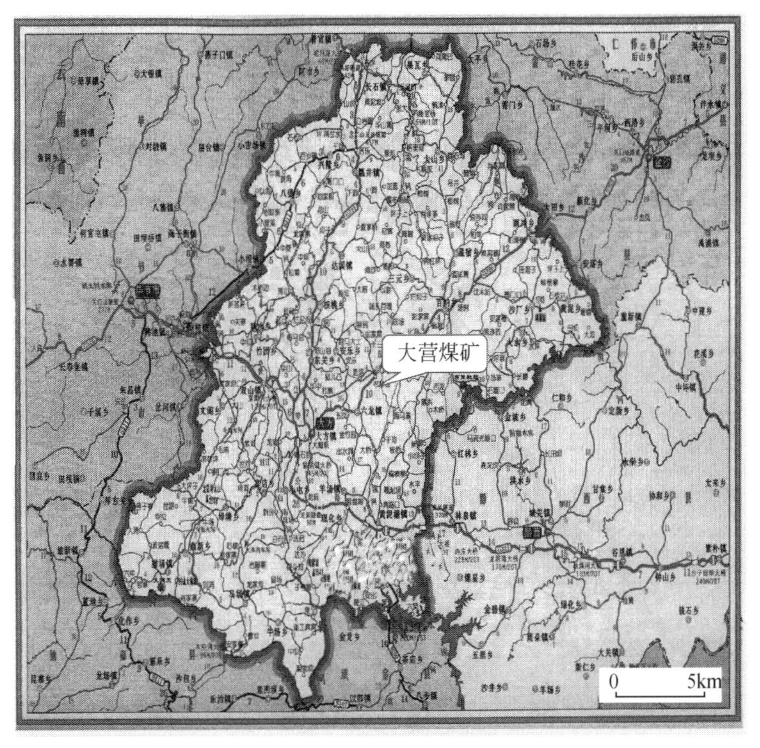

图8.1　交通位置图

矿区呈不规则的多边形，矿区面积1.9109km^2。矿界内以荒山、旱地为主，有部分农村居民点（图8.2、表8.2）。

据贵州省煤炭管理局等六个厅局级单位联合文件《关于毕节地区八县（市）煤矿整

合、调整布局方案的批复意见》（黔煤办字［2006］97号），大方县凤山乡高原煤矿、白岩脚煤矿、大路边三号井煤矿为整合矿井，三矿整合后矿山名称为大方县凤山乡大营煤矿。根据大方县大营煤矿《采矿许可证》，该矿区范围由11个拐点坐标圈定。

8.1.2 地形地貌特征

矿区位于云贵高原东北部，区内地势总体呈东高西低，属侵蚀溶蚀低中山地貌（照片8.1）；冲沟较多，呈树枝状展布，主要冲沟的走向与地形坡向基本一致。最高点位于矿井中部大营山顶，海拔2093.1m，最低点位于南部边界中部的冲沟中，海拔为1765.0m，相对高差328.1m。境内土壤以黄壤土为主，发育于亚热带湿润山地或高原常绿阔叶林下的土壤，呈酸性，土层经常保持湿润，新土层含有大量针铁矿而呈黄色。矿区黄壤土层深厚，构成形式为A-B-C型或A-AB-C型，表层厚5～25cm，pH值为4.5～6.5，偏酸性。有机质含量是0.87%～4.72%，全氮含量0.066%～0.177%；全磷含量0.007%～0.0553%；全钾含量0.72%～2.76%；速效磷含量1～8ppm；速效钾含量29～158ppm；阳离子代换是7.14～25.1mg/100g左右，砾石含量2.2%～3.2%；含黏粒35%～40%。

照片8.1　矿山地形地貌特征

8.1.3 气象水文

矿山属亚热带温暖湿润气候区，年平均气温13.8℃，平均降水量1005mm，多集中在4～9月；最热月极端气温31.5℃，最冷月极端气温1.6℃；平均相对湿度85%，年无霜期254d。

区内西南边界有小河由北东向南西流过，该河为山区雨源型河流，流量受大气降水的控制，雨后流量较大，枯季流量小或干枯。

8.1.4　矿区及周围自然地理、经济社会环境

大方县位于贵州省西北部、毕节地区中部、乌江上游六冲河北岸，总面积3505.21km^2，辖36个乡镇389个村（居）委会，居住着汉、彝、苗、白、仡佬等23个民族。2011年末GDP总量为84.73亿元，其中第一产业15.34亿元，第二产业37.54亿元，第三产业31.85亿元。2008年年底总人口103.3万人，其中常住人口78万人，农业人口97.31万人。常用耕地面积2422766.3hm^2，其中水田169593.7hm^2，水浇地267hm^2。农民年均纯收入4260元。

区内植被属亚热带常绿阔叶林植被带。林草覆盖率约69.0%，从植被群落组合及分布来看，大部分为原生植被即灌木和草本，少量植被为农业种植植被即人工种植的杉、松人工林和人工种植的李、桃等树种。

矿井附近由于人为活动影响，原地植被已经破坏殆尽，草地和农田中有少量杉、松、柏等树林分布，村寨中人工栽种有李、梨、樱桃等树木。区内植被由于人为原因，破坏严重，基本以灌木和杂草为主（照片8.2）。植被种类主要有山杨、刺槐、杉木、枹树、野杨梅、蕨类等。农作物以旱生作物为主，主要种植玉米、马铃薯、大豆；经济作物有核桃、油菜、麻等。该建设项目附近无受特殊保护的自然景观、人文景观和文物保护单位。煤矿开发对生态环境、土地资源的影响主要为土地资源占用和水土流失。

照片8.2　矿山自然地理景观

大方县生物资源种类繁多，境内植物不仅有丰富的菌类，还有众多蕨类以上的高等植物，其中菌类131种，高等植物120种。大方中药材资源丰富，境内已查明药用植物450多种，其中天麻、杜仲、半夏、金银花等以优质的“地道药材”闻名省内外，并远销国外。

大方县有数家煤矿，同时还有部分其他矿业，是贵州省工业产值较高的县。第三产业近年来也发展比较迅速。

大营煤矿地处大方县凤山乡，区内地方工业生产基础薄弱，改革开放以来地方工业和

乡镇企业有很大发展。当地农业欠发达，区内粮食作物主要以水稻和玉米为主，其次为豆类、薯类。经济作物有油菜籽、烟叶、油桐等。畜牧产品主要有牛、马、猪等。矿产资源以煤矿和铅锌矿为主。凤山乡具体社会经济现状见表 8.1。

表 8.1　凤山乡社会经济现状概况统计表

行政区划	总面积/km^2	耕地面积/hm^2	总人口/万人	农业人口/万人	农业总产值/万元	农民人均耕地/hm^2	农民人均纯收入/元
凤山乡	362.8	703.9	1.6457	1.6132	4753	0.043	2050

大营煤矿及周边有人口 2571 人，皆为农村居民。矿区内有尚家寨、店子寨、张家寨三个村寨，周边有杨家寨、肖家寨、凤山公社、桥边、石猫猫、高坡、黄家沟、新场等村寨，北部有一马干山牧垦场，人口分布详见表 8.2。其房屋大多为砖瓦、砖混结构，部分木房，少量草房。

表 8.2　大营煤矿及周边人口分布情况

乡镇	居民点	户数	人口
凤山乡	桥边	98	308
	尚家寨	40	121
	李家寨	113	366
	杨家寨	22	57
	石猫猫	15	67
	高坡	95	290
	岩脚	16	80
	张家寨	33	62
	店子寨	19	112
	黄家沟	21	105
	新场	65	384
	肖家寨	22	132
	凤山公社	110	487
合计		669	2571

该矿区及其周边的居民生活条件基本能满足人民的日常生活需要。据《大方县凤山乡大营煤矿建设项目环境影响报告表》可知，当地农村居民人均纯收入 2050 元。由现场调研知非农村居民人均纯收入远远高于前者。矿区及其周边的许多农民在该矿务工，解决剩余劳动力的就业问题，也有相当部分的农民在沿海经济特区务工，支援当地经济建设。

8.2　矿山开发概况

该矿资源/储量较丰富，可采煤层 2 层（M_8、M_{11}），其他煤层属局部可采。矿井规划生产能力 15 万 t/a。

新拟建工业场地将位于原高原煤矿的老主井南部，而主斜井位于新工业场地之东部。

1）工业广场区

工业广场区包括生产场地区、辅助生产场地区、行政福利设施场地区及道路区（照片 8.3）。

照片 8.3　工业广场布局

生产场地区布置在工业场地中部及西北部，在海拔 1820.00m 主要布置有主斜井井口、风井井口等，在海拔 1815.00m 上布置有储煤场、主斜井下水处理站、生活污水处理站等。

辅助生产区主要布置在工业场地东侧，在海拔 1815.00m 至海拔 1820.00m 间主要布置有井口运输窄轨车场、机修车间、设备材料库、消防材料库、坑木加工房、任务交代室等，在海拔 1810.00m 处布置地磅、门卫室等。

行政福利设施区布置在工业场地的西侧，在海拔 1815.00m 至海拔 1820.00m 间主要布置有锅炉房、职工浴室、厕所、职工宿舍 1 栋等，在海拔 1810.00m 至海拔 1815.00m 间布置有综合办公大楼及汽车库联合建筑等。

在距离工业场地约 3m 处，有条公路经过。经现场核实，现有公路的技术条件及通行能力已能满足本矿井运输煤，以及零星材料、坑木、设备等的运输要求，无需进行改造。在工业场地与该公路间已修建一条公路，将工业场地与该公路接通。

2）临时堆矸场区

临时堆矸场地选在储煤场南侧的边坡山沟，采用集中堆放，定期外运的利用方案，地面标高在海拔 1802.25 ~ 海拔 1805.00 间。临时堆矸场面积 0.41hm^2，最大堆置量 3.28×10^4m^3，主斜井井口（海拔 1820.00m）及储煤场（照片 8.4）所出矸石采用窄轨运至此临时排矸场暂时堆放。

3）附属系统区

附属系统区包括给排水系统、供电系统及地面炸药库。在主斜井井口西北面水平距离约 230m 处布置有水源净化站。在主斜井南侧海拔 1820.00m 布置有 10kV 变电所。在海拔

照片 8.4　储煤场

1815.00m 设置风井场地，场区内布置有通风机房、通风机配电间等设施。

炸药需从外地购进，因此，拟设地面炸药库一座。库址选择在主斜井工业场地南侧 200m 处，库址周围无民房。地面炸药库贮量为炸药 1t，雷管 2.8 万发。为方便炸药的运输，需修建一条道路把场内道路与炸药库连接起来。

8.2.1　矿山开采历史

大营煤矿是由高原煤矿、白岩脚煤矿、大路边煤矿整合而成的新煤矿。

原高原煤矿的矿井始建于 1991 年，属私营煤矿，原生产规模为 3 万 t/a，主斜井井口层位位于 M_8煤层顶板，为斜井开拓，方位角 332°，坡度 24°。128m 揭 M_8煤层，并沿 M_8煤层掘进采区回风上山、运输上山，矿界范围内 M_8煤层已基本采空。已于 1780m 水平用暗斜井揭穿 M_{11}煤层进行探煤。矿井 1991 年建井至今，历年矿山采出煤炭资源量合计 48.8 万 t，累计动用储量为 62.5 万 t。

原白岩脚煤矿的矿井始建于 1993 年，属私营煤矿，原生产规模为 3 万 t/a。主斜井开口层位位于 M_8煤层顶板，为斜井开拓，方位角 67°，坡度 23°。188m 揭 M_8煤层，并沿 M_8煤层作运输上山，然后在 1739m 水平用暗斜井揭穿 M_{11}煤层，作为 M_{11}煤层的运输斜巷。1765m 水平以下部分的 M_{11}煤层大都采空。自 1993 年建井至今，历年矿山采出煤炭资源量合计 41.5 万 t，累计动用储量为 55.4 万 t。

原大路边煤矿三号井矿井始建于 2000 年，属私营煤矿，原生产规模为 3 万 t/a，主斜井开口层位位于 M_8煤层顶板，为斜井开拓，方位角 19°，坡度 30°。234m 揭 M_8煤层，并沿 M_8煤层掘进采区回风上山、运输上山。矿界范围内，中部 M_8 煤层已采空。矿井 2000 年建井至今，历年矿山采出煤炭资源量合计 27.2 万 t，累计动用储量为 38.5 万 t。

8.2.2　矿山设计利用矿产资源量、矿井设计生产规模及其服务年限

依据贵州省大方县凤山乡大营煤矿（整合）开采方案设计说明书获知，整合后大营煤矿的矿产资源量、矿井设计生产规模及其服务年限如表8.3所示。

表8.3　大营煤矿资源量、生产规模与服务年限

序号	设计指标	指标量	备注
1	矿井工业资源/储量	347.00万t	
2	矿井设计资源/储量	255.10万t	
3	矿井设计可采储量	191.1万t	含预留保安煤柱量
4	设计生产规模	15.00万t/a	
5	矿井服务年限	10a	

8.2.3　开采方式、方法

从整合后的大营煤矿开发利用方案获知一系列的采煤方式、方法，即开采方式：斜井开拓，集中布置；采煤方法：走向长壁；落煤方式：爆破落煤；装载方式：人工攉煤；运输方式：工作面采用刮板运输机运输。

8.2.4　废弃物处置情况及废渣场（排矸场）位置、规模

矿井矸石按设计产量的10%考虑，即1.5万t/a。根据主体工程设计资料，矿井达产时井巷工程量为3830m^3，掘进体积26810m^3。井巷开挖量调配主工业场地生产区平整场地，共利用9900m^3，另外，建井开挖所产生的16910m^3，则排弃到排矸场（照片8.5）。总体平面位置分布见图8.2（见彩图）。

照片8.5　废渣场现状

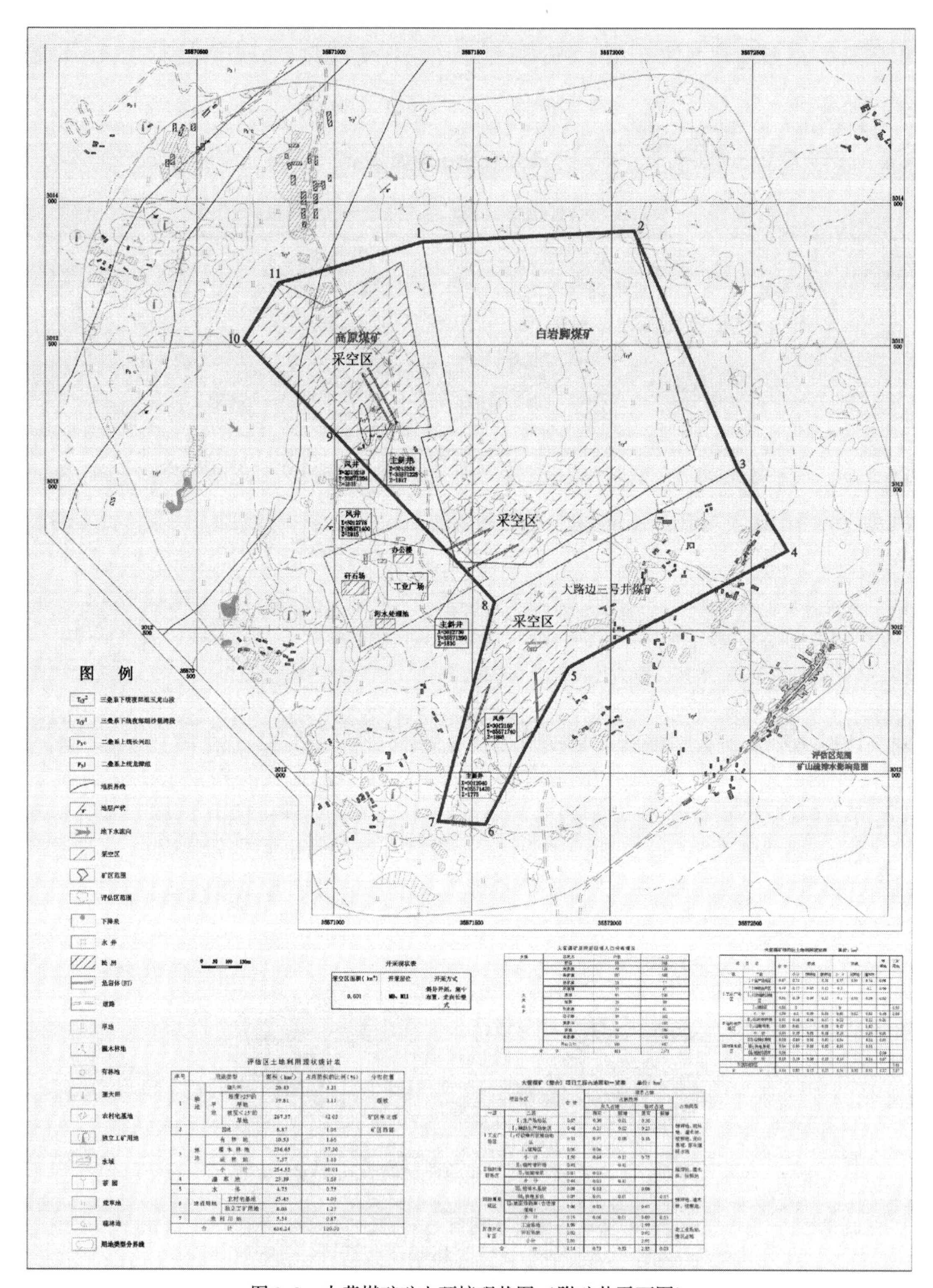

图 8.2　大营煤矿矿山环境现状图（附矿井平面图）

大营煤矿采煤全过程到煤装载的整个工艺流程如下：

打眼、装药→钻孔爆破→人工攉煤→刮板运输→地面储煤场→汽车装车外运。

目前废渣场（排矸场）有 3 个，分别位于原矿区的工业广场旁边，每个面积大约 25m ×15m，现有煤矸石 2000 ~ 3000m^3。

8.2.5　矿区污水

1. 污水来源

原有三煤矿认为主要产生和排放的废水为矿井废水和生活污水。其实不然，矿区开采煤炭对水体造成污染的来源主要应该有：矿坑排水（照片 8.6）、固体废渣淋滤水、工业广场淋滤水以及生活污水。

照片 8.6　矿坑排水（排污口）

（1）矿坑排水。煤炭开采时形成的矿坑水，是受到污染的地下水。煤层中含有 P、Cl、As、B、Fe、S、Hg、Pb、Cd、Cu、Zn 等元素，煤层一旦被揭露并和地下水相遇，将发生一系列的物理化学反应，如溶滤、离解、氧化等，使煤中一部分元素转移进入地下水体或者与地下水反应生成新的化合物。

（2）固体废渣渗滤水。煤炭开采过程中，还会产生大量的固体废弃物，如煤矸石，在煤炭初选中被剔除掉，煤矸石大量堆积，将形成黑灰色污水。

人工矸石山，既影响了周围景观的和谐，又争占耕地，还会引发多种环境效应。煤矸石长期暴露在空气中，加快了风化作用进程。一方面，煤矸石所含有机质、黄铁矿等成分易氧化自燃，产生大量 CO、NO_2、SO_2、H_2S 等废气，对空气环境造成污染；另一方面，大量的有机质成分和可溶性硫化物、重金属盐类，甚至某些废石含有放射性元素等，通过风化、大气降雨渗滤，将进入地表水体，并进一步下渗到地下水体。

（3）工业广场淋滤水。为了防止矿区粉尘污染，洒水除尘后所产生的渗滤废水。同时，还有消防洒水以及雨水淋滤库存煤所产生的废水。

（4）生活污水。矿区居住人口相对密集，生活污水排放亦不能忽视。矿井工人大部分就近招用，行政福利设施可大大简化。只有少量食堂和灯房浴室污水。生活污水中一般含有悬浮物或溶解态的有机质（如纤维素、淀粉、糖类、脂肪、蛋白质等），还含有氮、硫、磷等无机盐类和各种微生物。

2. 水质、水量的确定

（1）工业生活废水。

根据原有资料可知井下部分废水为828m^3/d，井上部分废水为80.4m^3/d。

（2）综合污水水质。

COD：148mg/L；SS：1190mg/L；Fe：6mg/L；Mn：3mg/L；pH：4。

3. 可能污染对象

如果不及时对矿区污水进行处理再排放，就可能直接对矿区地表水构成污染，受污染的地表水汇入工业广场下面的河流，将直接威胁到该条河的水质。

受矿井采动产生的三带影响，地表污染水体沿途向地下渗漏和降雨淋滤固体废渣下渗的速度将加快，必然造成浅层地下水的串层污染，使地下水水质向差的方向发展。

8.3 矿山地质环境条件

8.3.1 地层岩性

矿区出露最老地层为上二叠统龙潭组（P_3l），最新地层为第四系（Q），由新到老依次叙述于下。

1）第四系（Q）

零星分布于P_3l上部及河沟、低洼处。为灰、褐灰、黄灰色粉质土、砂质土、砾石等，厚0～6m。与下伏地层呈不整合接触。

2）三叠系（T）

三叠系在矿区内出露不全，仅出露三叠系上统二桥组（T_3e）、中统狮子山组（T_2sh）及松子坎组（T_2s）、下统茅草铺组（T_1m）及夜郎组（T_1y），出露于矿区外。

这里仅对夜郎组（T_1y）作如下叙述：

灰绿、灰紫色，薄层状粉砂质泥岩、泥质粉砂岩、粉砂岩，中厚层状细砂岩，浅灰色薄层状泥质灰岩，灰色中厚层状石灰岩。本组厚度370.25～671.46m，覆盖面积占矿区面积的80%以上。与下伏地层呈整合接触。按照岩性由上至下可分三段：

① 玉龙山段（T_1y^2）：灰色、蓝灰色、绿灰色，薄-中厚层状含泥灰岩、石灰岩夹泥质灰岩薄层，近顶部为一层0.1～1.1m厚的鲕粒灰岩。本段平均厚350.0m。

② 沙堡湾段（T_1y^1）：灰绿、灰、深灰色块状泥岩、钙质泥岩，薄层状粉砂质泥岩、

泥质粉砂岩、粉砂岩，夹薄层状泥质灰岩、中厚层状含泥灰岩；底部为1~3层灰绿色蒙脱石泥岩薄层，产王氏、克氏蛤 Claraiawangi（patte）等瓣腮类动物化石。本段平均厚6.0m。

3）上二叠统（P_3）

区内上二叠统出露地层为长兴组（P_3c）、龙潭组（P_3l），依次叙述于下：

① 长兴组（P_3c）：灰、深灰色中-厚层状灰岩，夹燧石灰岩，燧石呈团块状、结核状、透镜状或似层状，硬度大，下部夹泥质灰岩、粉砂岩、粉砂质泥岩薄层，产腕足类动物化石。本组厚10.0~30.0m，平均17.0m。与下伏龙潭组（P_3l）呈整合接触。

② 龙潭组（P_3l）：灰、浅灰、灰黑色，薄层状粉砂岩、泥质粉砂岩、粉砂质泥岩、碳质泥岩，块状泥岩，中厚层状细砂岩，夹石灰岩；含煤8~12层，可采及，局部可采2层；产大羽羊齿、束羊齿、栉羊齿等植物化石及腕足类动物化石。本组平均厚152.0m。在地表呈条带状展布，长度约2km，为一套海陆交互相沉积，与下伏茅口组（P_2m）呈假整合接触。

矿区地层情况如表8.4所示。

表8.4　矿区地层特征表

地层系统			代号	厚度/m	主要岩性
第四系			Q	0~6	松散砂质土、粉质土、黏土、砾石等
下三叠统	夜郎组	玉龙山段	T_1y^2	350.0	灰色厚层状灰岩夹含泥灰岩
		沙堡湾段	T_1y^1	6.0	灰绿色钙质泥岩、粉砂质泥岩夹泥质灰岩
上二叠统	长兴组		P_3c	17.0	灰岩夹燧石灰岩，下部夹泥质灰岩
	龙潭组		P_3l	152.0	粉砂岩、泥质粉砂岩夹煤及薄层状灰岩

8.3.2　煤层和煤质特征

1. 含煤性

本区含煤地层为上二叠统龙潭组，属海陆交互相沉积，厚100~180m，一般厚152m。主要由细砂岩、粉砂岩、泥岩夹泥灰岩、菱铁质灰岩及煤层组成。富含动、植物化石。含煤8~12层，自上而下以M_1、M_2、…、M_{12}等命名。煤层总厚6.5m，含煤率为4.3%，含全区可采煤层2层，可采煤层总厚3.3m，可采含煤率为2.2%。其余煤层均为局部可采或不可采煤层。

2. 可采煤层

矿区主要可采煤层为M_8、M_{11}煤层，由上到下叙述如下：

1）M_8煤层

位于煤系地层中部，上距长兴组石灰岩底界约85m，下距M_{11}可采煤层约43m，井下巷道中见煤厚1.58～1.87m，一般为1.70m，含夹矸一层，夹矸厚为0.15～0.25m，煤层结构较简单，以光亮型块状、粉状煤为主。顶板（直接顶）为泥岩，底板（直接底）为泥岩、泥质粉砂岩。控制程度较高。此煤层属较稳定型煤层。

2）M_{11}煤层

位于煤组底部，下距龙潭组底界约23m，煤厚1.05～1.65m，一般1.20m。含夹矸1～3层，煤层结构较复杂，煤层多呈光亮型，质松软呈粉状及片状，顶板（直接顶）为灰褐色粉砂岩，局部为细砂岩，底板（直接底）为粉砂岩。控制程度较低。该煤层属较稳定型煤层。

综上所述，由于矿区内主要可采煤层均为较稳定型煤层，所以区内煤层稳定类型属较稳定型。

可采煤层特征如表8.5所示。

表8.5　可采煤层特征表

煤层名称	煤厚	倾角	容重	层间距/m	稳定程度	围岩性质	
	平均/m	平均/(°)	/(g/cm³)			直接顶板	直接底板
M_8	1.70	5	1.5	43	较稳定	泥岩	泥岩、泥质粉砂岩
M_{11}	1.20				较稳定	粉砂岩、细砂岩	粉砂岩

3. 煤质

根据《煤炭分类国家标准》(GB 5751—86)，确定矿区内可采煤层均为无烟煤（WY）。根据《国家标准煤炭质量分级》（GB/T 15224.1—2010），M_8煤层属低灰、特低硫、特高热值无烟煤；M_{11}煤层属低灰、中高硫、特高热值无烟煤。煤质特征见表8.6。

表8.6　可采煤层煤质特征表

煤层名称	煤种类别	工业分析				$Q_{gr,daf}$/(MJ/kg)
		W_t/%	A_d/%	V_{daf}/%	$S_{t,d}$/%	
M_8	特低硫无烟煤	$\frac{1.84-3.02}{2.40}$	$\frac{10.00-14.5}{12.17}$	$\frac{6.00-6.75}{6.25}$	$\frac{0.20-0.45}{0.39}$	28.3
M_{11}	中高硫无烟煤	$\frac{0.42-1.11}{0.75}$	$\frac{12.52-18.92}{15.75}$	$\frac{5.51-7.13}{5.92}$	$\frac{1.57-2.76}{2.41}$	31.52

8.3.3　地质构造与地震

矿区位于上扬子准地台的毕节NE向构造变形区之SE部、羊场–化竹背斜之NW翼，地层较平缓。

矿区北西角原高原煤矿井下发育有F_1断层，该断层为一正断层，断距为15～30m，断层走向 0°～180°，倾向 270°。井下巷道中时见一些落差<2m 的小断层，对矿山开采和采掘部署影响较小。整个井田构造类型属简单类型。

总体上，矿区地质构造条件较简单。

根据《中国地震动参数区划图》（GB 18306—2015，1∶400 万）和贵州省城乡建设环境保护厅 1993 年 12 月编制的《贵州省地震烈度区划图》，本矿山相应地震基本烈度为Ⅵ度，其地震动峰值加速度为 0.05g，近期无强震活动的迹象。因此，井工建筑可按Ⅵ度设防。

8.3.4　水文地质条件

1. 地下水类型

矿区地下水可分为岩溶水、基岩裂隙水和孔隙水三类。

1）岩溶水

主要赋存于三叠系夜郎组、二叠系长兴组薄—厚层状石灰岩、泥质灰岩、燧石灰岩岩溶裂隙中，岩溶裂隙及岩溶管道发育，含岩溶裂隙水，富水性中等。

2）基岩裂隙水

赋存于上二叠统龙潭组（P_3l）细砂岩、粉砂岩、泥岩和煤层等的节理、裂隙中，由于节理裂隙不甚发育，补给条件差，含水性差，是矿井充水的主要来源。但水量不大，含水微弱。

3）孔隙水

赋存于第四系土体、残坡积和崩积物中，分布面积小，多呈透镜状分布，水量小，季节性强，零星分布于山坡及地势低洼处，含水贫乏。

2. 含水层及隔水层

矿区范围内出露地层主要为夜郎组。各地层富水性由上至下简述如下：

1）玉龙山段（T_1y^2）

分布于井田中部，占地层总面积的 50%。地貌上多为山腰，溶洞、落水洞、漏斗等岩溶微地貌发育。属强岩溶含水层，含水性较强，但下距 M_8 煤层 106m，中隔沙堡湾段（T_1y^1，6m）隔水层。正常情况下不会对矿井充水产生影响，但如果煤层开采后形成的冒裂（落）带切入此层，则会对矿井充水形成较大影响。

2）沙堡湾段（T_1y^1）

分布于井田中部，占地层总面积的 1%。岩性以泥质粉砂岩及泥岩为主。富水性弱（属相对隔水层）。

3）长兴组（P_3c）

分布矿区中部，占地层总面积的 30%。岩性以石灰岩为主。地貌上常形成陡壁。泉点稀少，富水性中等。

4）龙潭组（P_3l）

分布于矿区西部，占地层总面积的 20%。岩性主要为细砂岩、粉砂岩、菱铁质灰岩、泥灰岩、泥岩及煤层。属层间裂隙含水层，地形多呈反向缓坡，补给条件差，属弱含水层，是矿井充水的主要来源，但水量不大。富水性弱。

5）茅口组（P_2m）石灰岩

出露于矿区外，岩性为浅灰至灰色，中厚至厚层状生物碎屑灰岩，属强岩溶含水层，富水性强。

3. 地下水补给、径流和排泄条件

地下水的补给主要来源于大气降水，补给量受降水量及季节的控制明显。大气降水通过岩溶裂隙，基岩风化及构造裂隙渗入地下，并赋存径流于复杂管道系统中，其总体以附近地表河溪为当地排泄基准面，从地势高处向低处径流，在河谷地形低凹处以泉的形式排泄，最终排入地表河流。

4. 矿床充水因素分析

1）地下水对矿坑充水的影响

矿井最上部的可采煤层 M_8 号煤层，距上覆长兴组灰岩含水层 140m，直接顶板为浅灰、灰黑色薄层状黏土岩。虽为相对隔水层，但受构造破碎带、节理、裂隙影响，岩溶水和基岩裂隙水等地下水沿构造面（带）对矿井充水影响较大。而开采底部 M_{11} 号煤层时，由于其下伏茅口组石灰岩含水性强，充分采动后造成底板突水的可能性较大。

2）地表水对矿井充水的影响

矿区内有多条溪沟及水塘。主、副井口均位于地势高处，受洪水淹没的可能性不大。但地表水通过断裂构造和采空区冒裂（落）带向矿井渗透充水而造成水害，故应加强预防措施。地表水对矿坑充水影响较大。

3）老窑水对矿坑充水的影响

该煤矿地表露头线一带，老硐密布，有的开采规模还较大，形成较大的采空区。大部分老窑积水，井口垮塌，因此，对矿井充水的影响大。

4）大气降水对矿井充水的影响

大气降水可直接或间接影响矿井涌水量的大小，在雨季应加强防洪。

总之，矿区煤层主要位于当地侵蚀基准面之下，矿井充水水源充沛，充水因素和通道较多，对采煤影响较大，煤矿水文地质条件中等复杂。

8.3.5 工程地质条件

矿区岩土体可分为硬质岩类、软质岩类和松散岩类三类工程地质岩组。

硬质岩组：为长兴组和夜郎组石灰岩，厚度稳定。此类岩石单轴抗压强度高、坚硬、力学强度高。

软质岩组：主要指龙潭组和夜郎组粉砂质黏土岩、泥岩及煤层等，该类岩石单轴抗压强度较低，半坚硬至软弱，软弱夹层发育，水稳性差。该组岩层形成的边坡稳定性较差，容易产生边坡工程滑塌和滑坡等地质灾害。

松散岩组：主要指第四系残坡积碎石黏土、粉质黏土和红黏土以及砂砾土，结构松散、力学强度低。

上述表明，矿区工程地质岩组较复杂，岩土体工程地质性质较差。

8.4　矿山环境现状及发展趋势

8.4.1　矿山环境现状

1. 矿山地质环境现状

矿区内地质构造中等，区内无破坏性地震记录。区域稳定性良好。矿区地层主要以软质岩组为主，间夹砂岩体，其岩体抗压强度不太高，但有一定的自稳能力。矿山地质环境现状良好。

土地、植被资源占用和破坏问题：矿区地形较陡，山坡林地和旱地较多。排矸场、工业广场和矿山建筑物占用了一定的土地资源。三个原有老煤矿煤矸石堆放各一处，总堆放面积约3075m^2，堆放量约26750m^3，工业场地占地也达3610m^2。矿部、职工宿舍及相配套的建筑设施占地达1000m^{2}以上。占用土地主要为旱地，林地次之，水田最少（照片8.7）。

照片8.7　矿区土地破坏

2. 土地利用现状

梯坪地0.15hm^2，坡耕地0.73hm^2，灌木林0.92hm^2，荒草地0.27hm^2，疏林地0.02hm^2，原有工矿用地2.07hm^2。土地利用现状详见表8.7、表8.14。

矿山（地质）环境保护与恢复治理项目建设区总面积为4.14hm²（新增0.56hm²，原有3.58hm²），其中永久占地面积1.26hm²，临时占地面积2.88hm²。永久占地主要包括工业广场区中的生产场地区、辅助生产场地区、行政福利设施场地区中的建（构）筑物，地面固化场地及储煤场、进场道路等；临时堆矸场区中的临时堆矸场和运输窄轨；附属系统区中的给排水系统、供电系统和地面炸药库中的建（构）筑物与地面固化场地及地面炸药库连接道路等。工程占地类型及面积见表8.8。

表8.7　大营煤矿矿山（地质）环境保护与恢复治理项目区土地利用现状表　　单位：hm²

项目区		合计	耕地			林地			荒草地	工矿用地
一级	二级		小计	梯坪地	坡耕地	小计	疏林地	灌木林		
Ⅰ工业广场区	Ⅰ$_1$生产场地区	0.67	0.24		0.24	0.35	0.01	0.34	0.08	
	Ⅰ$_2$辅助生产区	0.46	0.17	0.05	0.12	0.2		0.2	0.09	
	Ⅰ$_3$行政福利设施区	0.31	0.19	0.04	0.15	0.1	0.01	0.09	0.02	
	Ⅰ$_4$道路区	0.06	0			0				0.06
	小计	1.50	0.6	0.09	0.51	0.65	0.02	0.63	0.19	0.06
Ⅱ临时堆矸场区	Ⅱ$_1$临时堆矸场	0.41	0.18	0.01	0.17	0.22		0.22	0.01	
	Ⅱ$_2$运输窄轨	0.03	0.01		0.01	0.02		0.02		
	小计	0.44	0.19	0.01	0.18	0.24		0.24	0.01	
Ⅲ附属系统区	Ⅲ$_1$给排水系统	0.08	0.03	0.01	0.02	0.04		0.04	0.01	
	Ⅲ$_2$供电系统	0.04	0.03	0.01	0.02	0.01		0.01		
	Ⅲ$_3$地面炸药库	0.06							0.06	
	小计	0.19	0.19	0.06	0.13	0.14		0.14	0.07	
Ⅳ废弃老矿区										2.01
合计		4.14	0.82	0.15	0.73	0.94	0.02	0.92	0.27	2.07

表8.8　大营煤矿矿山（地质）环境保护与恢复治理项目工程占地面积一览表　单位：km²

项目分区		合计	项目占地				
			占地性质				占地类型
一级	二级		永久占地		临时占地		
			原有	新增	原有	新增	
Ⅰ工业广场区	Ⅰ$_1$生产场地区	0.67	0.30	0.01	0.36		梯坪地、疏林地、灌木林、坡耕地、荒山草坡、原有道路占地
	Ⅰ$_2$辅助生产场地区	0.46	0.21	0.02	0.23		
	Ⅰ$_3$行政福利设施场地区	0.31	0.07	0.08	0.16		
	Ⅰ$_4$道路区	0.06	0.06				
	小计	1.50	0.64	0.11	0.75		

续表

项目分区		合计	项目占地				
			占地性质				占地类型
			永久占地		临时占地		
一级	二级		原有	新增	原有	新增	
Ⅱ临时堆矸场区	$Ⅱ_1$临时堆矸场	0.41		0.41			梯坪地、灌木林、坡耕地
	$Ⅱ_2$运输窄轨	0.03	0.03				
	小计	0.44	0.03	0.41			
Ⅲ附属系统区	$Ⅲ_1$给排水系统	0.08	0.02		0.06		梯坪地、灌木林、坡耕地
	$Ⅲ_2$供电系统	0.05	0.01	0.01		0.03	
	$Ⅲ_3$地面炸药库（含连接道路）	0.06	0.03		0.03		
	小计	0.19	0.06	0.01	0.09	0.03	
Ⅳ废弃老矿区	$Ⅳ_1$工业场地	1.99			1.99		老工业场地，建筑占地
	$Ⅳ_2$矸石场地	0.02			0.02		
	小计	2.01			2.01		
合计		4.14	0.73	0.53	2.85	0.03	

3. 水土流失现状

大营煤矿位于西南土石山区，容许侵蚀模数为 500t/(km^2 · a)，其所在区域水土流失以水力侵蚀为主，通过现场调查，并以 1：1000 地形图为工作底图勾绘、量算。按照《土壤侵蚀分级分类标准》规定，确定矿井建设区为轻度水土流失区，研究区平均土壤侵蚀模数取 1505t/(km^2 · a)，年土壤侵蚀量为 62.29t，详见表 8.9、表 8.10、表 8.11。

表 8.9　大营煤矿水土流失因子调查表

项目区	土地利用	占地面积/hm^2	土壤类型	坡度/(°)	林草覆盖率/%	侵蚀类型	强度级别
生产场地区	坡耕地	0.24	黄壤	8 ~ 15		面蚀	中度
	疏林地	0.01	黄壤	10 ~ 20	45	面蚀	轻度
	灌木林	0.34	黄壤	8 ~ 15	40	面蚀	轻度
	荒草地	0.08	黄壤	10 ~ 20	40	面蚀	轻度
	小计	0.67					
辅助生产区	梯平地	0.05	黄壤	5 ~ 10	35	面蚀	轻度
	坡耕地	0.12	黄壤	10 ~ 20		面蚀	中度
	灌木林	0.20	黄壤	10 ~ 25	45	面蚀	轻度
	荒草地	0.09	黄壤	10 ~ 20	40	面蚀	轻度
	小计	0.46					

续表

项目区	土地利用	占地面积/hm^2	土壤类型	坡度/(°)	林草覆盖率/%	侵蚀类型	强度级别
行政福利设施区	梯平地	0.04	黄壤	8～14	40	面蚀	微度
	坡耕地	0.15	黄壤	10～15		面蚀	中度
	疏林地	0.01	黄壤	10～20	35	面蚀	轻度
	灌木林	0.09	黄壤	8～20	40	面蚀	轻度
	荒草地	0.02	黄壤	10～25	40	面蚀	轻度
	小计	0.31					
道路区	交通用地	0.06					微度
临时堆矸场	梯平地	0.01	黄壤	8～20	35	面蚀	微度
	坡耕地	0.17	黄壤	10～25		面蚀	中度
	灌木林	0.22	黄壤	8～25	40	面蚀	轻度
	荒草地	0.01	黄壤	10～20	30	面蚀	轻度
	小计	0.41					
排矸窄轨	坡耕地	0.01	黄壤	8～15		面蚀	中度
	灌木林	0.02	黄壤	10～25	45	面蚀	微度
	小计	0.03					
给排水系统	梯平地	0.01	黄壤	5～14	30	面蚀	轻度
	坡耕地	0.02	黄壤	10～15		面蚀	中度
	灌木林	0.04	黄壤	8～25	38	面蚀	轻度
	荒草地	0.01	黄壤	10～20	30	面蚀	轻度
	小计	0.08					
供电系统	梯平地	0.01	黄壤	5～15	30	面蚀	轻度
	坡耕地	0.02	黄壤	10～20		面蚀	中度
	灌木林	0.01	黄壤	10～20	40	面蚀	轻度
	小计	0.04					
炸药库	荒草地	0.06	黄壤	10～20	30	面蚀	轻度
废弃老矿区		2.01		5～12	10	面蚀	轻度
合计		4.14					

表 8.10 项目水土流失现状表（水土流失面积）（单位：hm^2）

项目分区		合计	水土流失面积			
一级	二级		微度	轻度	中度	强度
Ⅰ工业广场区	$Ⅰ_1$生产场地区	0.67		0.43	0.24	
	$Ⅰ_2$辅助生产场地区	0.46		0.34	0.12	
	$Ⅰ_3$行政福利设施场地区	0.31	0.04	0.12	0.15	
	$Ⅰ_4$道路区	0.06	0.06			
	小计	1.50	0.10	0.89	0.51	0.00

续表

项目分区		合计	水土流失面积			
一级	二级		微度	轻度	中度	强度
Ⅱ临时堆矸场区	$Ⅱ_1$临时堆矸场	0.41	0.01	0.23	0.17	
	$Ⅱ_2$运输窄轨	0.03	0.02		0.01	
	小计	0.44	0.03	0.23	0.18	0.00
Ⅲ附属系统区	$Ⅲ_1$给排水系统	0.09		0.06	0.03	
	$Ⅲ_2$供电系统	0.04		0.02	0.02	
	$Ⅲ_3$地面炸药库	0.06		0.06		
	小计	0.19	0.00	0.14	0.05	0.00
Ⅳ废弃老矿区		2.01	1.40	0.61		
合计		4.14	1.53	1.87	0.74	0.00

4. 水资源、水环境现状

矿山开采为地下开采，矿区有三条小溪，有两条在矿区的南侧，另外一条在矿区的东边。同时，在工业广场的西边不远处有泉水出露点。

表 8.11　项目水土流失现状表（水土流失量）

项目分区		合计/(t/a)	水土流失量/(t/a)				侵蚀模数/[t/(km² · a)]
一级	二级		微度	轻度	中度	强度	
Ⅰ工业广场区	$Ⅰ_1$生产场地区	15.57		6.45	9.12		2324
	$Ⅰ_2$辅助生产场地区	9.66		5.10	4.56		2100
	$Ⅰ_3$行政福利设施场地区	7.66	0.16	1.80	5.70		2471
	$Ⅰ_4$道路区	0.24	0.24	0.00	0.00		400
	小计	33.13	0.40	13.35	19.38	0.00	2209
Ⅱ临时堆矸场区	$Ⅱ_1$临时堆矸场	9.95	0.04	3.45	6.46		2427
	$Ⅱ_2$运输窄轨	0.46	0.08	0.00	0.38		1533
	小计	10.41	0.12	3.45	6.84	0.00	2366
Ⅲ附属系统区	$Ⅲ_1$给排水系统	2.04	0.00	0.90	1.14		2267
	$Ⅲ_2$供电系统	1.06	0.00	0.30	0.76		2650
	$Ⅲ_3$地面炸药库	0.90	0.00	0.90	0.00		1500
	小计	4.00	0.00	2.10	1.90	0.00	2105
Ⅳ废弃老矿区		14.75	5.60	9.15			734
合计		62.29	6.12	28.05	28.12	0.00	1505

注：微度侵蚀取 400t/(km² · a)，轻度侵蚀取 1000 ~ 1500t/(km² · a)，中度侵蚀取 3800t/(km² · a)。

1）水量

统计大方县百纳雨量站 1965～2007 年（水文年）各年降雨量，百纳雨量站多年平均降雨量 1079.5mm。查《贵州省地表水资源》上的“贵州省多年平均径流深等值线图”，大营煤矿取水河流所在流域多年平均径流系数 $\alpha=0.45$，则多年平均径流 $\overline{Y}=\alpha\times\overline{X}=0.45\times1079.5=485.8$mm，计算结果与径流深等值线图上的数据 500mm 基本相吻合，因此，以 $\overline{Y}=485.8$mm 作为大营煤矿分析范围内的多年平均径流深。

计算得出大营煤矿分析范围多年平均流量为 $Q=189.5$L/s，多年平均来水量为 597.5m^3。

2）水质

贵州省水环境监测中心对河段水质进行检测，结果表明，大营煤矿地表水河段水质较好，除了粪大肠菌群不满足《地表水环境质量标准》（GB 3838—2002）Ⅲ类水质标准外，其他指标均符合取水要求。水质化验指标见表 8.12。

表 8.12 大营煤矿地表水水源地水质化验结果表

检测项目信息			《地表水环境质量标准》（GB 3838—2002）					
序号	检测项目	检测结果	Ⅰ类	Ⅱ类	Ⅲ类	Ⅳ类	Ⅴ类	判断
1	pH	8.01	6～9					满足Ⅰ～Ⅴ类
2	水温/℃	13.8	人为造成的环境水温变化应限制在：周平均最大温升≤1℃；周平均最大温降≤2℃					—
3	铜/(mg/L)	<0.005	0.01	1.0	1.0	1.0	1.0	Ⅰ类
4	锌/(mg/L)	<0.05	0.05	1.0	1.0	2.0	2.0	Ⅰ类
5	铁/(mg/L)	<0.05						T
6	锰/(mg/L)	0.03						T
7	镉/(mg/L)	<0.005	0.001	0.005	0.005	0.005	0.01	Ⅰ类
8	铅/(mg/L)	<0.02	0.01	0.01	0.05	0.05	0.1	Ⅰ类
9	铬$^{6+}$/(mg/L)	<0.004	0.01	0.05	0.05	0.05	0.1	Ⅰ类
10	总砷/(mg/L)	<0.007	0.05	0.05	0.05	0.1	0.1	Ⅰ类
11	总汞/(mg/L)	<0.0001	0.00005	0.00005	0.0001	0.001	0.001	Ⅰ类
12	氨氮/(mg/L)	0.06	0.15	0.5	1.0	1.5	2.0	Ⅰ类
13	总磷/(mg/L)	0.03	0.02	0.1	0.2	0.3	0.4	Ⅰ类
14	溶解氧/(mg/L)	7.8	7.5	6	5	3	2	Ⅰ类
15	硫化物/(mg/L)	<0.01	0.05	0.1	0.2	0.5	1.0	Ⅰ类
16	硫酸盐/(mg/L)	7.68						T
17	硝酸盐氮/(mg/L)	9.83						T
18	氯化物（以 Cl 计）/(mg/L)	4.57						T

续表

检测项目信息			《地表水环境质量标准》（GB 3838—2002）					
序号	检测项目	检测结果	Ⅰ类	Ⅱ类	Ⅲ类	Ⅳ类	Ⅴ类	判断
19	氟化物（以F计）/(mg/L)	<0.004	1.0	1.0	1.0	1.5	1.5	Ⅰ类
20	氰化物（以CN计）/(mg/L)	0.07	0.005	0.05	0.02	0.2	0.2	Ⅰ类
21	挥发性酚（以苯酚计）/(mg/L)	<0.002	0.002	0.002	0.005	0.01	0.1	Ⅰ类
22	COD/(mg/L)	<10						—
23	五日生化需氧量/(mg/L)	1.2	3	3	4	6	10	Ⅰ类
24	高锰酸盐指数(CODMn)/(mg/L)	0.7	2	4	6	10	15	Ⅰ类
25	阴离子表面活性剂/(mg/L)	0.21	0.2	0.2	0.2	0.3	0.3	Ⅰ类
26	粪大肠菌群/(个/L)	16000	1000	2000	10000	20000	40000	Ⅳ类

注：T表示满足集中式生活饮用水源地补充项目标准值。

5. 地质灾害现状

矿区主要为侵蚀溶蚀低中山地貌。山地斜坡坡度一般为10°～40°。基岩裸露程度较高，地层产状较平缓。现状条件下，稳定性较差。经调查，矿区内发现有危岩体（照片8.8）1处、滑坡（照片8.9）3处、地裂缝（照片8.10）1处。未发现崩塌、泥石流、地面沉降、地面塌陷等其他地质灾害。

照片8.8　公鸡山危岩体

照片 8.9　滑坡形态

照片 8.10　地裂缝展布

8.4.2　矿山环境发展趋势分析

任何岩体在天然条件下均处于一定的初始应力状态，井下开采必将破坏这种应力平衡状态，形成二次应力场，如果二次应力超过矿区岩体所能承受的极限，势必影响局部岩体的稳定性。随着矿山进一步开采，采空区的进一步加大，必然破坏矿区地压平衡，将引起地面沉降、开裂、塌陷；还可能会引起滑坡、崩塌等的发生，从而造成房屋开裂、道路下陷、耕地破坏、地表水疏干、局部地下水位下降等环境地质问题。

1. 煤矿安全开采深度及移动角参数的确定

1）安全开采深度的确定

为了解地下开采是否对地面造成影响，按《地方煤矿实用手册》，安全开采深度采用公式（5.1）、公式（5.2）计算。M_8、M_{11} 平均厚度分别为 1.7m、1.2m，各层采高均按

2.2m 计算。按煤层平均倾角 5°，参见表 5.17，将大营煤矿区列为三级保护，查获$K=100$。

在开采煤层群时，要确定其安全深度，需计算综合作用厚度 M（图 8.3），该厚度对地面所造成的影响是回采数个煤层后给地面造成的总影响。

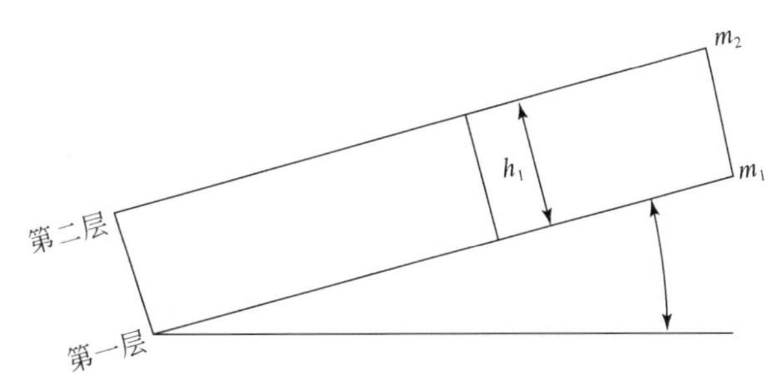

图 8.3　多煤层综合作用厚度计算简图

重复开采时综合作用厚度可按下式计算：

$$M_2=m_2$$

$$M_1=m_1+C_1M_2$$

其中，C—比例系数。按层间距与煤厚的值查表得 C 值见表 5.15。

大营煤矿为山区煤矿，可采煤层有 M_8、M_{11}两层，属重复采动之煤矿，取煤层平均倾角取为 5°，其安全开采深度按公式 5.1 和公式 5.2 计算：$H_\delta=100\times2.09\text{m}=209\text{m}$。

安全开采深度具体计算过程与结果如表 8.13 所示。

表 8.13　安全深度计算表

基本参数			系数		计算结果	
煤层名称	厚度/m	层间距/m	C	K	综合作用厚度/m	安全开采深度/m
M_8	1.7 取采高 2.2	43	0.78	100	1.33	133
M_{11}	1.2 取采高 2.2		0.63	100	2.09	209

注：表中煤层的开采高度取煤层厚度的最大值，当煤层最大厚度小于煤巷开拓最小高度 2.20m 时，则煤层的开采高度按 2.20m 取值；煤层的厚度大于 2.20m 时，则按最大厚度取值，煤层平均倾角 5°。

根据计算结果可知矿区内煤层上覆岩层的厚度必须超过 209m，地表的建筑物才是安全的。原白岩脚煤矿的矿区工业广场位于新矿区西南部边界，原高原煤矿矿区工业广场位于新矿区西侧的矿区内；原大路边煤矿三号井的矿区工业广场位于新矿区南部边界。各矿区工业场地内建筑物较多。矿区西北部有马干山牧垦场、西南部大路边煤矿三号井主斜井西侧有桥边村，矿区东南部有尚家寨、张家寨、店子寨零星分布在矿区内（表 8.2）。

2）移动角的确定

大营煤矿地层总体向北西倾斜，倾角 2°～8°，一般为 5°，其覆岩大部分为石灰岩及泥质灰岩，其他为泥岩、泥质粉砂岩、第四系残坡积物等，属中硬类覆岩，按照“三下采煤规程”，结合本煤矿开拓方式、山区地形特点，参照表 5.20 选取以下移动角参数：$\delta=65°$，上山方向移动角 $\gamma(\gamma=65°)$ 以及下山方向移动角 β，按公式（5.4）计算：

$$\beta=\delta-0.6\alpha(\alpha=5°)=65-(0.6\times5)=62°$$

大营煤矿含可采煤层2层，考虑重复采动的影响，移动角降低5°。故取：$\delta=\gamma=60°$，$\beta=57°$。

2. 地质灾害分析

（1）大营煤矿工程设施主要为巷道，地下开采可能引发以下地质灾害：由于煤层的开采，采空区周围岩层不稳定，产生位移，当采掘浅部水平时或当地下采掘空间较大时，可能导致地表移动盆地的形成。在煤层开采范围内，将引发一系列地质灾害，如地面塌陷、地裂缝、滑坡、崩塌等；矿渣（煤矸石）堆放不当，可能发生边坡失稳、垮塌等事故，雨季还易引发泥石流；采掘井巷中产生冒落、垮塌等地质灾害的可能性大；可能会加剧现有地裂缝、地面塌陷及古崩滑体的扩大。

（2）工程建设本身及住户设施可能会遭受到地质灾害的危险：工业广场位于冲沟内，雨季遭受泥石流的可能性大；采矿影响范围内的集中居民分布区、零星的居民住户及矿区内之乡村公路等遭受地下开采引发的地面塌陷、地裂缝、滑坡、崩塌的可能性大，危险性较大；地下工程在建设和生产中遭受冒落、垮塌等井下地质灾害的可能性大，对井工工程及矿井工作面作业人员造成威胁，危险性较大。矿山其他环境问题：在开采过程中，将产生的粉尘、噪声，对工作人员构成危害。综上所述，矿山引发的环境地质问题主要有扰动原地貌、破坏土地和植被、造成水土流失、引发崩塌、滑坡、泥石流等地质灾害及煤粉尘污染以及设备所产生的噪声污染等。

8.5　矿山（地质）环境影响评估

8.5.1　评估级别确定

评估区重要程度分级：按照“从大不从小”的原则，矿山（地质）环境保护与恢复治理项目将矿井开采造成的地表变形影响范围以及地下水疏排水影响范围所涵盖的区域均列入评估区范围。根据矿山规划，按照安全开采深度及移动角参数的计算结果，结合地形及地质环境条件，在矿区范围的基础上，将利用边界角影响及矿井疏排水影响以外的范围作为评估区范围：西至黄家沟一带，北至新场、马干山牧垦场一带，东至大沟一带，南至李家寨，面积约6.3624km^2。评估区内凤山公社有居民110户，人口480多人，矿山界外300m范围无重要的自然保护区和旅游景区。有较重要水源地，耕地面积占矿山面积的比例为48.34%（表8.14），即处于30%～50%范围，根据《矿山环境保护与综合治理方案编制规范》（DZ/T 223—2007）、《矿山地质环境保护与恢复治理方案编制规范》（DZ/T 0223—2011）评估区重要程度分级表，确定矿区评估重要程度分级为较重要区。矿山建设规模分级：大营煤矿为地下开采原煤矿山，生产能力为15万t/a，根据上述两个矿山（地质）环境编制规范的矿山生产建设规模分类，该煤矿的生产规模属小型。矿山地质环境条件复杂程度分级：矿区位于云贵高原东北部，区内地势总体呈东高西低，属侵蚀、剥蚀低中山地貌；冲沟较多，呈树枝状展布，主要冲沟的走向与地形坡向基本一致。最高点位于矿井中部大营山顶，海拔 2093.1m，最低点位于南部边界中部的冲沟中，海拔为 1765.0m，相对高差 328.1m，地形地貌类型较简单。

整合后拟开采的煤层大部分位于最低侵蚀基准面以上，地下水径流速度快，交替循环良好，直接充水水源主要为长兴组岩溶裂隙水及龙潭组裂隙水和老窑采空区积水、地表冲沟水，故大营煤矿区属于以裂隙-岩溶充水为主，水文地质条件复杂程度为中等复杂。

矿区位于锅厂穹隆东翼，为一单斜构造，地层连续完整，产状较稳定，倾向约 115°～160°，倾角 2°～8°，一般为 5°。北西角原高原煤矿内发育有 F_1 断层，该断层为一正断层，断距为 15～30m，断层走向 0°、180°，倾向 270°。井下巷道中时见一些落差<2m 的小断层，对矿山开采和采掘部署影响较小。因此，整个井田构造类型属复杂类型。

对 M_8 煤层：直接顶为泥岩，见贝壳状断口，不显层理，钙质胶结，厚度一般为 4.6m。老顶为泥岩，钙质胶结，显水平层理，稳固性一般，底板为黏土岩，显缓波状层理，厚度一般为 4.2m。老底为黑色、深灰色泥岩，见贝壳状断口，不显层理，钙质胶结。对 M_{11} 煤层：伪顶为泥岩，含黄铁矿结核，稳固性一般，直接顶为粉砂岩、泥质粉砂岩，直接底为深灰色粉砂质泥岩，含菱铁质及黄铁矿结核，老底为深灰色泥质粉砂岩，厚约 6.80m。从以上分析来看，本区的工程地质属复杂类型。

根据《矿山环境保护与综合治理方案编制规范》（DZ/T 223—2007）、《矿山地质环境保护与治理恢复方案编制规范》（DZ/T 223—2011）的井工开采矿山地质环境条件复杂程度分级表，结合矿山本身的地质条件，采空区面积和空间大，该矿山地质环境条件复杂程度为复杂。

矿山环境影响评估精度分级：大营煤矿矿区评估重要程度分级为较重要区（表 5.3），矿山生产规模为小型，矿山地质环境条件复杂程度为复杂（表 5.4）。根据《矿山环境保护与综合治理方案编制规范》（DZ/T 223—2007）以及《矿山地质环境保护与治理恢复方案编制规范》（DZ/T 0223—2011）的矿山环境影响评估精度分级表，该矿山环境评估为一级评估，如表 5.5 所示。

8.5.2　矿山（地质）环境影响现状评估

土地利用现状：参见 5.4.1 节所述技术规程、生态环境状况评价技术规范（试行）。将大营煤矿（地质）环境影响评估区土地利用情况划分为耕地、园地等 7 种类型。

评估区（图 8.4）土地利用现状统计表如表 8.14 所示。

表 8.14　评估区土地利用现状统计表

序号	用地类型			面积/hm^2	占总面积的比例/%
1	耕地	望天田		20.43	3.21
		旱地	坡度≥25°的旱地	19.81	3.11
			坡度<25°的旱地	267.37	42.02
		小计		307.61	48.34
2	园地			6.87	1.08

续表

序号	用地类型		面积/hm²	占总面积的比例/%
3	林地	有林地	10.53	1.66
		灌木林地	236.65	37.20
		疏林地	7.37	1.16
		小计	254.55	40.01
4	灌草地		23.39	3.68
5	水体		4.75	0.75
6	建设用地	农村宅基地	25.45	4.00
		独立工矿用地	8.08	1.27
		小计	33.53	5.27
7	未利用地		5.54	0.87
合计			636.24	100

1. 耕地

农田生态系统在评估区内占较大比例，分布于评估区各处。其中可见望天田，总面积为20.43hm²，占评估区土地总面积的3.21%。旱地分布较广，总面积为287.18hm²，占评估区土地总面积的45.13%。主要分布于评估区内的台地、丘陵以及缓坡等处，基本无灌溉设施，靠天然降水耕作为主。主要种植玉米、马铃薯、小麦等，作物平均产量仅2000～3000kg/hm²。

2. 园地

大营煤矿（地质）环境影响评估区西部分布一片茶园地，总面积6.87hm²，占评估区土地总面积的1.08%。

3. 林地

大营煤矿（地质）环境影响评估区林地以次生乔木和灌木林地为主，包括有林地、灌木林地和疏林地，总面积254.55hm²，占评估区土地总面积的40.01%。呈块状主要分布于评估区的东北部和北部。

有林地：主要分布于评估区的东部和中部，以10年以下树龄的次生林木及人工种植林居多，面积10.53hm²，占评估区土地总面积的1.66%，占林地总面积的4.14%。现存的阔叶林基本为天然次生或人工营造。

灌木林地：评估区内的灌木林地属于落叶阔叶灌丛林地，呈斑块状分布于评估区西北及东北部，面积236.65hm²，占评估区土地总面积的37.20%，占林地总面积的92.97%，对水土保持具有极其重要的作用。

疏林地：呈斑块状分布于评估区各处，主要零散展布于西部，面积7.37hm²，占评估区土地总面积的1.16%。

4. 灌草地

灌草地主要分布于评估区的东南面和西北面，面积 23.39hm^2，占评估区土地总面积的 3.68%。基本上为荒草地，生产力较低，平均产干草量 1000kg/hm^{2}左右。

5. 水体

水体主要为井田东南及西部水库及小溪流，面积 4.75hm^2，占评估区总面积的 0.75%。

6. 建设用地

包括农村宅基地和独立工矿用地，主要为村落用地、工矿用地及道路用地，面积为 33.53hm^2，占评估区土地总面积的 5.27%。

7. 未利用地

未利用土地包括裸岩地及其他裸地等，面积为 5.54hm^2，占土地总面积的 0.87%。

矿业开发占用、破坏土地资源现状评估：根据实地调查，矿山经过多年的开采，对土地、植被资源占用破坏总面积 2890653m^2。其中，汽车库布置在工业广场北，建筑面积为 494m^2；锅炉房、浴室采用联合布置，布置在工业广场的中部，建筑面积为 280m^2；坑木加工房布置在工业广场的北部，建筑面积为 144m^2，油脂库、机修车间、消防器材库、材料库、矿灯房、任务交代室、健身房采用联合布置，布置在主井口附近，建筑面积分别为 98m^2、187.5m^2、52.5m^2、126m^2、45.5m^2、60m^2、45m^2，砖石结构，钢筋混凝土；通风机房布置在回风斜井附近，建筑面积为 66m^2；变电所布置在主井口的南侧，建筑面积为 112m^2，采用砖石结构，混凝土。

矿区植被破坏较少，无明显土地荒漠化（石漠化）等现象；占用土地大多为旱地；有轻微水土流失。

矿业活动诱发的水资源、水环境变化现状评估：大营煤矿生活用水由地表水提供，取自流经矿区工业场地西侧的碴坪河河水，日取水量为 94.5m^3（包括输水损失量 4.5m^3/d），取水时间为 365d/a，年取水量 3.45 万立方米。生产用水由矿井涌水处理后提供，日取水量 192.3m^3，取水时间为 330d/a，年取水量 6.3 万立方米。因此，大营煤矿全年取水量为 9.75 万立方米。大营煤矿用水项目包括生活用水、生产用水和消防用水。大营煤矿总用水量 432.3m^3/d，经常性用水量为 282.3m^3/d，生产用水 192.3m^3/d，生活用水 90m^3/d。

计算分析表明，大营煤矿生活用水取水量（3.45 万立方米/年）占规划水平年取水口断面 95% 保证率年可供水量（79.5 万立方米/年）的 4.36%；生产用水取水量（192.3m^3/d）占矿井正常涌水量（828m^3/d）的 23.22%，因而煤矿生活用水和生产用水在水量上是有保证的。煤矿生活用水经过厂区内生活用水处理站净化处理后，各项指标均能满足《生活饮用水卫生标准》（GB 5749—2006）的要求；煤矿矿井涌水经过矿井水站处理后，能满足《煤炭工业污染物排放标准》（GB 20426—2006），也能满足矿井生产用水水质要求，因而煤矿生活用水和生产用水在水质上也是有保证的。

大营煤矿污水主要来自矿井生活污水（72m^3/d）、矿坑排水及生产废水（678m^3/d），总污水量750m³/d。矿井生活污水处理站设计处理规模为4m³/h，采取分类收集和预处理后，集中进入污水处理厂进行处理。生活污水处理达《污水综合排放标准》（GB 8978—1996）一级标准后经场地排水管网及排水沟外排。矿井正常涌水量828m³/d，最大涌水量2484m³/d。因此，矿井水处理站设计处理规模为120m³/h，采用“混凝沉淀+过滤+清水复用”工艺进行处理，经矿井水站处理达到《煤炭工业污染物排放标准》（GB 20426—2006）要求后，其中192.3m³/d回用于生产，多余部分排放。

经论证，大营煤矿建设符合国家产业政策，取水方案可行、可靠，取水对第三方基本无影响，用水方案合理，水源可靠，水质水量都能满足生活、生产用水需要，污水满足污水排放要求，对接纳水体水功能区水质基本不产生影响，煤矿取用水对下游水利设施和其他用户影响较小。

矿业活动引发的地质灾害现状评估：矿区地貌类型为侵蚀溶蚀低中山地貌。依据野外实地调研结果，矿区发现有滑坡3处、地裂缝1处、危岩体1处。未发现崩塌、泥石流、地面塌陷等地质灾害，评估区现状地质灾害较发育。评估区现状条件下发生地质灾害可能性较大。

矿业活动对人居环境影响的现状评估：工业广场远离村寨人居区，矿业活动所产生的粉尘污染和噪声污染，对周围环境产生危害程度较小。环境空气质量可达到《环境空气质量标准》（GB 3095—1996）中的二级标准。

综上所述，根据矿山现状评估结果，矿山现状地质灾害较发育，现有条件下未发生崩塌、泥石流、地面塌陷、地面沉降等地质灾害。矿山地质灾害危害对象主要为矿山内工作人员和矿区及其周围村寨村民，地质灾害危害程度较严重。矿区内无地表水漏失、泉水干枯等现象，不影响当地生产生活用水；原煤的堆放在雨水的淋滤下对周边水体和地下水有轻微污染。评估区现状条件下发生地质灾害可能性较大；矿山开采产生的废水、废气、粉尘和噪音在采取防治措施后对周边环境影响较轻。矿山环境治理难度较小，矿山开采对（地质）环境影响程度较轻。

8.5.3　矿山（地质）环境影响预测评估

1. 大营煤矿矿业活动可能引发（加剧）的地质灾害预测评估

1）开采影响范围的确定

开采影响范围按走向、上山和下山边界角至地面的交点确定。矿山覆岩为中硬覆岩类型，按《建筑物、水体、铁路及主要井巷煤柱留设与压煤开采规程》（表5.20），大营煤矿的可采煤层有2层（M_8、M_{11}）。根据多煤层重复采动和山区煤矿，边界角采取两次折减的方式一次性减小5°~15°的原则，选取走向边界角δ_0及上山边界角γ_0均为45°，下山边界角$\beta_0=45°-0.6\alpha=42°$（$\alpha$为煤层平均倾角，按岩层倾角2°~8°，一般取5°）。充分考虑地形地貌的影响，因此，开采影响范围可依据图8.5边界角所圈定的范围，即3.3585km²。

2）地质灾害预测评估

大营煤矿所采用的地下开采，随着开采的深入，会形成大面积采空区，引发（加剧）矿区范围内的滑坡、崩塌、泥石流、地面塌陷、地裂缝等地质灾害现象发生的可能性大。

区内采煤历史较悠久，矿区开采覆岩厚度小于安全开采深度，大营煤矿开采引发采空区地面塌陷、滑坡、崩塌、地裂缝的可能性大、危害程度大；地面工业广场、杨家寨、肖家寨、黄家沟、凤山公社等处于开采区外不远（图8.4，见彩图），受影响村寨遭受采空区地面塌陷、滑坡、崩塌、地裂缝危害的可能性较大。

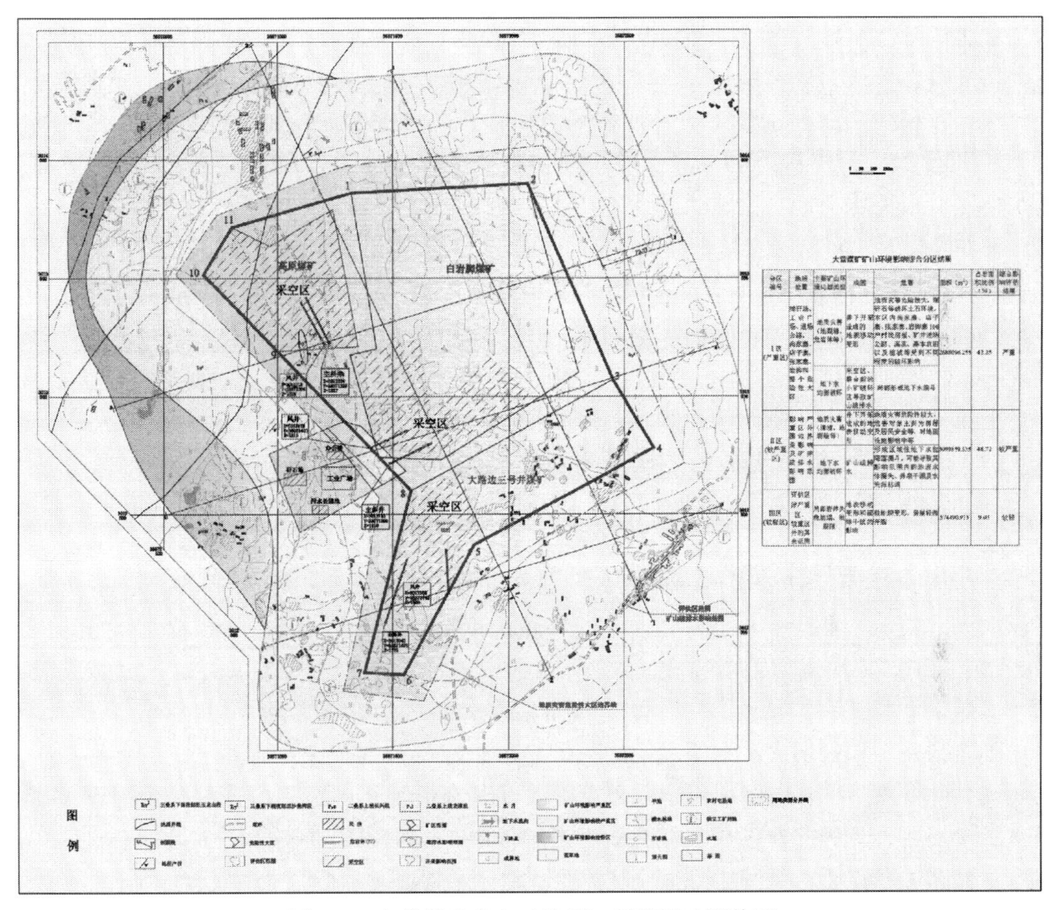

图8.4　大营煤矿矿山（地质）环境影响评估图

矿区地形陡峻，其工程地质岩组属软质岩组，力学强度较低。在井下开采过程中，采空区上覆岩体在重力作用下，按照空间守恒原则，因所受应力超过其强度而产生新的裂隙或断裂。斜坡中上部的岩体因新裂缝的产生，抗拉强度降低，可能顺坡向发生崩塌。随着采煤活动的推进，可能引发滑坡和崩塌等地质灾害。矿业活动对人员、财产、环境等危害程度预测评估：根据《矿山环境保护与综合治理方案编制规范》（DZ/T 223—2007）、《矿山地质环境保护与恢复治理方案编制规范》（DZ/T 0223—2011）的矿山地质危害程度分级表，大营煤矿地质危害程度依据（1）地质灾害危险程度较大和（2）受威胁人数>500

人，其分级为严重。矿业活动对人员、财产、环境等影响程度预测评估：依据上述两个矿山（地质）环境编制规范的矿山（地质）环境影响程度。大营煤矿（地质）环境影响程度依据（1）地质灾害危害程度严重，（2）附近有大面积地表水系和（3）有大村寨，矿山（地质）环境影响程度分级则为严重。

2. 大营煤矿矿山建设遭受地质灾害危险性的预测评估

根据《矿山环境保护与综合治理方案编制规范》（DZ/T 223—2007）、《矿山地质环境保护与恢复治理方案编制规范》（DZ/T 0223—2011）地质灾害危险性分级表，大营煤矿地质灾害危险性主要依据（1）隐患体稳定状态较稳定和（2）地质灾害危险程度严重，地质灾害危险性分级为危险性较大。矿业活动诱发的水资源、水环境预测评估：根据本矿近几年生产过程中实测涌水量，矿井现在采空区面积为 830778m^2。矿井目前的正常涌水量为 15m^3/h，最大涌出量为 45m^3/h，单位面积富水系数为 1.8055×10^{-5}，结合相邻生产矿井涌水情况，采用水文地质比拟法预计矿井涌水量。

矿井终采时：正常涌水量 Q_1 = 终采空面积×单位面积富水系数 = $1.910926\times10^6\times1.8055\times10^{-5}$ = 34.5m^3/h。以上计算的涌水量均为终采时的涌水量，在开采近期、中期的涌水量均小于预计值。最大涌水量为正常涌水量的 2～3 倍，即为 120.7m^3/h。疏排水引用影响半径的确定：

根据“大井法”计算公式（5.5）有大营煤矿计算参数的确定如下：

（1）渗透系数 K 值的确定：采用钻孔抽水试验结果取 0.010m/d。

（2）降深值 S 的确定：根据矿区东南部凤山公社水井标高与最低开采标高，其值为 163.10m。

（3）含水层厚度 H 的确定：根据 1-1、2-2、3-3、4-4 剖面（图 8.5，见彩图）开采最下面的 M_{11} 煤层与最低开采标高交点处的埋藏深度分别为 206.10m、340.65m、258.30m、228.45m，获得其均值为 258.38m。

通过以上公式和各参数计算得 R = 524.34m，即疏排水影响半径为 524.34m。

随着开采面积的增大，上覆地层的采矿导水裂隙带范围扩大，弯曲下沉带将形成，水文地质条件将发生变化，涌水量也随着增大，尤其在近地表附近、构造破碎带附近，矿井涌水量增加更大。因此建议矿井在建设生产过程中，应积累矿井实际涌水量资料，对预测涌水量数据加以修正，保障矿井安全生产。

随着开采的深入，会形成大面积采空区，导致部分地下水水位呈降低趋势。也就是说，由于煤炭的大量开采，煤矿井下水的大量外排，从而引起了地下水位的持续降低。在采区范围内，地下水将产生强烈的水文地球化学效应。首先，破坏了地下水的补排平衡，使水岩系统的物理–化学动力均衡产生变化，局部疏干带的产生扩大了固液相间的比例而使系统中相互作用效应加剧，特别是氧化作用加强，促使了 Ca^{2+}、Mg^{2+} 转入水中，造成地下水硬度、矿化度增高。其次，由于水位下降改变了地下水径流条件，使原有物理–化学环境中平衡的额定组分迁移规律发生变化。特别是具有可变化合价元素络合生成物（Fe、Mn 等）在水中迁移活化起来，这些物质的氧化不断地消耗着地下水中的溶解氧，使水中的厌氧细菌增多，并降低了地下水的氧化–还原电位，致使水中聚积和保持了无氧环境下

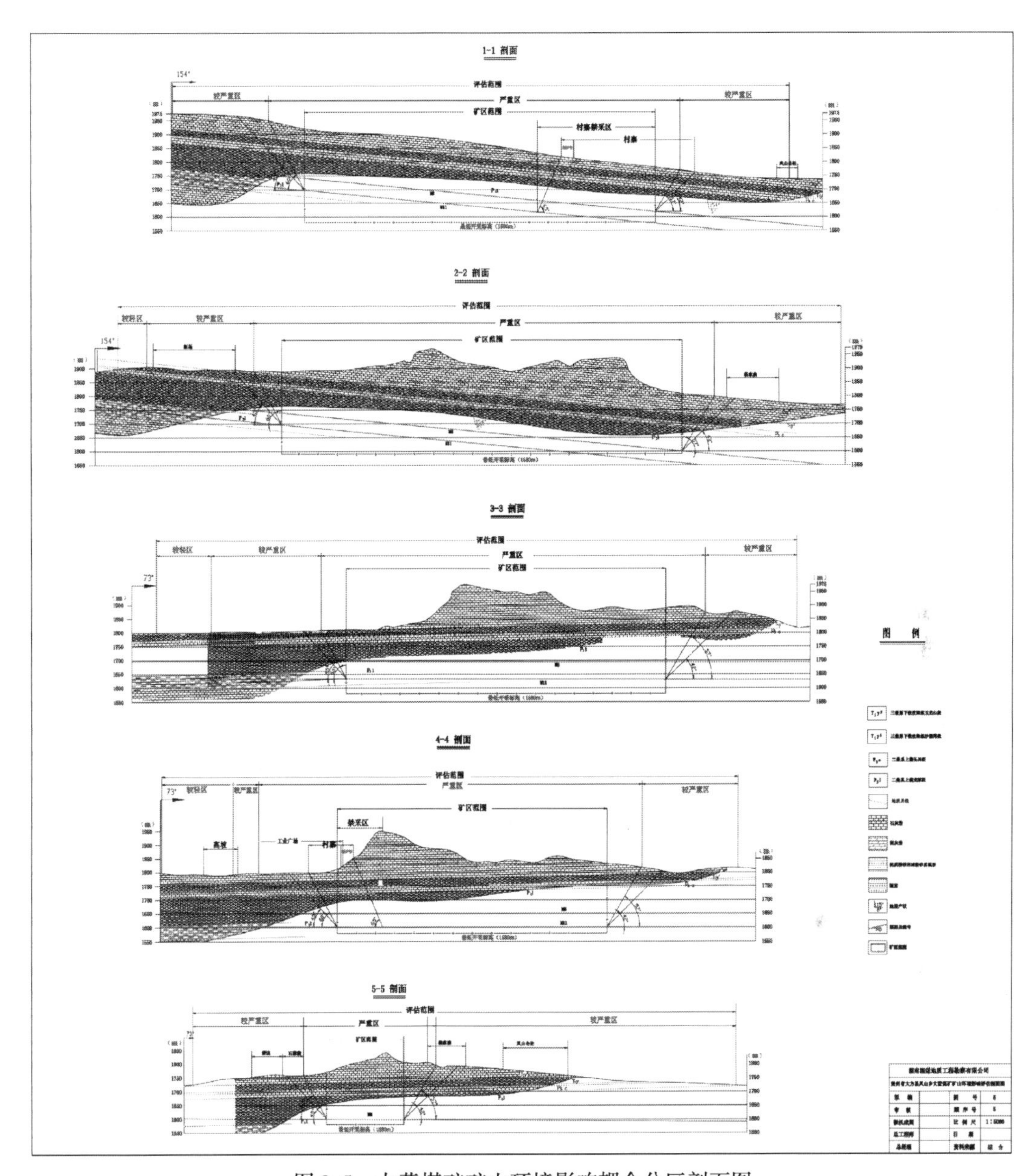

图 8.5　大营煤矿矿山环境影响耦合分区剖面图

运移的大量元素。矿业活动对人居环境影响的预测评估：预测评估认为大营煤矿矿区及其影响范围，开采活动引发、加剧地裂缝、地面塌陷、滑坡、崩塌、泥石流等地质灾害的可能性大，对矿区及其影响范围内的工业场地、村寨等危害程度大。

除此以外，尚家寨、店子寨、张家寨等处于矿区和开采影响范围内的村寨遭受采空区地面塌陷、滑坡、崩塌、地裂缝危害的可能性大、危害程度大。

综合所述，随着矿山进一步开采，采空区不断增大，废石、废渣的不断增多，矿山内边坡及堆渣场、表土堆放场引发（加剧）矿区范围内的滑坡、崩塌、泥石流、地面塌陷、地裂缝等地质灾害现象发生的可能性大；采空区内建有生产管理用房，遭受地质灾害危险性较大，治理难度大；矿山开采对植被破坏程度将不断加大，对水环境的影响较大。矿山废渣、废石及表土剥离物堆放产生的污水对矿山水体有一定程度污染。矿山开采所形成的噪声及粉尘对周围村民的环境有一定的影响。矿区开采结束后，将破坏矿区部分植被，矿山治理难度较大，矿山环境破坏程度较严重。

矿山预测评估认为，发生地质灾害的可能性大、环境影响程度为严重；地质灾害危害程度大；地质灾害危险性中等。

8.5.4　矿山环境影响综合评估

综合分区评估原则：①综合评估分区主要依据环境地质问题类型及影响程度进行划分。遵循“地表为主、区内相似、区际相异、影响取重”的原则，即综合评估分区只考虑矿业活动对地表地质环境的影响，井下地质灾害不参与分区和定名。②同一综合分区内的矿山地质环境影响的主要因素、危害程度应相同或大致相同；不同综合分区内的矿山地质环境影响的主要因素、危害程度不同或在空间上不相邻。③综合矿山环境条件和矿山现状、预测评估结果，取其影响程度高值作为综合评估的影响程度，共分为三类：矿山环境影响较轻、环境影响较重、环境影响严重，分别对应影响较轻区、影响较严重区、影响严重区；对每一个综合评估分区均依据主要因素的影响程度确定综合评估的影响程度。在矿山环境影响评估图上，应将矿山开采移动影响和危害范围（危险性大区）全部划为矿山环境影响严重区；将影响严重区外围边界角影响及疏排水影响范围划为影响较严重区；其余评估范围划为影响较轻区。

矿山地质环境影响综合分区结果：根据综合评估分区原则，针对大营煤矿的环境状况，实施对该矿山地质环境影响程度进行综合分区，具体特征如表 8.15 所示。

表 8.15　大营煤矿矿山（地质）环境影响综合分区结果

<table>
<tr><th>分区编号</th><th>地理位置</th><th>主要矿山环境（地质）问题类型</th><th>成因</th><th>危害</th><th>面积/m²</th><th>占总面积比例/%</th><th>综合影响评估结果</th></tr>
<tr><td rowspan="2">Ⅰ区（严重区）</td><td rowspan="2">排矸场、工业广场、进场公路、尚家寨、店子寨、张家寨、岩脚和整个地质灾害危险性大区</td><td>地质灾害（地裂缝、危岩体等）</td><td>井下开采造成的评估区地表移动变形</td><td>地质灾害危险性大，煤矸石等破坏土石环境。本区内尚家寨、店子寨、张家寨、岩脚寨 108 户村民房屋、矿井进场公路、溪流、基本农田以及植被等受到不同程度的破坏影响</td><td rowspan="2">2688096.255</td><td rowspan="2">42.25</td><td rowspan="2">严重</td></tr>
<tr><td>地下水均衡破坏</td><td>采空区、整合前的小矿破坏区导致矿山疏排水</td><td>局部形成地下水漏斗</td></tr>
</table>

续表

分区编号	地理位置	主要矿山环境（地质）问题类型	成因	危害	面积/m^2	占总面积比例/%	综合影响评估结果
Ⅱ区（较严重区）	影响严重区外围边界角影响及矿井疏排水影响范围	地质灾害（滑坡、地裂缝等）	井下开采造成的地表移动变形	地质灾害危险性较大，危害对象主要为房屋及居民安全等，对地面设施影响中等	3099859.335	48.72	较严重
		地下水均衡破坏	矿山疏排水	形成区域性地下水位降落漏斗，可能导致其影响范围内的地表水体漏失、井泉干涸及水资源枯竭			
Ⅲ区（较轻区）	评估区内除严重区、较严重区外的其余范围	局部岩体失稳崩塌、微裂隙	地表移动变形和疏排干区的影响	微地貌变形，房屋轻微开裂	574490.915	9.03	较轻

1. 环境影响严重区（Ⅰ区）

将矿区开采移动影响和危害范围（地质灾害危险性大区），全部划为矿山环境影响严重区。环境影响严重区具体分为 5 个地段，主要包括①职工宿舍及相邻的工业广场；②排矸场；③进场公路；④采空区、整合前的小矿破坏区和各老硐矿井；⑤尚家寨、店子寨等村寨。影响严重区总面积为 2688096.255m^2，占 42.25%。根据《矿山环境保护与综合治理方案编制规范》（DZ/T 223—2007）、《矿山地质环境保护与治理恢复方案编制规范》（DZ/T 223—2011）附录 E 表 E.1 的矿山环境影响程度分级表：①工业场地满足遭受矿山地质灾害危害程度较严重，重要工程设施，定为影响严重区；②排矸场满足污染地表、地下水，易引起滑坡、泥石流，定为严重区；③进场公路受控于矿山地质灾害的危害，属矿区内重要交通干线，修建引起土石环境严重，定为严重区；④已采空区和各老窑矿井满足防治难度大，易塌陷定为严重区；⑤尚家寨、店子寨、张家寨、岩脚等 375 人，受威胁人数>100 人，满足地质灾害危害程度严重，地质灾害影响对象为大村庄，按照“以人为本”的原则定为严重区。

2. 环境影响较严重区（Ⅱ区）

将影响严重区外围边界角影响及矿井疏排水影响范围划为影响较严重区。总面积为 3099859.335m^2，占 48.72%。评估区范围内潜在塌陷、滑坡、地裂缝等地质灾害较多，滑坡主要出现在修建的进场公路上（路堑、路基边坡），塌陷区在矿区内广泛分布。由于坑道距地面较近，岩石力学强度降低，采空后部分采坑未进行充填，采空区的顶板岩层在自身的重力和其上覆岩层的压力作用下产生向下的弯曲和移动。当顶板岩层内部所形成的拉张应力超过该岩层抗拉强度极限时，直接顶板发生破碎和断裂并相继冒落，接着上覆岩层相继向下弯曲、移动进而发生断裂和离层，形成大范围的潜在塌陷区。部分影响到地表，危害对象主要为房屋及居民安全等，可造成杨家寨等个别房屋墙体开裂。同时，采煤塌陷盆地不仅会加速矿区地表水土流失使耕地土壤质量下降，给当地农业生产造成巨大损失；同时还表现为采煤塌陷土地改变了地表原有的地形地貌，严重破坏矿区自然景观。恢复治理难度较大，总体为矿山地质环境影响较严重区，区内其他环境地质问题影响较轻。

3. 矿区环境影响较轻区（Ⅲ）

评估区内除影响严重区、较严重区外的其余评估区范围，划为影响较轻区。其总面积为574490.915m^2，占9.03%。现状评估、预测评估均为地质环境影响较轻；地面与斜坡体基本稳定；局部岩体失稳崩塌、发育微裂隙，受地表移动变形、疏排干区和微地貌效应的影响，形成微地貌变形，主要波及凤山公社、李家寨个别房屋墙体轻微开裂。恢复治理难度较小，总体为矿山地质环境影响较轻区。

总体上，矿山综合评估认为，矿区评估重要程度分级为较重要区，生产规模属小型。矿山现状地质灾害较发育，矿区发生地质灾害的可能性大、危害程度严重、危险性大；矿区内受地质灾害影响人员为矿区工作人员等，环境影响程度严重；矿山开采对当地水环境污染较严重；采空区会形成小范围地表水漏失和地下水超常下降，防治难度较大。

8.6　矿山（地质）环境保护与恢复治理总体布局

8.6.1　矿山（地质）环境保护与恢复治理原则、目标和任务

1. 矿山（地质）环境保护与恢复治理原则

（1）以人为本，构造和谐的自然景观；

（2）“预防为主，防治结合”；

（3）“在保护中开发，在开发中保护”；

（4）“依靠科技进步，发展循环经济，建设绿色矿山”的原则。

在坚持上述原则的同时，还要按照环境保护的经济评价程序，对各个阶段进行矿山环境技术经济评价，重视环境保护成本，对矿山开采的环境影响和破坏程度开展定量研究。

上述矿山环境保护措施、技术的应用最终目标是对目的生态系统进行恢复，达到人和环境的和谐，使生态系统的结构、功能达到最优。

2. 矿山（地质）环境保护与恢复治理目标

依据各级部门对矿山环境保护与综合治理的各项法律、法规，以及相关部门对矿山（地质）环境保护与恢复治理的相关要求，建立矿山（地质）环境保护与恢复治理管理机制，规范矿业活动，最大限度地减少地质灾害，建设绿色矿山，促进矿山生态环境与矿业活动协调发展。为矿业开发、地质环境保护与生态恢复治理提供重要科学依据，以期同时

实现矿产资源的合理开发利用及矿山地质环境的有效保护，为矿业经济和社会经济的可持续发展服务。

（1）近期目标（2009～2011 年）（3 年）。初步建立矿山（地质）环境保护与恢复治理的监督和管理机制，筹集矿山（地质）环境保护与恢复治理保证金，促进（地质）环境保护与矿山开发协调发展。完善矿产资源开发利用方案，逐步建设与生产规模相匹配的矿山生态环境保护设施，基本实现矿山“三废”达标排放，对工业广场周围进行排水沟施工，修建挡渣（矸）坝等治理措施。

（2）中期目标（2012～2018 年）（7 年）。逐步完善矿山（地质）环境保护与恢复治理的监督和管理机制，落实矿山（地质）环境保护与恢复治理保证金。沿矿山公路两侧种植花草树木，清污分流，建立污水处理设施，完善矿山排水系统。

（3）远期目标（2019～2021 年）（3 年）。建立完善矿山（地质）环境保护与监测机制，健全矿山（地质）环境保护与恢复治理（地质）环境验收标准。彻底消除采空区引发地质灾害隐患，确保矿山安全。恢复矿山生态环境，使矿山生态融入周边环境，矿区土地以满足农垦用地或建设用地的功能要求为目标。

3. 矿山（地质）环境保护与恢复治理任务

（1）开展矿山环境调查。包括基础资料的收集与调查和矿山环境问题调查。

（2）进行矿山（地质）环境影响评估。包括分析评估区地质环境背景，对矿业活动引发的环境（地质）问题及其影响做出现状评估、对矿业活动引发或加剧的环境（地质）问题及其影响做出预测评估、对矿山建设和矿业活动的（地质）环境影响做出综合评估。

（3）编制矿山（地质）环境保护与治理方案。

（4）工业场地（生活区、矿石加工场、装载场）绿化。

（5）污水、废水的处理。

（6）噪音、废气、粉尘的治理。

（7）矿山井口边坡的治理。

（8）堆渣场的治理。

（9）已发生与潜在塌陷区的地质灾害治理。

（10）矿山（地质）环境监测。

（11）闭坑后严密封闭各井口及土地复垦。

（12）移民搬迁与房屋维修、饮水工程。

8.6.2　矿山（地质）环境保护与恢复治理分区

矿山环境保护与综合治理分区原则：依据该矿区矿业活动所产生的环境问题危害、影响程度及防治难度，按照《矿山环境保护与综合治理方案编制规范》（DZ/T 223—2007）、《矿山地质环境保护与恢复治理方案编制规范》（DZ/T 0223—2011）中的要求，进行矿山环境保护分区、综合治理规划。

矿山（地质）环境保护规划分区：根据上述分区原则，并遵循“以人为本”、“区内相似、区际相异”和地质灾害危险性“从大不从小”的原则，将矿山及其影响范围划为重点保护区（Ⅰ区）、次重点保护区（Ⅱ区）和一般保护区（Ⅲ区）。详见图8.6（见彩图）、表8.16。

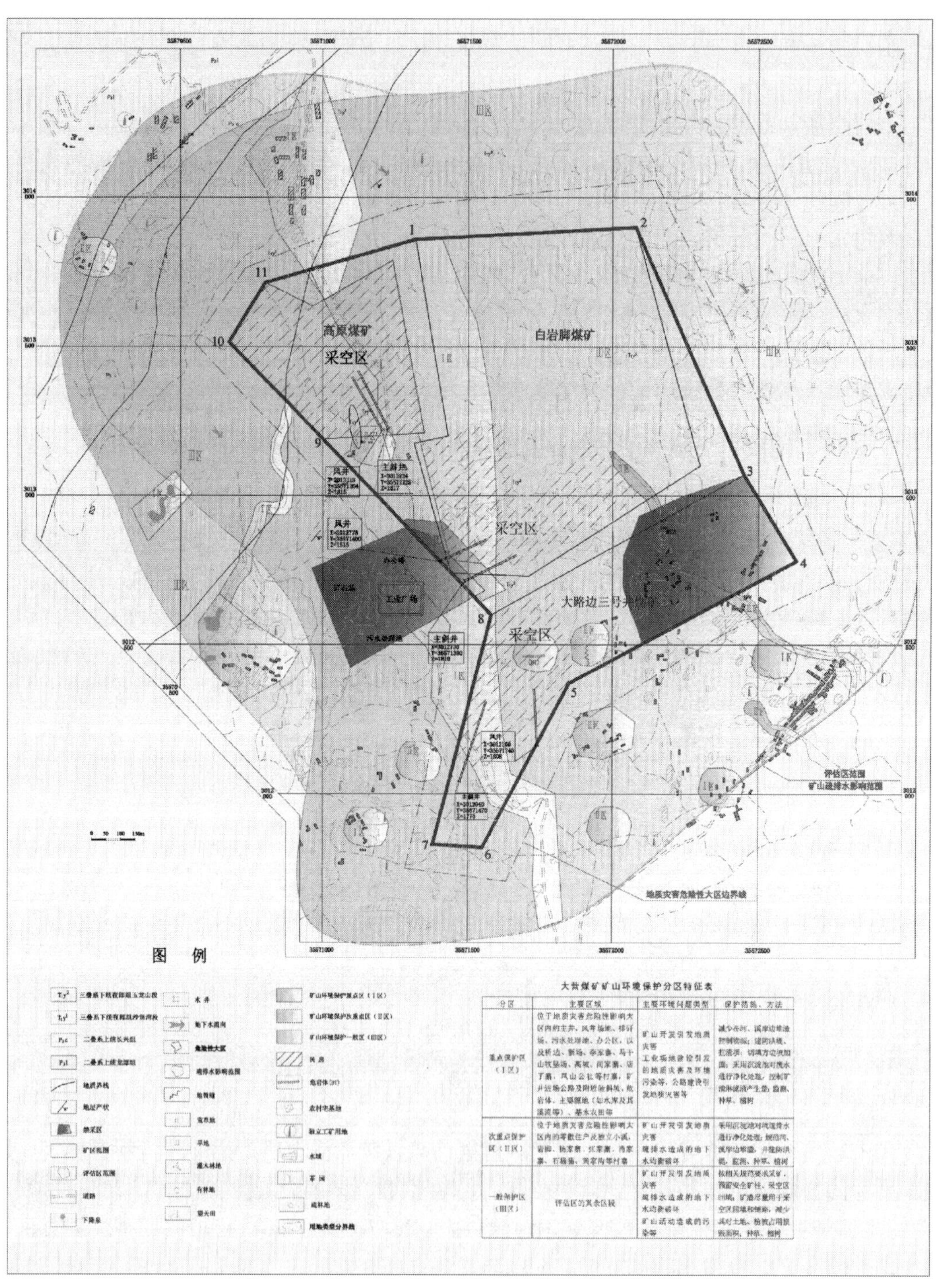

分区	主要区域	主要环境问题类型	保护措施、方法
重点保护区（Ⅰ区）	位于地质灾害危险性影响大区内的主井、风井场地、排矸场、污水处理池、办公区，以及桥边、新场、李家寨、马干山牧场、高坡、闫家寨、店丁寨、凤山公社等村寨，矿井进场公路及附近陡斜坡、危岩体、主要水体（如水库及其溪流等）、基本农田等	矿山开发引发地质灾害 工业场地建设引发的地质灾害及环境污染等，公路建设引发地质灾害等	减少在河、溪岸边堆渣；控制物源；建防洪坝、拦渣坝；切填方边坡加固；采用沉淀池对废水进行净化处理，控制矿渣和废液产生量；监测、种草、植树
次重点保护区（Ⅱ区）	位于地质灾害危险性影响大区内的零散住户及独立小寨，岩脚、杨家寨、张家寨、冉家寨、石板垭、黄家沟等村寨	矿山开发引发地质灾害 疏排水造成的地下水均衡破坏	采用沉淀池对疏排水进行净化处理；规范河、溪岸边堆渣，并建防洪堤；监测、种草、植树
一般保护区（Ⅲ区）	评估区的其余区段	矿山开发引发地质灾害 疏排水造成的地下水均衡破坏 矿山活动造成的污染等	按相关规范要求采矿，预留安全矿柱、采空区回填；矿渣尽量用于采空区回填和铺路，减少其对土地、植被占用损毁面积；种草、植树

图8.6　大营煤矿矿山（地质）环境保护分区图

表8.16 大营煤矿矿山（地质）环境保护分区特征表

分区	主要区域	主要环境（地质）问题类型	保护措施、方法
重点保护区（Ⅰ区）	位于地质灾害危险性影响大区内的主井、风井场地、排矸场、污水处理池、办公区，以及桥边、新场、李家寨、马干山牧垦场、高坡、尚家寨、店子寨、凤山公社等村寨，矿井进场公路及附近陡斜坡、危岩体、主要源地（如水库及其溪流等）、基本农田等	矿山开发诱发地质灾害；工业场地建设引发的地质灾害及环境污染等；公路建设引发地质灾害等	减少在河、溪岸边堆渣控制物源；建防洪堤、拦渣坝；切填方边坡加固；采用沉淀池对废水进行净化处理，控制矿渣淋滤液产生量；监测、种草、植树
次重点保护区（Ⅱ区）	位于地质灾害危险性影响大区内的零散住户及独立小溪，岩脚、杨家寨、张家寨、肖家寨、石猫猫、黄家沟等村寨	矿山开发诱发地质灾害；疏排水造成的地下水均衡破坏	采用沉淀池对坑道排水进行净化处理；规范河、溪岸边堆渣，并建防洪堤，监测、种草、植树
一般保护区（Ⅲ区）	评估区的其余区段	矿山开发诱发地质灾害；疏排水造成的地下水均衡破坏；矿山活动造成的污染等	按相关规范要求采矿、预留安全矿柱、采空区回填；矿渣尽量用于采空区回填和铺路，减少其对土地、植被占用损毁面积；种草、植树

矿山（地质）环境治理规划分区：根据上述分区原则，将本项目的（地质）环境保护与恢复治理措施分为3个区，分别为矿山（地质）环境恢复治理近期治理区、中期治理区和远期治理区，详见表8.17。

表8.17 大营煤矿矿山（地质）环境治理规划分区特征表

分区	主要区域	主要治理工程内容	规划实施时间
近期治理区	工业场地周边、风井场地周边、排矸场周边、地面爆破器材库周边、场外线性工程、采空区等潜在塌陷区、位于地质灾害危险性影响大区内的岩脚、张家寨、杨家寨、石猫猫等	工业场地周边截排水沟等水土保持措施，污废水治理工程、大气污染治理工程、噪声控制工程； 风井场地周边截排水沟等水土保持措施，噪声治理工程； 排矸场拦矸坝、周边截排水沟等水土保持措施、矸石淋溶水沉淀池； 地面爆破器材库、场外线性工程周边截排水沟等水土保持措施； 岩脚、张家寨、杨家寨、石猫猫等4个村寨的搬迁	近期 2009～2011年 （3年）
中期治理区	进场公路、地表水系、位于地质灾害危险性影响大区内的桥边、凤山公社、黄家沟、尚家寨、店子寨等及马干山牧垦场；新场、肖家寨、高坡、黄家沟、李家寨等村寨及有危岩体、地裂缝、滑坡等区域	遭受矿井地质灾害及矿井疏排水影响的桥边24户、凤山公社30户、尚家寨、店子寨等4个村寨及马干山牧垦场实施中期搬迁；肖家寨、黄家沟、新场、高坡、李家寨、凤山公社80户、桥边74户等7个村寨的房屋维修工程； 对矿山开采引发的地质灾害进行治理；对受矿山开采及疏排水影响的土地采取水土保持措施；整合前的高原煤矿、白岩脚煤矿、大路边三号井煤矿废弃的工业广场进行土地复垦	中期 2012～2018年 （7年）

续表

分区	主要区域	主要治理工程内容	规划实施时间
远期治理区	评估区内除以上两区外的其他区域	工业场地、风井场地、排矸场及地面爆破器材库等场地服务期满后进行土地复垦； 对可能受疏排水影响的土地进行补偿	远期 2019～2021年 （3年）

规划目标如下：

（1）2009～2018年为矿山生产期，此期间地质环境保护的目的是规范矿山生产管理，采掘、排渣严格按照地质环境保护的有关要求进行。同时，采取工程和生物措施，将矿山开采对（地质）环境的影响降到最低。这期间矿山生态环境治理率达到60%，矿山废渣利用率达到98%，矿山地质灾害防治率达到100%。

（2）2019～2021年为矿山闭坑恢复期。此期间地质环境保护的目标是通过工程和生物措施恢复植被和地貌景观，改善生态环境，使矿山生态环境治理率达到100%，矿山废渣利用率达到100%，使其符合"十三五"《国土资源生态建设和环境保护规划》的要求。

8.6.3 矿山（地质）环境保护与恢复治理工作部署

为了矿山的（地质）环境保护工程，煤矿采掘过程中及其闭坑后，矿山（地质）环境保护与恢复治理工作分3个阶段部署：

1）近期（2009～2011年）（3年）

近期即为矿井的生产服务年限的前期，约3年。这阶段的主要工作为落实建设项目"三同时"制度，落实矿井污染物的各项治理措施及综合利用措施，对开采影响危害范围内的岩脚、张家寨、杨家寨、石猫猫等4个村寨的村民实施近期搬迁避让，详见表8.18。

这一阶段治理工作主要集中在矿山（地质）环境恢复治理近期规划区进行。

2）中期（2012～2018年）（7年）

中期涵盖了矿井投产后服务期的中后期。这阶段的主要工作为：对地质灾害危险性大区内并遭受矿井地质灾害及矿井疏排水影响的桥边24户、凤山公社30户、尚家寨、店子寨等4个村寨及马干山牧垦场实施中期搬迁；肖家寨、黄家沟、新场、高坡、李家寨、凤山公社80户、桥边74户等7个村寨的房屋维修工程（表8.18）、地质灾害治理工程等，对可能发生的地质灾害进行治理；对已稳定的移动变形区进行土地复垦和植被恢复等生态恢复措施。

表8.18 大营煤矿及附近区域人口搬迁、维修情况

乡镇	行政村	居民点	户数/户	人口/人	搬迁或维修计划	搬迁户数/户	维修户数/户
凤山乡	凤山村	桥边	98	308	中期搬迁	24	74
		尚家寨	40	121	中期搬迁	40	0
		李家寨	113	366	房屋维修	0	113
		杨家寨	22	57	近期搬迁	22	0

续表

乡镇	行政村	居民点	户数/户	人口/人	搬迁或维修计划	搬迁户数/户	维修户数/户
凤山乡	凤山村	石猫猫	15	67	近期搬迁	15	0
		高坡	95	290	房屋维修	0	65
		岩脚	16	80	近期搬迁	16	0
		张家寨	33	62	近期搬迁	33	0
		店子寨	19	112	中期搬迁	19	0
		黄家沟	21	105	房屋维修	0	21
		新场	64	384	房屋维修	0	64
		肖家寨	22	132	房屋维修	0	22
		凤山公社	110	487	中期搬迁	30	80
合计			638	2571		199	439

这一阶段治理工作主要集中在矿山（地质）环境恢复治理中期规划区进行。

3）远期（2019～2021 年）（3 年）

远期即为矿山生产服务年限扫尾期及开采结束后的闭坑期（按 3 年考虑）。这阶段的主要工作为继续落实移动变形区的生态环境综合治理和恢复措施，对主井及风井等井口进行封闭；主工业场地、风井场地、排矸场及地面爆破器材库等场地服务期满后进行土地复垦；对可能受疏排水影响的土地进行补偿。

这一阶段治理工作主要集中在矿山（地质）环境恢复治理远期规划区进行。矿山治理顺序安排见表 8.19。

表 8.19　矿山治理顺序安排表

项目/治理期		2009～2011 年（近期）（3 年）	2012～2018 年（中期）（7 年）	2019～2021 年（远期）（3 年）
环境保护	污水处理	═		
	噪声处理	═		
	防尘措施	═		
堆渣场挡土墙、排水沟		═		
堆渣场土地复垦			═	═
井口边坡挡土墙、排水沟		═		
矿山工业场地绿化		═		
矿山环境监测		═	═	═
地质灾害隐患点监测、治理		═	═	═
废弃老矿区土地复垦、排水沟		═		
塌陷区土地复垦、排水沟			═	═

8.6.4 矿山（地质）环境保护与恢复治理技术方法

1. 矿山环境保护技术

1）工业场地绿化技术

工业场地是散发粉尘、噪声和有害气体的主要地段。绿色植物能够制造氧气、吸收二氧化碳和有害物质，同时还有降尘、滞尘、衰减噪声、监测环境、改善小气候和美化环境等功能。因此，应重视对工业场地的绿化，以种植具有抗毒性和防护性树木为主。在水泵房及坑木加工房等高噪声源附近种植长绿乔灌木，高矮搭配，形成一定宽度的吸声林带。在锅炉房、贮矿场等易散发粉尘和有害气体的建筑物附近，种植滞尘性、抗毒性强的树木。

2）固体废物处置技术

矿山废石除部分回填外，剩余部分应集中堆放。废石场设置在主井口附近的较平坦地带，并修筑废石挡墙，挡墙为浆砌块石，墙体为浆砌片石或干砌石片，以确保其长久稳定性。在废石堆放过程中，采取边堆放边绿化，以减少雨季对裸露泥土的冲蚀导致水土流失，在堆放场四周修筑防洪沟，避免自然灾害的发生，在暴雨季节来临时，加强各种地质灾害的监测。

3）地质灾害治理技术

按相关规范要求进行开采、留足安全矿柱、采空区回填、加固居民建筑等方法对采矿可能引发地面塌陷、地裂缝、滑坡、崩塌等地质灾害进行预防。采用矿渣尽量用于采空区回填或用于铺路，降低泥石流物源的办法对泥石流地质灾害进行预防。

4）防尘及消音技术

矿山开采过程中将产生大量粉尘，除加强通风措施外、并对高粉尘点（区域）采取水喷淋措施，预防硅肺病发生。矿山高噪声源主要有：压风机、井下局扇、采掘设备等。对产生高噪声的压风，采取设隔声风机房。井下采掘设备不易消声、隔声，因此高噪声源附近的工作人员应采取个体防护措施。

2. 矿山环境恢复治理技术

1）矿山地质灾害恢复治理技术

①地下采矿可能引发地面塌陷、地裂缝等地质灾害的治理技术。该矿山此类地质灾害影响范围内主要为灌丛林，如果采矿过程中形成地面塌陷、地裂缝等地质灾害，只需采取采空区回填、夯填、封堵，种草、植树恢复植被等治理技术方法就可以了。②泥石流地质灾害的治理技术，矸石场位于两条河流的中间，有可能发生泥石流，目前可以采取防洪堤、拦渣坝等治理技术方法。

2）水土保持和土地复垦技术

矿山在开采过程中要严格执行环境保护“三同时”制度，且要达到以下要求：①矿井水要经过处理达到《污水综合排放标准》（GB 8978—1996）二级标准后排放，并尽量回用于生产；工业场地废水、生活污水经处理达到《污水综合排放标准》（GB 8978—1996）二级标准后排放；②矿渣要有专门堆放场，对堆放场须修筑拦渣坝和排水管道，实行雨污分流，污水排入废水处理池进行处理；③重视防尘工作，工业场地须采取洒水防尘措施，尽量减轻粉尘对环境影响；④做好矿区植被保护和恢复，提高矿区生活环境质量，对被侵占、破坏的土地、植被，采用土地复垦变成农地、林地等技术方法。

8.7　矿山（地质）环境保护与恢复治理工程

采矿权人应贯彻煤矿资源开发与（地质）环境保护并重，恢复治理与（地质）环境保护并举的原则。严格控制矿产资源开发对矿山（地质）环境的扰动和破坏，推行循环经济的“污染物减量、资源再利用和循环利用”的技术，根据矿山生产实际情况，采取边开采边治理的方式，及时开展矿山（地质）环境恢复治理工作。最大限度地减少或避免矿山开采所引发的矿山环境（地质）问题。

8.7.1　（地质）环境保护方案

保护目标、措施：根据大营煤矿环境现状和预测评估结果，其保护目标主要表现在以下几个方面：①水环境保护：主要包括水资源的保护，水质保护与治理以及生活污水的处理，从而保证不污染周边的河溪，让矿山周边的老百姓喝上放心的干净水；②大气的保护；③声环境的保护；④地质灾害的治理；⑤生态环境的保护。针对这些主要的保护目标，其具体的措施如下：

1. 保护矿区生态环境，确保矿区水资源，水环境不受矿山开采的影响

大营煤矿地处山地，周围无明沟、河道，因此水质保护目标主要为地下水。矿山开采中水用量较少，产生的污水主要为生活污水及其矿石、废渣等在雨水的淋滤下产生污水。矿山污水采取沉淀后循环使用的方法，矿山最终污水排放要求符合国家《污水综合排放标准》（GB 8978—1996）。

2. 矿井开采引起的地质灾害及监测预防措施

采矿活动中，由于采空区不断扩大，不断形成新的陷落坑和裂隙，构成地表水、地下水联系通道，使地下水水位下降，地表泉水干枯、沟水渗漏的可能性较大。由于地下煤层的开采，使得采空区上方的地表有不同程度的移动和变形，其影响范围将略大于采空区范围。而当开采深度越大时，对地表的影响将越小。本矿井地处山区，地形高差较大，采空区引起的地表塌陷，可能会引起地形陡峭的地方发生崩塌、滑坡。因此，设计中要对地表沉陷影响的重要建筑设施，人员居住区、公路等设施要留有保安煤柱。对于开采影响严重且人员居住少的位置，可采用搬迁的措施进行处理；对于地表沉陷形成的塌陷坑，要尽量整平，回填造地，易产生滑坡的地方应提前修筑挡土墙，打抗滑桩或削坡减载等。另外，平常要有人员经常对地下采煤活动影响范围内地质灾害易发区加以巡视，发现问题及时处理。矿山开采过程中，随着煤层开采面积的增大，须建立对矿区地表的变形监测制度，对井下开采可能引起的地表陡峭地段山体崩塌、滑坡、泥石流等地质灾害，须采取相应的预防措施。如在地面陡峭地段、岩层松软地段加固、搬迁避让、爆炸清除；地表仅发生轻微变形、产生微小裂缝地段，也应及时进行填堵等。

3. 开采引起区域地质条件变化的预防措施

矿区面积不大，且地下开采范围有限，矿井开采对区域地质环境条件的影响甚微，但可能对地面、地下水环境产生影响。建议矿井在生产过程中重视对地面和地下水环境变化监测，发现问题须及时采取处理措施。

4. 生态环境保护

矿山（地质）环境保护与恢复治理项目建设时搞好绿化工作，防治水土流失，保护生态植被，是矿山和周边环境相协调的有力保障。

严禁砍伐矿区附近林木、从事有毁坏环境的工程活动，保护矿区及周围植被。搞好矿区绿化，在不影响生产的前提下，尽量提高绿化系数，确保工业场地绿化率达到15%。进场公路两旁种植适合当地生长条件的树种（如松树、杉树、水梧桐树、棕树等），辅以四季常青的灌木（如夹竹桃、万年青等）。在锅炉房附近，应针对粉尘、SO_2、CO 等有害物质，种植抗逆性强的树种，如大叶冬青、夹竹桃、丝棉木等。

1）场前区绿化

场前区是工业场地重点绿化区段之一，其绿化布置设计应与该区总平面布置相配合，达到解除工人疲劳，美化环境的目的。场前区绿化应选择常绿树种。

2）生产区绿化

煤矿生产区多为散发粉尘、噪声、有害气体的区段。绿化重点应以种植只有对粉尘有较高耐度和吸附能力的树种和草皮以达到滞尘、减少噪声的目的，一般种植如梧桐、夹竹桃等。高噪声为主的区段，宜选用树冠低，枝叶茂密的常绿乔灌木，高低搭配，形成一条植物吸声带，以阻止噪声散播造成的污染。

3）居住区绿化

应以丰富生活、美化环境、改善家属区气候、保护周围环境卫生、保持土坡稳定为主、可栽种一些常绿植物、修建花坛草坪等。

施工期和运营期应采取措施防止水土流失和生态破坏。对弃土弃石、煤矸石等固体废物应设置规范化场地，防止二次污染。同时，矿山生态环境保护要求绿化点的绿化率达到90%以上。矿区生活办公区、运输道路两旁、废料堆放场周围可以绿化的区域都要求进行绿化，提高矿区绿化率，使之与周边环境相协调，构筑和谐矿区。矿山闭坑时，对采矿遗留下来的边坡、废弃老矿区、堆渣场进行植被复绿和景观再造。

5. 其他环境问题保护

环境空气保护，大营煤矿开采对空气的污染主要是矿石开挖、装载及运输，煤及废渣

（矸石）堆放产生的粉尘对矿区周边村民及矿山工作人员的影响。矿山开采过程中，采取洒水降尘，空气质量标准要求达到《环境空气质量标准》（GB 3095—1996）二级标准的要求（表 8.20）。锅炉燃料采用矿井原煤，需采取脱硫措施，设计采用湿式除尘脱硫器进行处理，其除尘效率高于 95%，脱硫效率大于 50%（烟气洗涤水采用碱性溶液），经处理后烟尘和 SO_2 出口浓度能够满足《锅炉大气污染物排放标准》（GB 13271—2001）二类区、Ⅱ时段标准要求。

表 8.20　环境空气质量二级标准各项污染物浓度限值表　　单位：mg/m^3

污染因子	选用标准	浓度限值		
		小时平均	日均值	年均值
二氧化硫 SO_2	GB 3095—96（二级）	0.50	0.15	0.06
二氧化氮 NO_2		0.12	0.08	0.04
总悬浮颗粒物 TSP		/	0.30	0.20
可吸入颗粒物 PM_{10}		/	0.15	0.10

露天储煤场设置在井口西侧，虽然当地年平均风速较低（2.5m/s），雨量较充沛，平均相对湿度较大，但是周围人员居住密集，储煤场扬尘会对周围环境造成一定的影响。对矿区进行植树、种草、恢复生态、保护环境，防止和降低水土流失和坡面泥石流等地质灾害发生的可能性和危险性。对煤矿堆放场和装载场进行洒水降尘，对于汽车行驶引起的道路扬尘，同样采取洒水降尘（每天 4 ~5 次）、清扫路面除保持路面清洁外，还可以减少扬尘。汽车行驶场地的扬尘，主要通过限制车辆行驶速度（场地行驶不大于 5km/h，道路行驶不大于 15km/h）予以抑制。在切实落实各环节防治措施并加强管理的前提下，使场界粉尘浓度能够得到有效控制，不对外环境造成较大的影响。

声环境保护：矿山（地质）环境保护与恢复治理项目所在的区域为人烟稀少的山地，根据《工业企业厂界噪声标准》（GBl 2348—90）1.2 条对各类标准适用范围的划定，大营煤矿须执行《工业企业厂界噪声标准》（GBl 2348—90）1.1 条中的Ⅱ类标准（工业区）。

大营煤矿矿井主要的高噪声源：通风机、空气压缩机、坑木加工场、锅炉房、井下采掘设备和以后的瓦斯抽放设备等。设计优先选用高效低噪设备，并在风机进出口安装消声器，在通风机房设置隔声值班室。对于井下采掘设备、坑木加工场等不易消声、隔声的场所，采取工作人员佩带耳塞等个体防护措施，以保证人体健康。矿区工业生产场所噪声影响较大。其中设备噪声应按《工业企业噪声卫生标准》（试行草案）来要求（表 7.3），除加强设备的维修及保养外，主要通过种植隔音吸声能力强的绿化树种，加大种植密度，降低噪声影响。

6. 及时清理固废

锅炉炉渣、除尘渣、生活垃圾等固废应及时收集，运往指定的堆放场所。应积极开展煤矸石的综合利用，变废为宝。

7. 禁采预防措施

为保证矿山开采可能影响和危害范围内的村寨居民集中分布区、工业广场等避免遭受矿山地下开采活动引发地质灾害，应设置相应的禁采区。如尚家寨留设禁采区。

禁采区确定原则：在拟建矿山建设可能影响和危害的居民集中村寨及工业广场范围外推50m为围护带，由围护带边界按移动角延伸至最下层开采煤层后，再垂直投影到地表，圈出禁采区范围。

资金来源：①严格实行保证金制度，矿山在申办采矿许可证时，不仅与国土资源部门签订矿山自然生态治理责任书，同时还缴纳矿山生态环境治理保证金。保证金实行专项管理，所有权属采矿权人。②资金筹集方式为保证矿山（地质）环境保护与恢复治理有可靠的资金资助，矿山开采企业应将矿山（地质）环境保护工作列为矿山建设项目的一部分，通过追加矿山开采投资的方式筹集矿山（地质）环境保护与恢复治理所需资金。

采矿权人应贯彻矿产资源开发与（地质）环境保护并重，恢复治理与（地质）环境保护并举的原则。严格控制矿产资源开发对矿山（地质）环境的扰动和破坏，推行循环经济的“污染物减量、资源再利用和循环利用”的技术。根据矿山生产实际情况，采取边开采边治理的方式，及时开展矿山（地质）环境恢复治理（图8.7，见彩图）工作。最大限度地减少或避免矿山开发诱发的矿山（地质）环境问题。

矿山生产结束时，对采矿坑所留下的陡坎、低凹等区域进行清理开挖、填土并复垦。避免影响当地居民的正常生产活动，尽量恢复矿山原始地质环境。

8.7.2 恢复治理工程方案

1. 泥石流治理工程

泥石流的防治：①划分泥石流的危险区、潜在危险区或进行泥石流灾害敏感度分区。②建立泥石流技术档案，特别是大型泥石流沟的流域要素、形成条件、灾害情况及整治措施等应逐个详细记录，并做到信息的及时传递与交流。③采用生物措施：植树造林、封山育草，以防治水土流失，减少灾害。

泥石流地质灾害主要采用截（排）水沟、拦渣坝等进行综合治理。为减少地表水渗入工业广场，在工业广场周围重点修建截排水沟。同时在煤坪周围、排矸场的上部边坡设置截排水沟，以防地表水渗入煤坪与矸石堆，降雨季节无形中增加矿区废水。井口边坡上部和废弃老矿区以及闭坑后矿区周围均应设置截（排）水沟，防止地表水漫流或下渗。

截、排水沟规格：深度0.3m、宽度0.3m，浆砌块石厚度0.15m，砂浆标号M7.5。各排水沟自然顺接，沟底及两侧面用M7.5水泥砂浆抹面，厚度4～5cm。具体开挖工程量如表8.21所示。

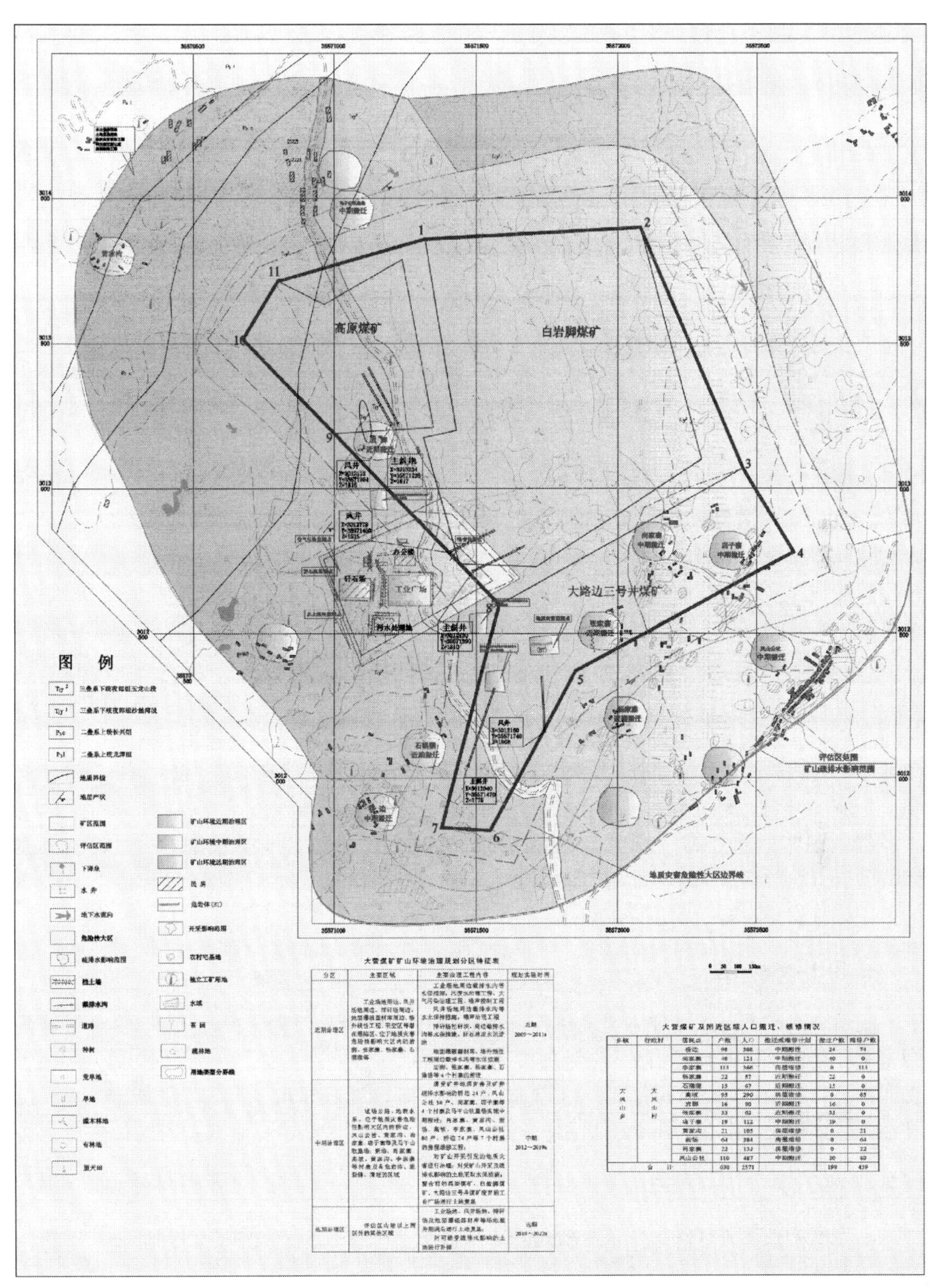

图8.7　大营煤矿矿山环境综合治理规划图

表 8.21　截、排水沟工程表

序号	位置	长度/m	工程量/m^3	
			截、排水沟土方开挖	截、排水沟石方开挖
1	堆渣（矸石）场	530	60	90
2	工业广场	988.55	100	160
3	井口边坡	120	30	30

2. 废渣（矸石）治理工程

矿井固体废物主要是煤矸石，包括矿井采、掘矸石及筛选车间矸石。大营煤矿建成投产后，矸石排放量预计约 1.5 万 t/a。其中：掘进矸石量约 1.3 万 t/a，人工选矸石量为 0.2 万 t/a。另外，还有少量锅炉炉渣和生活垃圾产生，其中炉渣产生量约 200t/a。须对堆渣场修建拦渣坝和排水沟。矿山闭坑后，须对堆渣场进行复垦。

整合前的三矿区现累计储存固体弃土、弃渣 3500m^3，全部堆放在斜坡上，占地面积约为 2500m^2，随着新矿井开采量的增加，预计每年将增加固体弃土、弃渣 3000m^3。考虑先消除地质灾害，应修筑拦渣（矸石）墙。煤矸石可用于生产新型砖。建议业主购置生产新型砖的一系列设备，将矿井中排出的煤矸石生产新型砖。既可提高该矿井的经济效益，又可减少矿区的环境污染。

（1）固体弃土、弃渣（矸石）在暴雨或流水作用下，可能发生泥石流等地质灾害，为消除尾矿（矸石）堆泥石流等地质灾害的隐患，在废石（排矸）场下部修筑拦渣坝，可防止尾矿（矸石）堆在水作用下产生流动，形成灾害。同时靠排矸场的下方与拦渣坝大角度相交，修筑拦渣（矸石）墙，其规模为：墙高 6m，墙长 132.5m，墙宽 1m。除拦渣坝、拦渣（矸石）墙之外，还要在排矸场的外围上坡挖截、排水沟。

（2）固体弃土、弃渣（矸石）堆表层整理。合理安排岩土排弃次序，尽量将含不良成分的岩土堆放在深部，品质适宜的土层包括易风化性岩层，则可安排在上部；富含养分的土层则宜安排在排土场顶部或表层。

3. 污水治理工程

①整合前矿井污水处理方式。矿井水中污染物主要为悬浮物，设计采用混凝+沉淀处理工艺，处理工艺流程见图 8.8，处理能力为 100m^3/h。处理后的井下水达到《污水综合排放标准》（GB 8978—1996）一级标准要求。处理后部分复用于井下生产和消防洒水，其余经场地排水沟外排。②整合后矿山污水处理模式。矿区生产、生活会不断地产生污废水。针对目前矿区对工业广场以及矿区生活污水不加治理的现状，特提出如下的矿区污水治理模式。

大营煤矿污废水处理工艺操作流程和方法见 7.2.3 节图 7.1。污废水处理过程见 7.2.3 节图 7.2。

针对大营煤矿生产、生活废水处理工艺流程，特进行如下工艺参数设计（表 7.5）。处理后排水水质情况见 7.2.3 节。

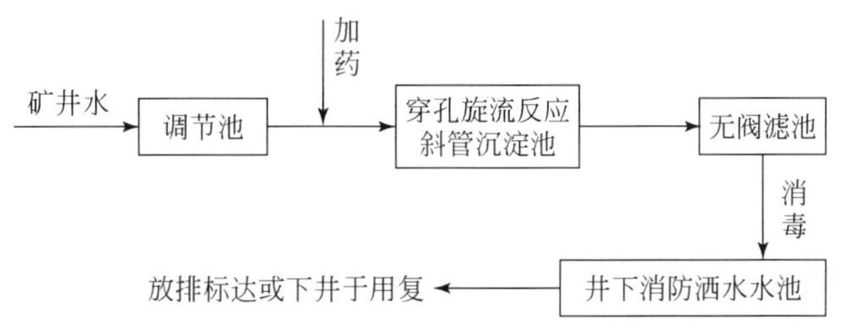

图8.8　整合前矿井废水处理工艺示意图

4. 地质灾害治理工程

大营煤矿评估区地质灾害治理工程参见7.2.4节。井口的洞脸边坡上部附近修筑长100m、宽1m、高2m的挡土墙，主要功能是拦挡山上崩落滚石，确保井口安全稳固。对东部民房区则采用井下留保安煤柱和地表设挡土墙的方法，进行综合治理。

5. 生态环境治理工程

1）土地复垦工程

土地复垦工程是根据工业场地服务期满后形成的地面形状，复垦为水田。水田覆土厚度为50cm，纵坡为1/500～1/300。并确保项目区100%的水田达到干旱能灌、洪涝能排的旱涝保收农田标准。其复垦程序：首先按照复垦目标采用推土机平整工业场地，再用压路机压实，然后覆盖30cm耕作土，并用压路机压实，再将其余耕作土均匀的覆盖在表面，最后进行人工精细平整。

田间道路工程，根据项目区及其外围已有的交通设施状况和区内地形、水利设施布局情况，确定项目区共规划新修生产路5条，共长333.5m，占地宽2m，路基填土，需用机械辗压、夯实后，在生产路面为15cm厚泥结碎石路面。既满足生产的需要，又满足交通运输的需要。该区道路全部新修。田间内的生产便道可利用加宽田埂来进行，田埂的高度为高出地面30cm，宽度40cm为宜，作为生产便道的田埂可加宽30cm，便于耕作和田间行走。

按照矿山可持续发展的要求，复垦工程主要在矿山闭坑期后开展，包括堆渣（排矸）场及潜在塌陷区等的复垦。未来潜在塌陷区土地破坏面积难以确定，暂按矿区面积（1.9109km^2）的1/10估算，约为0.191km^2；堆渣（排矸）场拟土地复垦面积按矿山设计大小。主要需复垦区的工程量见表8.22。

表8.22　土地复垦工程表

序号	位置范围	外运土石方/m^3	平整场地/m^2
1	堆渣场	5930	25763
2	潜在塌陷区	10370	31260

2）复绿工程

为尽快恢复矿山的自然生态环境，在边坡稳定性治理和矿山整合前复垦的基础上，进行人工植被复绿；同时根据现状条件塑造景观，提高整合矿山的综合经济价值。复绿工程包括工业场地（含矿坑边坡复绿、办公场地等）、废渣（排矸）场周围、已潜在塌陷区居民搬迁后村民宅基地等复绿工作。

选用的植物有侧柏、荷花玉兰、小叶女贞、马尾松、刺槐、黑麦草、构树、火棘、香樟，其措施性能和规格参见 7.2.7 节。

同理，植物措施施工流程参见 7.2.7 节。

（1）工业场地复绿工程

主要包括：①厂前区绿化；②生产区绿化；③行政办公区绿化；④井口边坡绿化。

（2）堆渣（矸石）场复绿工程

上述所需复绿范围的工程量见表 8.23。

表 8.23　土地复绿工程表

序号	位置范围	绿化面积/m²	绿化周长/m	数量			种植方式
				草籽	灌木/株	乔木/棵	
1	工业场地及周围	4522.95	701.5		1430	445	人工挖坑种植/人工撒播
2	堆渣场周围		557		280	140	人工挖坑种植
3	已废弃老矿区	11227.5		2.5kg			人工撒播

6. 水土保持工程

大营煤矿（地质）环境保护与恢复治理中子项目水土保持工程包括：坡面水土流失治理、沟道防护工程的布局、及时治理扰动区、防止矸石堆放场水土流失、加强绿化，扩大绿化面积，增加植被覆盖率，以减少水土流失。详细情形参见 7.2.9 节。

8.7.3　投资概算

概算的基础依据以及投资概算请参见 7.2.10 节。大营煤矿矿山（地质）环境保护与治理工程估算总投资为 39160922.58 元（表 8.24），其中直接工程费用 27058607.86 元。各专项工程资金概算明细表见表 8.25 至表 8.33。

表 8.24　项目投资概算汇总表

序号	项目	费用/元
1	工程直接费用	27058607.86
2	措施费	11578
3	设计费	28524.8

续表

序号	项目	费用/元
4	调试费	6946.8
5	设计评审费	15000
6	工程监理费	142777.10
7	现场协调费	521270.10
8	竣工验收费	26000
9	植物养护费	5000
10	规费	1778567.98
11	管理费	4012236.60
12	利润	4012236.60
13	税金	1542176.74
合计/元		39160922.58

表 8.25　矿山环境保护与治理单项工程费用概算表（一）

工程名称：截、排水沟工程（堆渣场、井口边坡）									
序号	项目名称及工作内容	单位	单价/元	工程量			合计/元		
				堆渣场	工业广场	井口边坡	堆渣场	工业广场	井口边坡
(一)	直接费用						3041.496	5442.134	969.172
1	人工运石方	$100m^3$	659.78	0.90	1.60	0.30	593.802	1055.648	197.934
2	截、排水沟土方开挖	$100m^3$	788.14	0.56	1.04	0.13	441.36	819.67	102.46
3	截、排水沟石方开挖	$100m^3$	2229.26	0.90	1.60	0.30	2006.334	3566.816	668.778
(二)	其他费用						1456.75		
1	工程监理费		(一)×3%				283.58		
2	现场协调费		(一)×2%				189.06		
3	竣工验收费						1000		
(三)	规费		[(一)+(二)]×6.65%				704.35		
(四)	管理费		[(一)+(二)]×15%				1888.5		
(五)	利润		[(一)+(二)]×15%				1888.5		
(六)	税金		[(一)-(五)]×7%				529.5		
总计/元							15920.402		

表 8.26　矿山环境保护与治理单项工程费用概算表（二）

工程名称：挡土墙工程（堆渣场、井口边坡、危岩体）

序号	项目名称及工作内容	单位	单价/元	工程量			合计/元		
				堆渣场	井口边坡	危岩体	堆渣场	井口边坡	危岩体
（一）	直接费用						283500		
		m^3	150	1300	200	390	195000	30000	58500
（二）	其他费用						19175		
1	工程监理费		（一）×3%				8505		
2	现场协调费		（一）×2%				5670		
3	竣工验收费						5000		
（三）	规费		[（一）+（二）]×6.65%				20127.8875		
（四）	管理费		[（一）+（二）]×15%				45401.25		
（五）	利润		[（一）+（二）]×15%				45401.25		
（六）	税金		[（一）-（五）]×7%				16666.9125		
总计/元							430272.3		

表 8.27　矿山环境保护与治理单项工程费用概算表（三）

工程名称：矿区生产、生活污水处理工程

序号	项目名称及工作内容	型号及规格或结构	单位	单价/元	工程量	合计/元
（一）	直接费用					241560
1	建筑工程					138060
（1）	土建工程					10000
	值班室	砖混	m^2	600	12	7200
（2）	水工建筑物					130860
	格栅		个	5000	1	5000
	调节池	钢混	m^3	300	96	28800
	隔油池	钢混	m^3	350	57.2	20020
	中和池	钢混	m^3	300	28.8	8640
	絮凝沉淀池	钢混	m^3	400	100	40000
	二沉池	钢混	m^3	350	72	25200
	污泥浓缩池	钢混	m^3	400	8	3200
2	设备及材料					85000
（1）	潜水泵	50QW18-15-1.5	台	5000	2	10000
（2）	带式刮油机	TSK-TT2CR	台	8000	1	8000
（3）	搅拌机	JWH-1.5×3	台	6000	3	18000
（4）	污泥提升泵	WQ5-10-1	台	1000	3	3000
（5）	石灰溶解装置	RYZ-1400	套	12000	1	12000

续表

工程名称：矿区生产、生活污水处理工程						
序号	项目名称及工作内容	型号及规格或结构	单位	单价/元	工程量	合计/元
(6)	PAM 溶解装置	DS-100B	套	8000	1	8000
(7)	PAC 溶解装置	RYT-300	套	8000	1	8000
(8)	pH 计		个	2000	2	4000
(9)	液位计		个	1000	2	2000
(10)	配电、控制柜	FD-2	个	8000	1	8000
(11)	管道阀门电线电缆		套	4000	全	4000
3	安装工程					8500
(二)	措施费用			污水处理工程方案费（5%）		11578
(三)	其他费用					52049. 6
1	设计费	按《工程勘察设计收费标准》(2002)		污水处理工程方案费（8%）		18524. 8
2	评审费					10000. 00
3	调试费			污水处理工程方案费（3%）		6946. 8
4	工程监理费		(一)×3%			6946. 8
5	现场协调费		(一)×2%			4631. 2
6	竣工验收费					5000. 00
(四)	规费		[(一)+(二)+(三)]×6. 65%			19629. 98
(五)	管理费		[(一)+(二)+(三)]×15%			44278. 14
(六)	利润		[(一)+(二)+(三)]×15%			44278. 14
(七)	税金		[(一)-(六)]×7%			13109. 73
总计/元						513463. 18

表 8. 28　矿山环境保护与治理单项工程费用概算表（四）

工程名称：复垦工程（潜在塌陷区、堆渣场）							
序号	项目名称及工作内容	单位	单价/元	工程量		合计/元	
				潜在塌陷区	堆渣场（包括废弃的老矿井）	潜在塌陷区	堆渣场
(一)	直接费用					431390. 1	
1	自卸汽车运土方	1000m³	10741. 43	20	15	214828. 6	161121. 45
2	平整场地	100m²	69. 30	600	200	41580	13860
(二)	其他费用					41569. 51	
1	设计费	按《工程勘察设计收费标准》(2002)				10000. 00	
2	设计评审费					5000. 00	

续表

工程名称：复垦工程（潜在塌陷区、堆渣场）							
序号	项目名称及工作内容	单位	单价/元	工程量		合计/元	
				潜在塌陷区	堆渣场（包括废弃的老矿井）	潜在塌陷区	堆渣场
3	工程监理费		(一)×3%			12941.70	
4	现场协调费		(一)×2%			8627.80	
5	竣工验收费					5000.00	
(三)	规费		[(一)+(二)]×6.65%			31451.81	
(四)	管理费		[(一)+(二)]×15%			70943.94	
(五)	利润		[(一)+(二)]×15%			70943.94	
(六)	税金		[(一)-(五)]×7%			25231.23	
总计/元						671530.54	

表 8.29　矿山环境保护与治理单项工程费用概算表（五）

工程名称：复绿工程（工业场地、已废弃老矿区、堆渣场）									
序号	项目名称及工作内容	单位	单价/元	工程量			合计/元		
				工业场地	堆渣场	已废弃老矿区	工业场地	堆渣场	已废弃老矿区
(一)	直接费用						88801.41		
1	人工撒播	$100m^2$	50.00			120			6000
2	人工挖土坑	$100m^3$	788.14	2.0	0.80		1576	630.50	
3	草籽	kg	20.00			2.5			44.91
4	灌木	株	30	1430	280		42900	7000	
	乔木	棵	50	445	140		22250	8400	
(二)	其他费用						6791.69		
1	现场协调费		(一)×2%				1776.03		
2	植物养护费	元/a. m^2	1	4523	83.55	105.25	4623	184.66	205.25
(三)	规费		[(一)+(二)]×6.65%				6336.73		
(四)	管理费		[(一)+(二)]×15%				14293.39		
(五)	利润		[(一)+(二)]×15%				14293.39		
(六)	税金		[(一)-(五)]×7%				5215.56		
总计/元							135732.17		

表 8.30　矿山环境保护与治理单项工程费用概算表（六）

工程名称：水土保持工程（工业广场、堆渣场等矿山开采影响区）

序号	项目名称	建安	植物措施费		独立	合计
		工程费	栽（种）植费	苗木、草种子费	费用	/万元
	水土保持总投资					101.48
Ⅰ	主体已有投资					14.86
Ⅱ	本方案新增投资					86.62
	第一部分工程措施					16.33
1	拦渣工程	13.59				13.59
2	排导工程	2.03				2.03
3	防护工程	0.71				0.71
	第二部分植物措施					4.54
1	植物防护工程	0.58	0.26	0.32		0.58
2	绿化、美化工程	3.96	1.39	2.58		3.96
	第三部分施工临时工程					2.61
1	临时防护工程	2.56				2.56
2	其他临时工程	0.05				0.05
	第四部分独立费用					53.28
1	建设管理费				0.47	0.47
2	工程质量监督费				0.20	0.20
3	水土保持方案编制费				10.00	10.00
4	科研勘测设计费				10.26	10.26
5	水土保持监理费				10.07	10.07
6	水土保持监测费				13.28	13.28
7	水土保持设施验收技术评估报告编制费				8.00	8.00
8	水土保持技术文件技术咨询服务费				1.00	1.00
	第一部分至第四部分合计					76.76
	基本预备费					4.61
	水土保持补偿费					5.26

表 8.31　矿山环境保护与治理单项工程费用概算表（七）

工程名称：生态环境防治工程（防尘措施、防噪处理、环境监测）

序号	项目名称及工作内容	单位	单价/元	工程量	合计/元
（一）	直接费用				1630000.00
1	防尘措施	项目		1	300000.00
2	噪声处理	项目		1	200000.00

续表

工程名称：生态环境防治工程（防尘措施、防噪处理、环境监测）					
序号	项目名称及工作内容	单位	单价/元	工程量	合计/元
3	环境监测	A	2000	15	30000.00
4	饮水工程				1100000.00
（二）	其他费用				86500.00
1	工程监理费		（一）×3%		48900.00
2	现场协调费		（一）×2%		32600.00
3	竣工验收费				5000.00
（三）	规费		[(一)+(二)]×6.65%		110562.90
（四）	管理费		[(一)+(二)]×15%		249390.00
（五）	利润		[(一)+(二)]×15%		249390.00
（六）	税金		[(一)-(五)]×7%		96642.70
总计/元					2422485.60

表 8.32　矿山环境保护与治理单项工程费用概算表（八）

工程名称：矿山环境监测					
序号	项目	数量	单价/万元	合计/万元	备注
（一）	直接费用			164	
1	地质灾害隐患点监测				
	边坡位移	8 个变形监测点	1	8	
	潜在地面塌陷	3 个	2	6	
	潜在地面沉降	3 处	1	3	
	潜在滑坡	3 处	2	6	
	潜在崩塌	1 处	5	5	
	潜在泥石流	1 条	15	15	
2	地下水及废水排放监测		10	10	
3	工业广场复垦土质监测	8 个土壤剖面	2	16	
	噪声的实时监测	3 个监测点	5	15	
	空气质量的实时监测	3 个监测点	10	30	
4	水土流失监测费			25	
	工业场地内设点监测	1 个	5	5	（水土流失量/水土流失危害/水土保持工程/水土保持工程效益）
	排矸场地设点监测	1 个	5	5	
	进场公路弃渣场设点监测	1 个	5	5	
	井田沉陷区整体监测	1 个	10	10	

续表

工程名称：矿山环境监测					
序号	项目	数量	单价/万元	合计/万元	备注
（二）	其他费用			8.25	
1	工程监理费		(一)×3%	4.93	
2	现场协调费		(一)×2%	3.32	
（三）	规费		[(一)+(二)]×6.65%	11.45	
（四）	管理费		[(一)+(二)]×15%	25.84	
（五）	利润		[(一)+(二)]×15%	25.84	
（六）	税金		[(一)-(五)]×7%	9.67	
合计/万元				245.05	

表 8.33　矿山环境保护与治理单项工程费用概算表（九）

工程名称：评估区地质灾害赔（补）偿				
序号	项目	数量	单价	合计/元
（一）	直接费用			19998800.00
1	房屋搬、拆迁	199（户）	5 万元	9950000.00
2	房屋维修	439（户）	2 万元	8780000.00
3	田变土	12.3（亩）	5 万元	615000.00
4	饮水工程	13（寨）	14 万元	1820000.00
5	水土保持补偿费			16900.00
	梯坪地	0.15（hm^2）	20000 元/hm^2	3000.00
	林地	0.02（hm^2）	10000 元/hm^2	2000.00
	灌木林	0.92（hm^2）	10000 元/hm^2	9200.00
	草地	0.27（hm^2）	10000 元/hm^2	2700.00
（二）	其他费用			399976.00
	现场协调费		(一)×2%	399976.00
（三）	规费		[(一)+(二)]×6.65%	1356518.60
（四）	管理费		[(一)+(二)]×15%	3059816.40
（五）	利润		[(一)+(二)]×15%	3059816.40
（六）	税金		[(一)-(五)]×7%	1185728.85
合计/元				29060656.26

8.7.4　大营煤矿施工顺序与资金投入

大营煤矿矿山（地质）环境保护与恢复治理顺序参见 7.2.11 节、资金投入安排见表 8.34。

表 8.34　矿山资金投入安排表　　　单位：万元

项目/分期		近期			中期	远期
年份		2009	2010	2011	2012～2018	2019～2021
环境保护	污水处理	60	25	25	150	
	噪声处理	45	20	20	50	
	防尘措施	46	25	25	100	
堆渣（矸石）场挡土墙		55	10	10		
堆渣（矸石）场/工业广场/井口边坡等排水沟		80				
堆渣（矸石）场土地复垦						220
井口边坡挡土墙		30				
危岩体挡土墙		50				
矿山工业场地、堆渣场绿化		60	50	50	20	180
矿山环境监测		20	20	20	60	20
地质灾害隐患点监测、治理		25	25	25	75	20
废弃老矿区土地复垦						128
废弃老矿区排水沟						35
村寨房屋搬迁		100	300	100	550	
村寨房屋维修					600	200
饮水工程					150	37
合计		571	475	275	1755	840

注：地质灾害隐患点监测、治理费用，根据开采引发的实际情况，由规费和管理费等部分的资金予以解决。2009年的近期投入需要按实际情况做调整。

大营煤矿矿山（地质）环境保护与恢复治理实施方案的保障措施参见 7. 2. 12 节。

8. 7. 5　矿山（地质）环境保护与恢复治理效益分析

矿山（地质）环境效益分析包括环境效益分析、社会效益分析和经济效益分析，其中前两种效益分析参见 7. 2. 13 节、7. 2. 14 节。

经济效益分析如下：

大营煤矿属私营企业，主采 M_8、M_{11} 煤层。大营煤矿的建成，对“西电东送”、“黔电粤送”等工程能起一定的推动作用。同时，还能发展地方经济，解决地方部分剩余劳动力的就业问题，具有良好的经济和社会效益。按目前市场价 500 元/t，生产成本 140 元/t，税费 60 元/t，每吨煤可获纯利 300 元。近三年平均每年可为国家创税 15 万 t/a×60 元/t＝900 万元，企业创利 15 万 t/a×300 元/t＝4500 万元。生产服务年限结束后，如按现有煤价考虑，一共可为国家创税 15 万 t/a×60 元/t×10. 1a＝9090 万元，企业则可获利 15 万 t/a×300 元/t×10. 1a＝4. 545 亿元。

矿山（地质）环境保护与恢复治理方案对矿井开采提出了充分保护环境的要求，其他效益分析具体可参见 7. 2. 15 节。

8.8　矿山（地质）环境保护与恢复治理措施的可行性分析与建议

8.8.1　可行性分析

根据实地调查和走访，结合矿山地质环境条件。认为该矿山环境保护和综合治理工程方案可行。

1. 保护和治理工程方案技术方法的可行性

根据矿山实地调查和居民走访，结合矿山地质环境条件，开展矿山环境影响现状评估、预测评估和综合评估。从生产开采工艺到矿业活动诱发诸多环境问题，综合应用矿山环境保护的原则和治理工程方案，从技术设计上，完成对矿山现有的、伴随的、潜在的环境（地质）问题的保护与综合治理。综合固体废弃物处置、水污染防治措施和生态恢复措施来看，该矿山环境保护和综合治理工程方案在技术方法上具有可行性。

2. 保护和治理资金的合理性

坚持“谁开发，谁保护；谁污染，谁治理，谁破坏，谁恢复；谁使用，谁补偿；谁治理，谁受益”的原则，推出矿山自然生态环境治理保证金制度。谁开采，谁就来为矿山复绿和综合治理“买单”。因此，矿山缴纳生态环境保护与综合治理保证金，同时可以申请政府补助，足以支付矿山环境保护和综合治理方案执行时所需费用，从资金来源方面和矿山地质环境保护与治理工程投资概算来看可行，保护和治理资金具有合理性。

3. 保护和治理方案的可操作性

保护和治理工程技术性要求不高，容易掌握，所需材料常见易购买。综合治理工程方案分步实施，治理顺序井井有条，一环扣一环。从实际操作上看，按部就班，单项工程治理，各个击破，方案可行，且具有可操作性。

8.8.2　建议

（1）建议大营煤矿对矿山（地质）环境保护和恢复治理施行 ISO14000 体系管理，通过获取认证，提高企业整体素质，加强企业在煤炭系统的竞争力，防止因事故排放或违反环保法律、法规造成环境风险，减少企业的经济损失，实现矿井经济效益和环境效益的统一。

（2）矿山建设应严格按照批准的矿山（地质）环境保护与恢复治理方案及其他开采设计进行施工，并按矿山（地质）环境保护与综合治理方案提出的防治措施，进行地质灾害和环境地质问题的预防和治理。

（3）矿山应采用新技术和新方法进行建设，科学施工，并设立地质环境监测体系，加强监测预报水平，及时处理各种环境隐患和问题。

（4）矿山停采后，应按照相关法律法规履行地质环境治理义务，进行全面的地质环境恢复治理。

（5）矿山应执行矿产资源法、地质灾害防治条例、安全生产法等法律法规，并及时按照国土部门的要求，按时提交年度矿山地质环境监测报告。

（6）建议业主购置生产新型砖的一系列设备，将排出的煤矸石直接生产新型砖。既可提高矿井经济效益，又可减小矿区的环境污染。

（7）任何一份方案或规划均有一个适用年限，在一定的时期之后需要进行修编或重新编制。而矿山（地质）环境问题是一个动态的，是随时间的推移和矿业活动的发展而产生变化，每一时期均有其主要的环境（地质）问题。因此，在该方案适用年限内，根据矿业活动实际情况，建议进行修编或重新编制。

参考文献

艾国栋，胡祥昭，杨天春 . 2006. 矿山地质环境影响评估的实践应用 . 西部探矿工程，125（9）：274-276.

白中科，赵景逵 . 1999. 试论矿区生态重建 . 自然资源学报，14：35-41.

白中科，赵景逵 . 2000. 工矿区土地复垦与生态重建 . 北京：中国农业科技出版社 .

曹运江，蒋建华，资锋. 2014. 煤矿地质学. 徐州：中国矿业大学出版社 .

曹志伟，翟厥成 . 1986. 岩层移动与“三下”采煤 . 北京：煤炭工业出版社 .

陈慧川 . 2006. 矿山地质环境保护 . 内江科技，27（6）：32，35.

陈剑平 . 1990. 环境地质与工程 . 北京：地质出版社 .

段丽丽，朱明 . 2007. 矿区地面沉降的危害及其防治 . 河北理工学院学报，29（1）：122-124.

郭怀成，尚金城，张天柱. 2009. 环境规划学. 北京：高等教育出版社 .

哈承祐 . 2006. 环境地质研究进展与展望 . 地质通报，25（11）：1248-1256.

郝卫国 . 2003. 煤矿采空区治理新技术 . 山西建筑，29（3）：100-101.

何芳，徐友宁，袁汉春，等 . 2003. 煤矿地面塌陷区的防治对策 . 煤炭工程，（7）：10-13.

贺为民 . 2013. 地质灾害危险性评估分级因素的探讨 . 灾害学，28（3）：112-116.

胡博文，张发旺，陈立，等 . 2015. 我国矿山地质环境评价方法研究现状及展望 . 地球与环境，43（3）：375-378.

黄德林，郭诗卉 . 2013. 地方政府保护矿山地质环境的激励机制研究 . 国土资源科技管理，30（1）：113-120.

黄润秋，向喜琼，巨能攀 . 2004. 我国区域地质灾害评价的现状及问题 . 地质通报，11，694.

贾宏林，冉广庆，何宝林 . 2007. 煤矿地裂缝的发育与成因研究 . 山西煤炭，（4）：11-16.

蒋建华，高红武，刘树斌，等 . 2009. 贵州品元煤矿水文地质条件与水环境问题研究 . 矿业工程研究，24（3）：61-65.

矿山地质灾害危险性评估技术要求（试行）云国损坏［2003］292 号 .

李白英 . 2004. 开采损害与环境保护 . 北京：煤炭工业出版社 .

李君浒，董永观，董志高 . 2008. 我国矿山环境的治理现状与前景 . 生态经济，2008（12）：76-80.

李乐，李学慧，巴文庄，等 . 2015 美国州级露天采矿的综合管理与环境保育策略分析——对美国加州《露天采矿管理与复垦法》的解读 . 国土资源情报，9：34-38.

李闽，杨耀红，2014. 关于加强矿山环境综合管理的思考 . 矿产保护与利用，4：2-4.

李艳云 . 2013. 水土流失的生态修复与综合治理探究 . 环境保护与循环经济，33（5）：48-50.

李政大，袁晓玲，杨万平 . 2014. 环境质量评价研究现状、困惑和展望 . 资源科学，36（1）：176-181.

李仲均 . 1987. 中国古代用煤历史的几个问题考辨 . 地球科学，12（6）：665-670.

凌志敏. 2006. 矿山地质环境影响评价方法 . 中国西部科技，10：40-41.

刘常荣，夏海龙，等 . 2002. 浅谈治理采空区的方法 . 煤炭开采，1：61-62.

刘晓龙，刘占宁 . 2014. 矿山地质环境综合评价方法研究 . 地质灾害与环境保护，25（3）：50-55.

吕军，李利，侯俊东 . 2012 矿山地质环境治理主体间的博弈分析 . 中国人口 . 资源与环境，22（11）：124-129.

马立强，张东升，刘玉德，等 . 2008. 薄基岩浅埋煤层保水开采技术研究 . 湖南科技大学学报（自然科学版），23（1）：1-5.

马寅生，张业成，张春山，等 . 2004. 地质灾害风险评价的理论与方法 . 地质力学学报，10（1）：7-18.
欧阳哲生 . 2016. 马可波罗眼中的元大都 . 中国高校社会科学，1：102-116.
潘懋，李铁锋 . 2002. 灾害地质学 . 北京：北京大学出版社 .
裴荣富，王登红，黄凡 . 2016. 矿床成矿系列——五论矿床的成矿系列问题 . 地球学报，37（5）：519-527.
彭觥，邵奉先，姜树人，等 . 1982. 我国矿山地质学的现状与展望 . 地质论评，28（2）：87-92.
区域地质图图例（GB 958—99）. 1999. 北京：中国标准出版社 .
师本强，侯忠杰 . 2009. 浅埋煤层覆岩中断层对保水采煤的影响及防治 . 湖南科技大学学报（自然科学版），24（3）：1-5.
孙伟，王议，张志鹏，等 . 2014. 矿山地质环境监测对象及要素研究 . 中国矿业，23（7）：58-60.
田亮 . 2015. 矿山地质环境评价方法探讨 . 价值工程，7：260-261.
田旭民，田方 . 1989. 地方煤矿实用手册 . 北京：地质出版社 .
汪吉林，吴圣林，丁陈建，等 . 2009. 复杂地貌多煤层采空区的稳定性评价 . 煤炭学报，34（04）：466-471.
王登红，徐志刚，盛继福，等 . 2012. 全国重要矿产和区域成矿规律研究进展综述 . 地质学报，88（14）：2176-2191.
王金庄，戴华阳，郭增长 . 2002. 开采沉陷若干理论与技术问题研究进展 . 第六届全国矿山测量学术讨论会论文集 . 146-149.
王晋丽，吕义清，刘鸿福，康建荣 . 2005. 西曲矿采煤地裂缝分布特征及成因探讨 . 山西煤矿，25（3）：11-13.
王军保，刘新荣，刘小军，2015. 开采沉陷动态预测模型 . 煤炭学报，40（3）：517-521.
王永生，黄洁，李虹 . 2006. 澳大利亚矿山环境治理管理、规范与启示 . 中国国土资源经济，（11）：36-37，42，48.
魏子新，周爱国，王寒梅，等 . 2009. 地质环境容量与评价研究 . 上海地质，1：40-44.
武强 . 2003. 我国矿山环境地质问题类型划分研究 . 水文地质工程地质，30（5）：107-112.
武强 . 2005. 矿山环境研究理论与实践 . 北京：地质出版社 .
武强，陈奇 . 2008. 矿山环境问题诱发的环境效应研究 . 水文地质工程地质，35（5）：81-85.
武强，刘伏昌，李铎 . 2005. 矿山环境研究理论与实践 . 北京：地质出版社 .
邢永强，冯进城，马惠 . 2007. 平煤集团煤矸石山环境效应影响及其治理 . 山东理工大学学报，21（2）：146-150.
徐凌 . 2011. 现行矿山地质环境保护法律分析及完善年度报告书制度的建议 . 商品与质量，2011（S1）：83-84.
徐友宁. 2008. 矿山地质环境调查研究现状及展望 . 地质通报，27（8）：1235-1244.
杨建成 . 1996. 王家山煤矿地裂缝的形成及其灾害 . 甘肃地质学报，5（2）：91-95.
杨伦，石金峰，于广明，等 . 1995. 关于煤矿安全开采深度的探讨 . 煤炭科学技术，1995（4）：43-46.
杨孟达，刘新华，王瑛，等 . 2000. 煤矿地质学 . 北京：煤炭工业出版社 .
尹国勋 . 2010. 矿山环境保护 . 徐州：中国矿业大学出版社 .
尹喜霖，杨湘奎，等 . 2003. 双鸭山煤矿地面塌陷及防治 . 中国地质灾害与防治学报，14（1）：72-76.
尤孝才. 2002. 矿山地质环境容量问题探讨 . 中国国土资源经济，15（3）：37-39.
于远祥，谷拴成，朱彬 . 2007. 开采沉陷的地表移动规律初探 . 西安科技大学学报，27（01）：11-14.
余学义 . 1996. 采动过程中地表位移变形预计方法 . 湘潭工学院学报，11（04）：1-6.
喻和平，田斌 . 2003. 滑坡防治措施的现状和发展 . 甘肃工业大学学报，29（2）：104-107.

张红杰，李振安，邱守强 . 2012. 矿山地质环境影响治理分析 . 山东煤炭科技，2014（4）：133-135.

张进德，江峰，田磊，等 . 2014. 矿山地质环境治理专项实施情况探析 . 中国国土资源经济，1：17-20.

张荣立 . 2003. 采矿工程设计手册 . 北京：煤炭工业出版社 .

张兴，王凌云 . 2011. 矿山地质环境保护与治理研究 . 中国矿业，20（8）：52-55.

张业成 . 1994. 唐山开滦煤矿地面塌陷治理途径及其经济分析 . 地质灾害与环境保护，5（2）：36-39

张业成，胡景江，张春山 . 1995. 中国地质灾害危险性分析与灾变区划 . 海洋地质与第四纪地质，15（3）：56-67.

赵仕玲 . 2007. 国外矿山环境保护制度及对中国的借鉴 . 中国矿业，16（10）：36-38.

郑河. 2015. 浅析矿山环境地质与地质环境的关系 . 西部资源，1：196-197.

郑建生，陈春林，欧树召，徐标 . 2006. 矿区地面塌陷预报机制初探 . 中国地质灾害与防治学报，17（2）：156-159.

郑黎明 . 1990. 环境地质学中几个理论问题的探索 . 水文地质工程地质，1：16-17.

中华人民共和国国土资源部 . 2007. 矿山环境保护与综合治理方案编制规范（DZ/T 223—2007）.

中华人民共和国国土资源部 . 2011. 矿山地质环境保护与恢复治理方案编制规范（DZ/T 0223—2011）.

中华人民共和国煤炭工业部 . 1986. 建筑物、水体、铁路及主要井巷煤柱留设与压煤开采规程 . 北京：煤炭工业出版社 .

朱吉祥，张礼中，周小元，等 . 2012. 不同区域地质灾害评价方法的组合效应分析 . 地质科技情报，31（1）：101-105.

Ayesha K D, Mary B. 1995. Environmental policy for sustainable development of natural resoures. Natural Resources Forum, 18（4）：275-286.

Baruah B P, Khare P. 2010. Mobility of trace and potentially harmful elements in the environment from high sulfur Indian coalmines. Applied Geochemistry, 25（11）：1621-1631.

Bian Z F, Dong J H, Lei S G, et al. 2009. The impact of disposal and treatment of coal mining wastes on environment and farmland. Environmental Geology, 58（3）：625-634.

Gopal B T, Karl E W. 1995. Issues in natural resoures management in developing countries. Natural Resources Forum, 18（2）：115-121.

Peter C A. 1995. Government environmental regulations and implementation in the mining sector. Natural Resources Forum, 18（3）：193-201.

Tripathi N, Singh R S, Chaulya S K. 2012. Dump stability and soil fertility of a coal mine spoilin Indian dry tropical environment：a long-term study. Environmental Management, 50（4）：695-706.

Wu Q, Li W, Li R J. 2008. Study on the assessment of mine environments. Acta Geological Sinica, 82（5）：1027-1034.

Yue M, Zhao F H. 2008. Leaching experiments to study there lease of trace elements from mineral separates from Chinese coals. International Journal of Coal Geology, 73：43-51.

彩　图

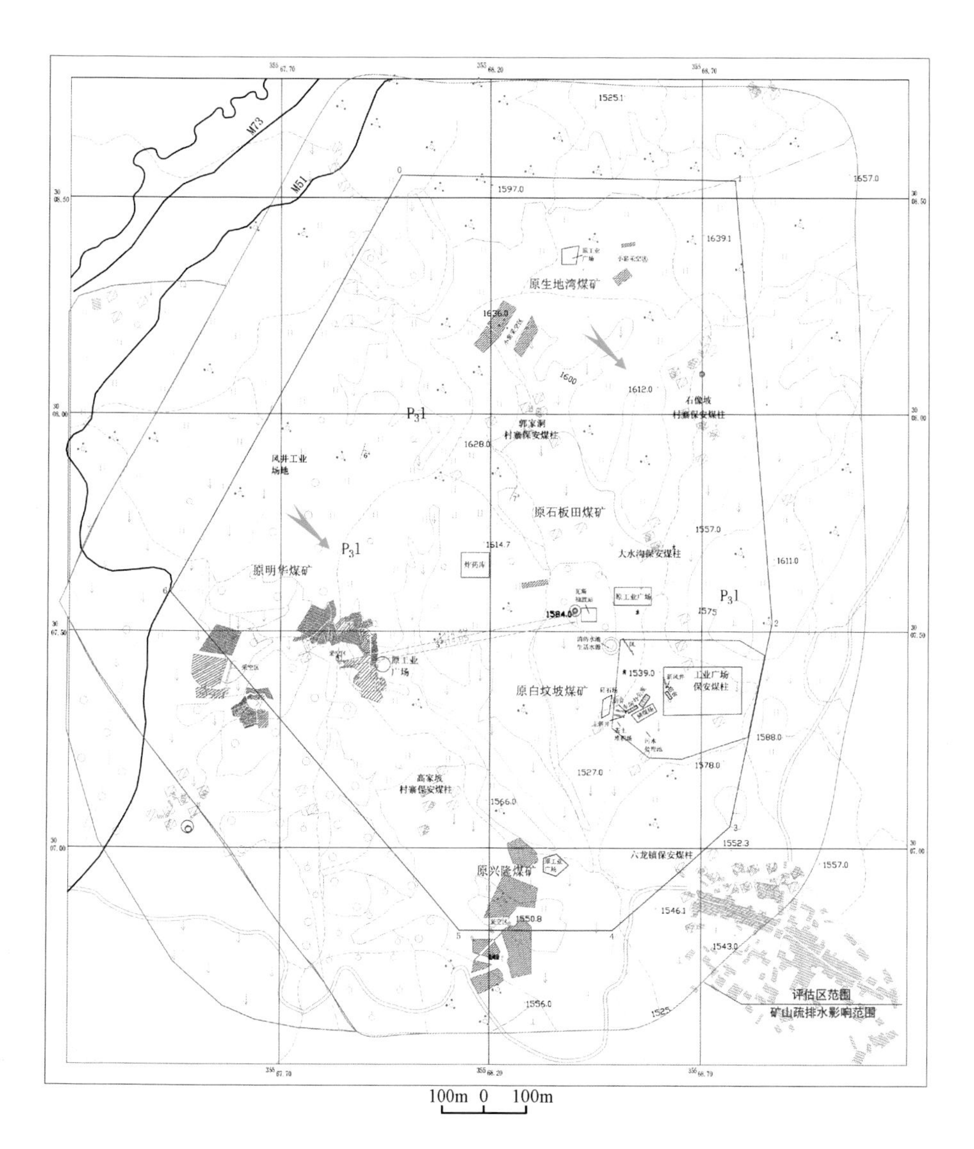

100m 0 100m

图 4.3　明华煤矿矿山(地质)环境现状图(图例见图 4.4)

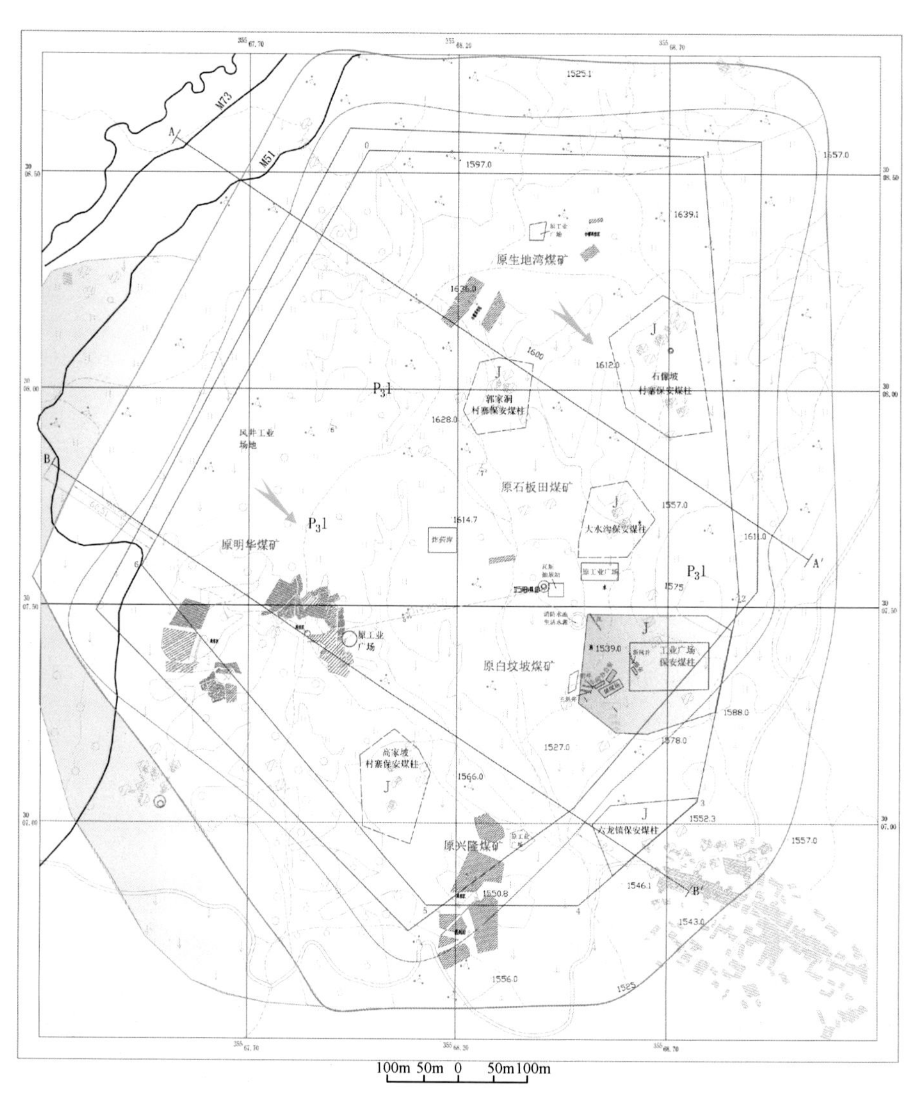

图 4.5 明华煤矿矿山(地质)环境影响评估图(图例见图 4.6)

明华煤矿矿山环境影响综合分区结果

分区编号	地理位置	主要矿山环境问题类型	成因	危害	面积/m²	占总面积比例/%	综合影响评估结果
Ⅰ区 (严重区)	整个危险性大区	地质灾害(地裂缝、危岩体、泥石流等)	井下开采造成的地表移动变形	地质灾害危险性大，煤矸石等破坏土石环境。本区内郭家洞村寨、石像坡、大水沟、高家坡等村民房屋、矿井进场公路、河流、基本农田以及植被等受到不同程度的破坡影响	2030335.93	56.55	严重
		地下水均衡破坏	采空区、小窑破坏区导致矿山疏排水	局部形成地下水漏斗			
Ⅱ区 (较严重区)	危险性大区以外矿井疏排水影响范围以内	地质灾害(滑坡、地裂缝等)	井下开采造成的地表移动变形	地质灾害危险性较大，危害对象主要为六龙镇与大坡等村寨小部分地区房屋及其居民安全等，对地面设施影响中等	1237105.61	34.46	较严重
		地下水均衡破坏	矿山疏排水	形成区域性地下水位降落漏斗，可能导致其影响范围内的地表水体漏失、井泉干涸及水资源枯竭			
Ⅲ区 (较轻区)	评估区除严重区、较重区外的其余范围	局部岩体失稳崩塌、微裂隙	地表移动变形和疏排干区的影响	微地貌变形，苏家湾、大坡等村寨大部分地区房屋轻微开裂	322912.39	8.99	较轻

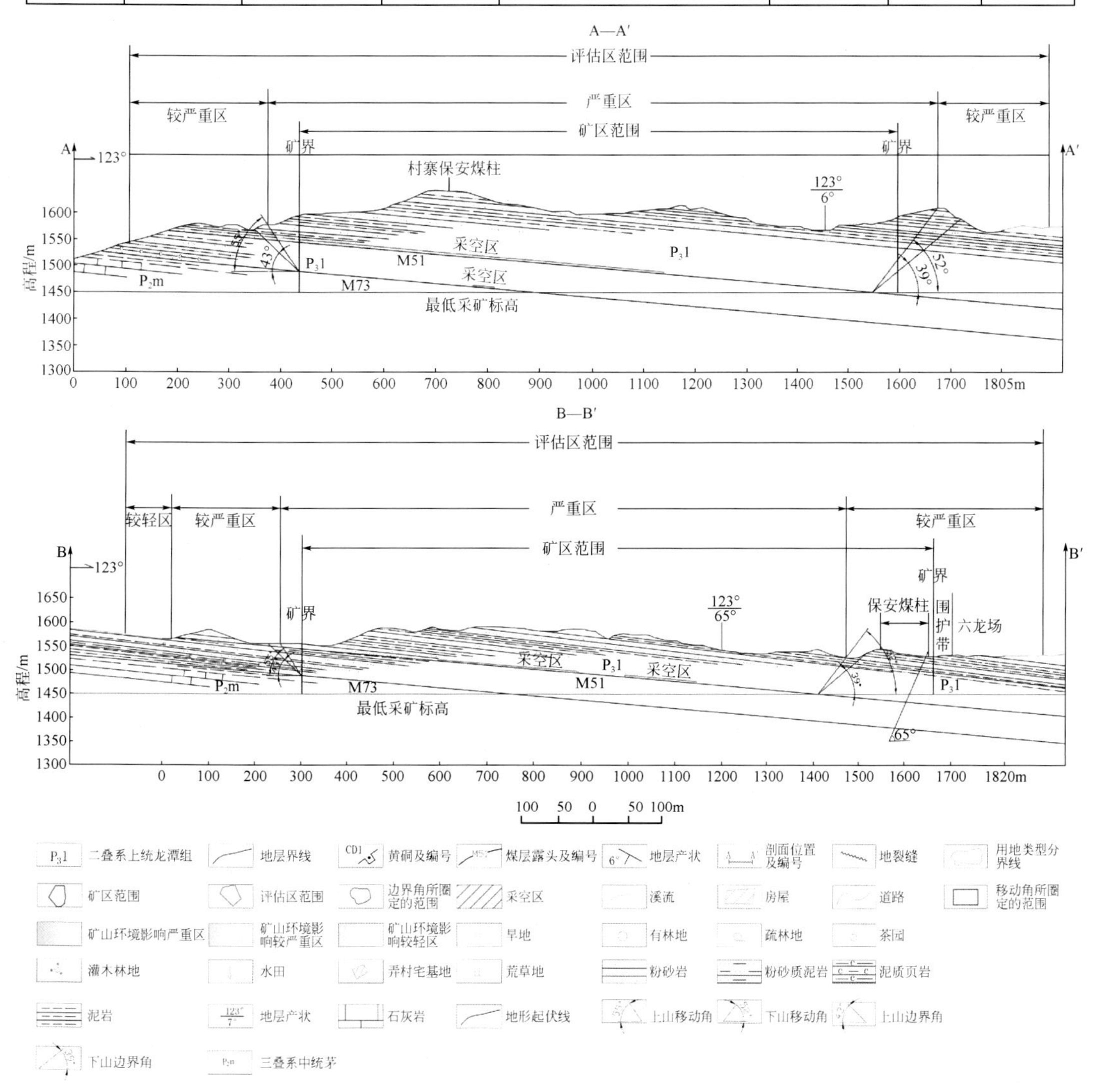

图 4.6　明华煤矿矿山(地质)环境影响评估镶图、镶表示意图

明华煤矿矿山环境保护分区特征表

分区	主要区域	主要环境问题类型	保护措施、方法
重点保护区(Ⅰ区)	位于地质灾害危险性影响大区内的新老工业广场、主井、风井场地、排矸场、污水处理池、炸药库、瓦斯抽放站、办公区和住宿区，以及郭家洞、石像坡、大水沟、高家坡、大坡、六龙镇等村寨，矿井进场公路及附近陡斜坡、主要水源地(如溪流)、过矿区省道(S26)等	矿山开发引发地质灾害 工业场地建设引发的地质灾害及环境污染等，公路建设引发地质灾害等，采空区的潜在塌陷	减少在河、溪岸边堆渣控制物源：建防洪堤、拦渣坝、截排水沟；切填方边坡加固：采用沉淀池对废水进行净化处理，控制矿渣淋滤液产生量；检测、种草、植树
次重点保护区(Ⅱ区)	位于地质灾害危险性影响大区内的零散住户及独立不溪，以及危险性大区外的苏家湾等村寨	矿山开发引发地质灾害 疏排水造成的地下水均衡破坏	采用沉淀池对坑道排水进行净化处理；规范河、溪岸边堆渣、堆煤，并建防洪堤，监测、种草、植树
一般保护区(Ⅲ区)	评估区的其余区段	矿山开发引发地质灾害 疏排水造成的地下水均衡 破坏矿山活动造成的污染等	按相关规范要求采矿、预留安全矿柱、采空区回填；矿渣尽量用于采空区回填和铺路，减少其对土地积、植被占用损毁面；种草、植树

矿山环境重点保护对象特征表

保护对象	保护范围	保护内容	保护方式及措施
工业广场	工业广场	工业场地人员及设施的安全	划为禁采区，设置围护带20m，留保安煤柱，修建截排水沟，修建挡土墙
村寨	矿区内村寨	生活环境	划为禁采区，设置围护带20m，留保安煤柱

图 例

地下水流向　矿山环境保护重点区　禁采区　房屋
二叠系上统龙潭组　矿山环境保护次重点区　移动角所圈定的范围　道路
边界角所圈定的范围　矿山环境保护一般区　地裂缝　用地类型分界线
矿区范围　地层界线　旱地　有林地
评估区范围　井硐及编号　灌木林地　水田
采空区　煤层露头及编号　农村宅基地　荒草地
溪流　地层产状　茶园　疏林地

图 4.8　明华煤矿矿山(地质)环境保护分区镶图、镶表示意图

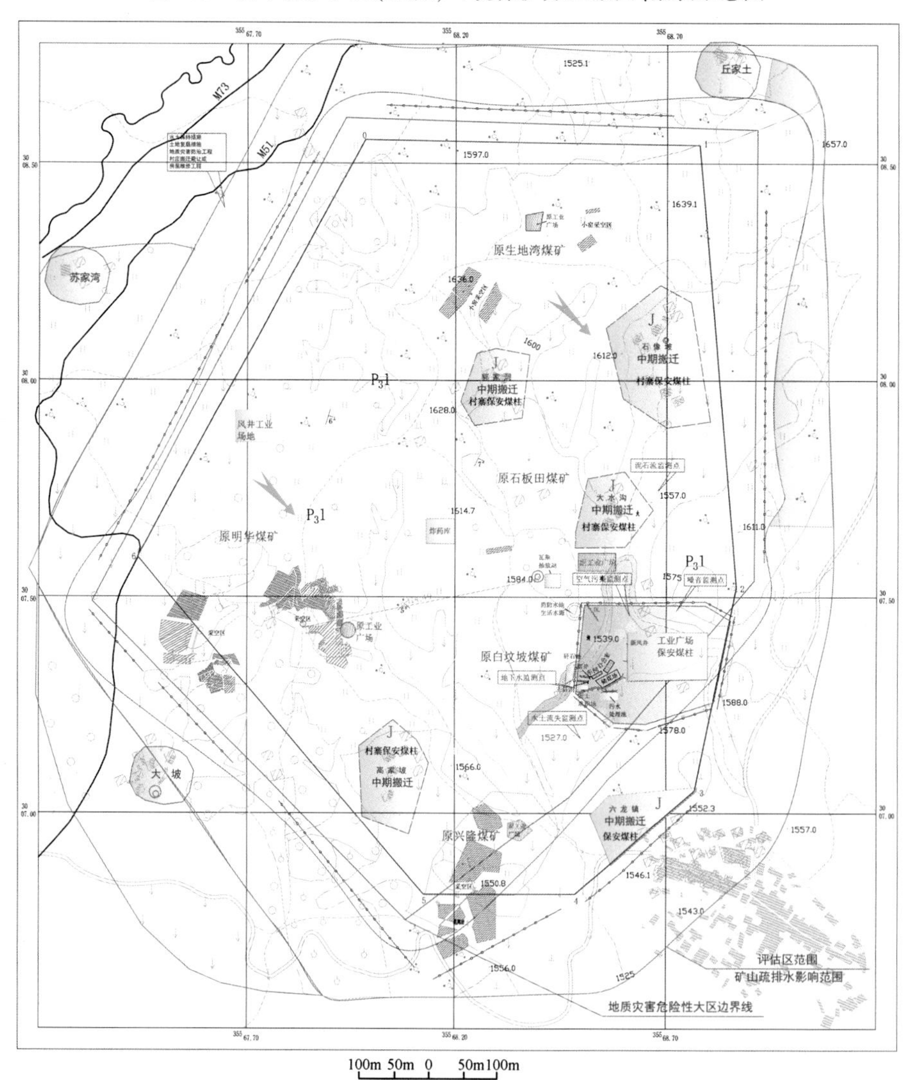

图 4.9　明华煤矿矿山(地质)环境治理方案图(图例见图 4.10)

评估区村民搬迁、维修计划表

乡镇	居民点	户数（户）	人口（人）	搬迁或维修计划	搬迁（户）	维修（户）
六龙镇	郭家洞	28	168	中期搬迁	28	0
	石像坡	32	192	中期搬迁	32	0
	大水沟	18	108	中期搬迁	18	0
	高家坡	22	110	中期搬迁	22	0
	大坡	45	270	房屋维修	0	45
	苏家湾	12	60	房屋维修	0	12
	丘家土	16	90	房屋维修	0	16
	六龙镇	126	504	中期搬迁或维修	50	76
合　　计		299	1502		150	149

明华煤矿矿山环境治理规划分区特征表

分区	主要区域	主要治理工程内容	规划实施时间
近期治理区	新工业场地周边、风井场地周边、排矸场和储煤场周边、炸药库周边、消防水池、车间和办公室等潜在塌陷区、位于地质灾害危险性影响大区内的线性工程、表土等	特点、危害：污染土壤、水资源；浪费表土资源 治理措施：工业场地周边截排水沟等水保措施，污废水治理工程、大气污染治理工程、噪声控制工程 风井场地周边截排水沟等水土保持措施，噪声治理工程 排矸场拦矸坝、周边截排水沟等水保措施、矸石淋溶水沉淀池 炸药库、场外线性工程周边截排水沟等水保措施 表土堆积工程	近期 2009～2011a
中期治理区	进场公路、地表水系、位于地质灾害危险性影响大区内的郭家洞、石像坡、大水沟、高家坡及其外的六龙镇、大坡、苏家湾等村寨及有危岩体的区域、老工业广场、老窑破坏区和采空区等	特点、危害：滑坡、崩塌、地下水位下降 治理措施：遭受矿井地质灾害及矿井疏排水影响的郭家洞、石像坡、大水沟、高家坡、六龙镇（50户）等村寨实施中期搬迁；大坡、苏家湾、六龙镇（76户）等村寨的房屋维修工程； 对矿山开采引发的地质灾害对象相应进行治理；对受矿山开采及疏排水影响的土地采取水保措施；整合前老工业广场、老窑破坏区和采空区的土地复垦；饮水工程	中期 2012～2020a
远期治理区	评估区东北面开采影响与疏排水影响之间的无人居住区，以及主工业场地、风井场地、排矸场及地面爆破器材库、瓦斯抽放站等场地	特点、危害：土地资源占用、破坏 治理措施：主井及风井等井口的封闭； 工业场地、风井场地、排矸场、瓦斯抽放站及地面爆破器材库等场地服务期满后进行土地复垦、复绿； 对可能受疏排水影响的土地进行补偿	远期 2020～2023a

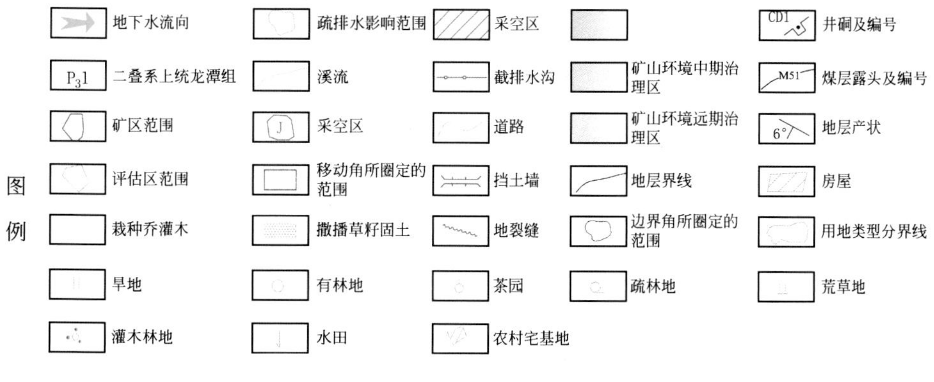

图例

地下水流向
疏排水影响范围
采空区
CD1 井硐及编号
P_3l 二叠系上统龙潭组
溪流
截排水沟
矿山环境中期治理区
M51 煤层露头及编号
矿区范围
J 采空区
道路
矿山环境远期治理区
6° 地层产状
评估区范围
移动角所圈定的范围
挡土墙
地层界线
房屋
栽种乔灌木
撒播草籽固土
地裂缝
边界角所圈定的范围
用地类型分界线
旱地
有林地
茶园
疏林地
荒草地
灌木林地
水田
农村宅基地

图 4.10　明华煤矿矿山(地质)环境治理方案镶图镶表示意图

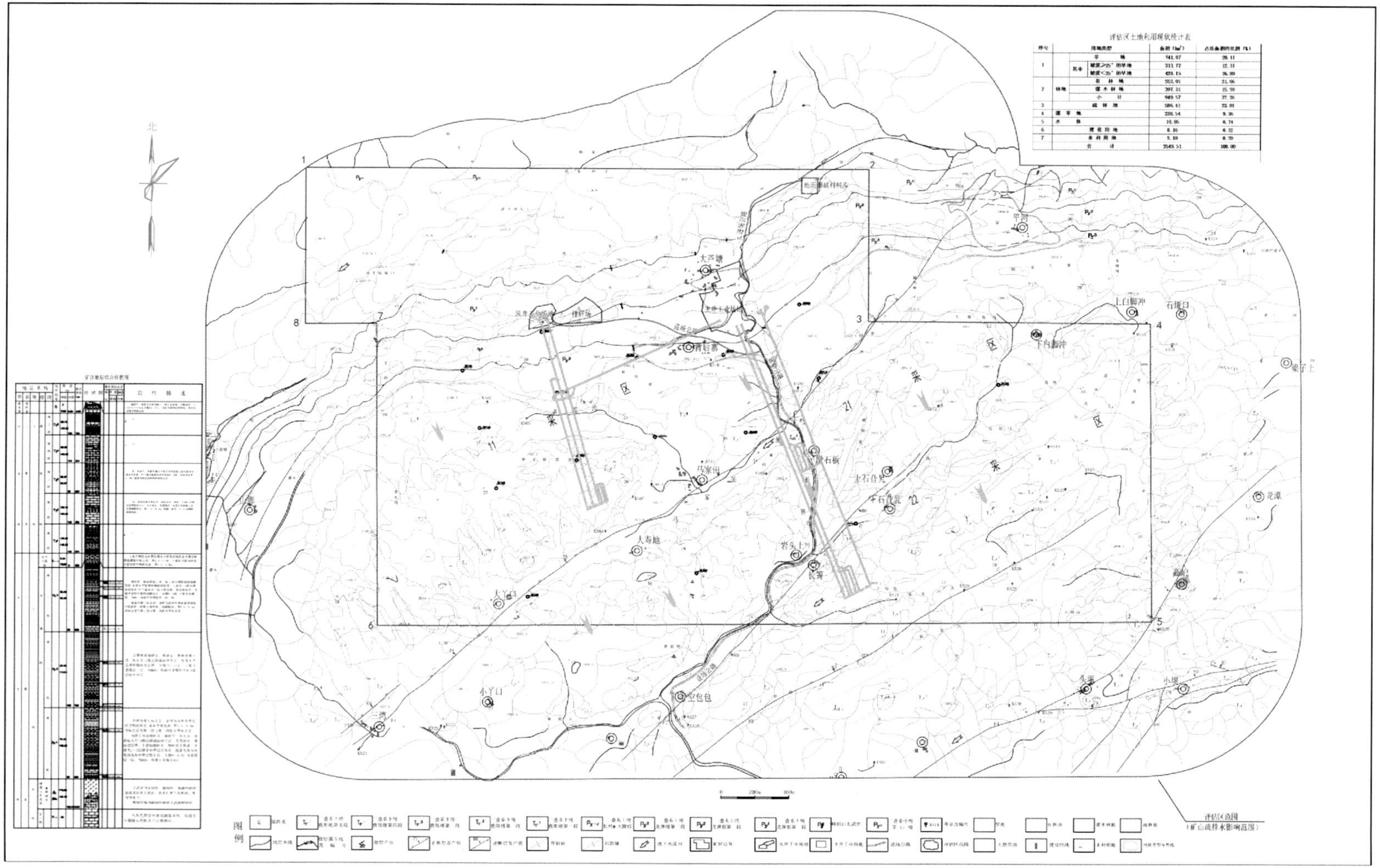

评估区土地利用现状统计表

序号	用地类型			面积（hm²）	占总面积的比例（%）
1		旱地		741.87	29.11
		其中	坡度≥25°的旱地	313.72	12.31
			坡度<25°的旱地	428.15	16.80
2	林地	有林地		552.01	21.66
		灌木林地		397.31	15.59
		小计		949.57	37.26
3	疏林地			586.41	23.01
4	灌草地			238.54	9.36
5	水体			18.86	0.74
6	建设用地			8.16	0.32
7	未利用地			5.10	0.20
	合计			2548.51	100.00

图5.3　与宝口煤矿环境现状图

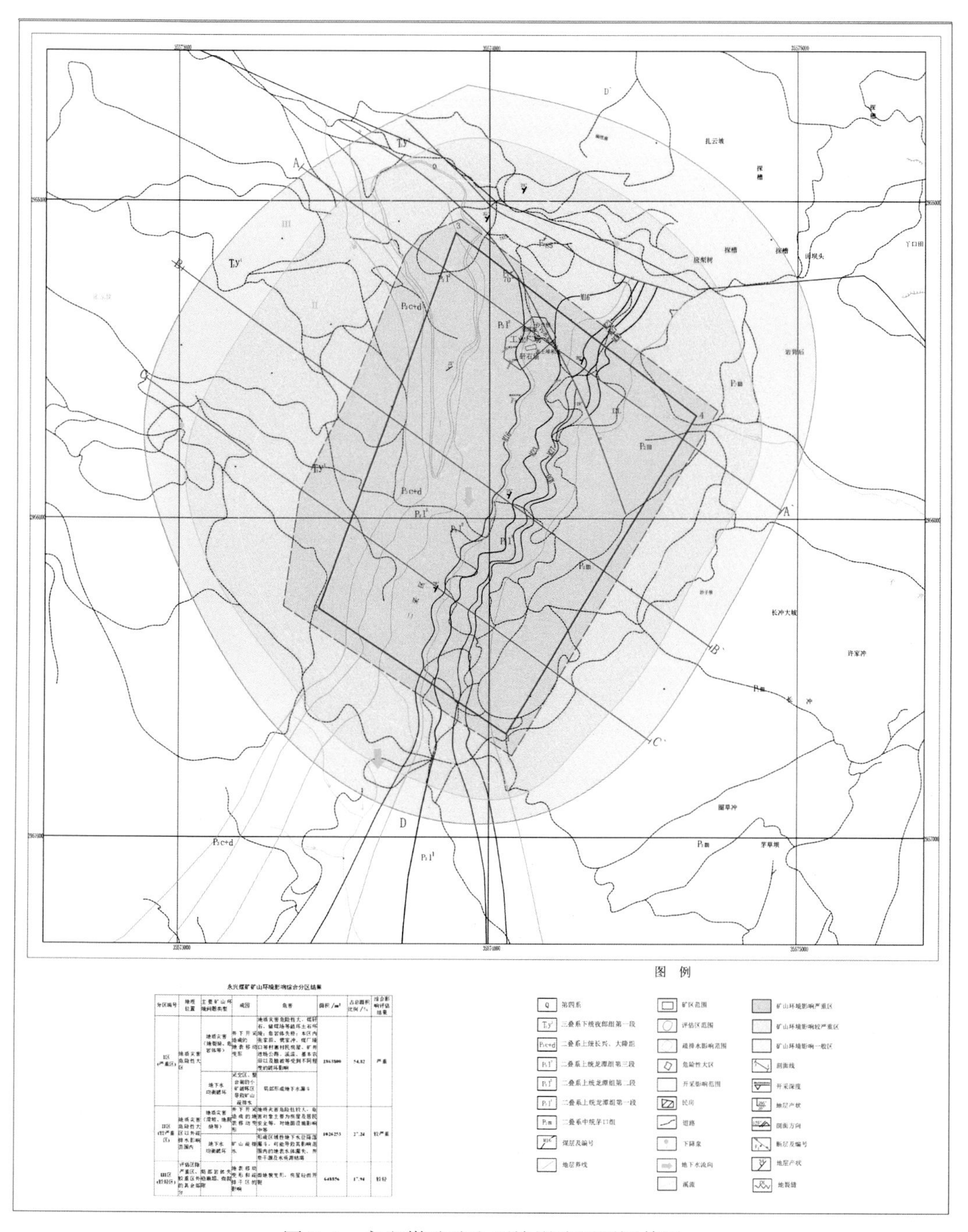

永兴煤矿矿山环境影响综合分区结果

分区编号	地理位置	主要矿山环境问题类型	成因	危害	面积/m²	占总面积比例/%	综合影响评估结果
I区（严重区）	地质灾害危险性大区	地质灾害（地裂缝、危岩体等）	井下开采造成的地表移动变形	地质灾害危险性大，煤矸石、储煤场等破坏土石环境；危岩体失稳；本区内张家田、黄家冲、煤厂垭口等村寨村民房屋、矿井道路公路、溪流、基本农田以及植被等受到不同程度的破坏影响	1863500	54.82	严重
		地下水均衡破坏	采空区、整合前的小矿破坏区导致矿山疏排水	局部形成地下水漏斗			
II区（较严重区）	地质灾害危险性大区以外疏排水影响范围内	地质灾害（滑坡、地裂缝等）	井下开采造成的地表移动变形	地质灾害危险性较大，威胁对象主要为房屋及居民安全等，对地面设施影响中等	1026253	27.24	较严重
		地下水均衡破坏	矿山疏排水	形成区域性地下水位降落漏斗，可能导致其影响范围内的地表水体漏失、井泉干涸及水源结构			
III区（较轻区）	评估区除严重区、较严重区外的其余部分	局部岩体失稳崩塌、地裂缝	地表移动变形和疏排干区的影响	局地微变形，房屋轻微开裂	648856	17.94	较轻

图 5.6　永兴煤矿矿山环境影响预测评估图

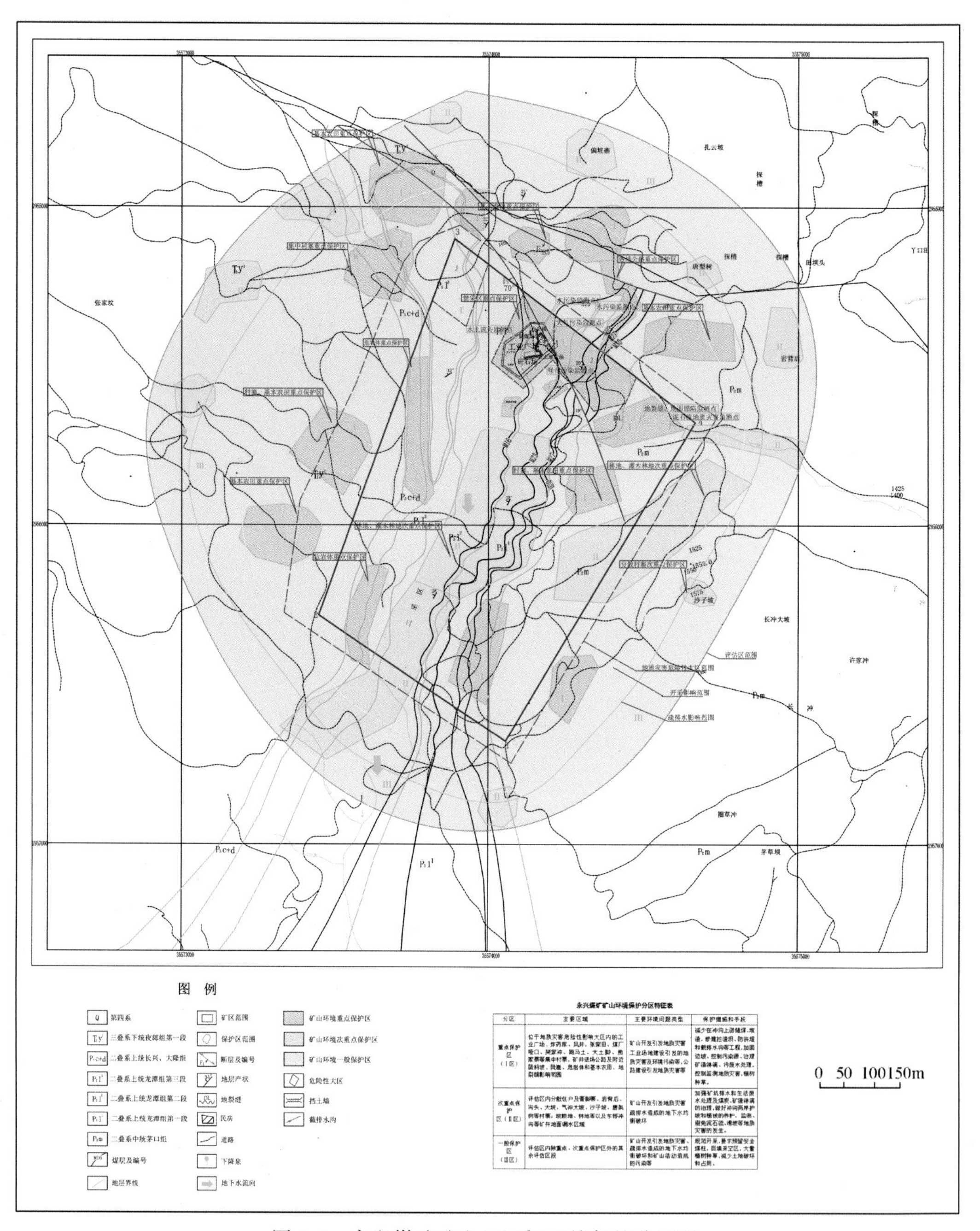

图 6.1　永兴煤矿矿山(地质)环境保护分区图

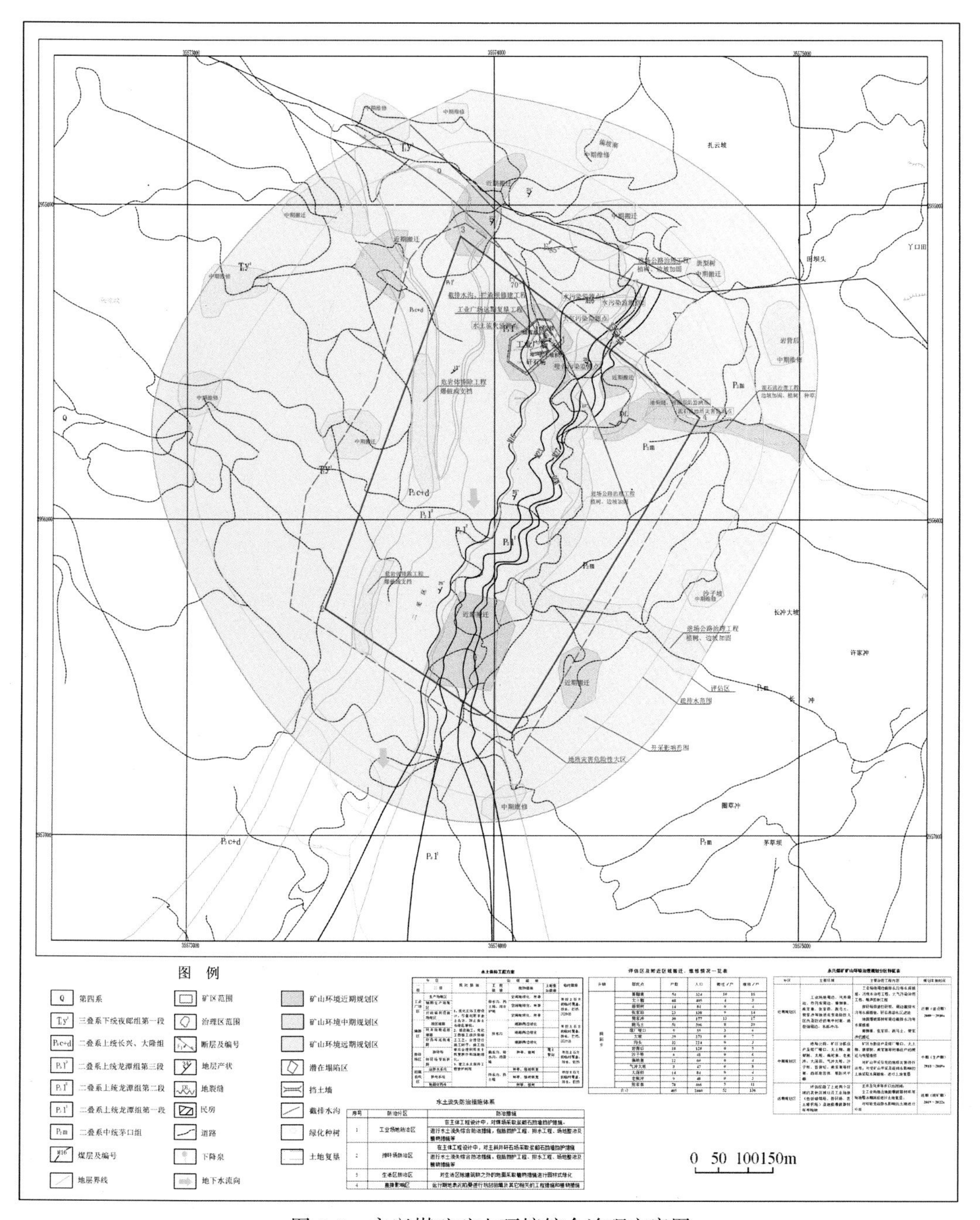

图 6.2 永兴煤矿矿山环境综合治理方案图

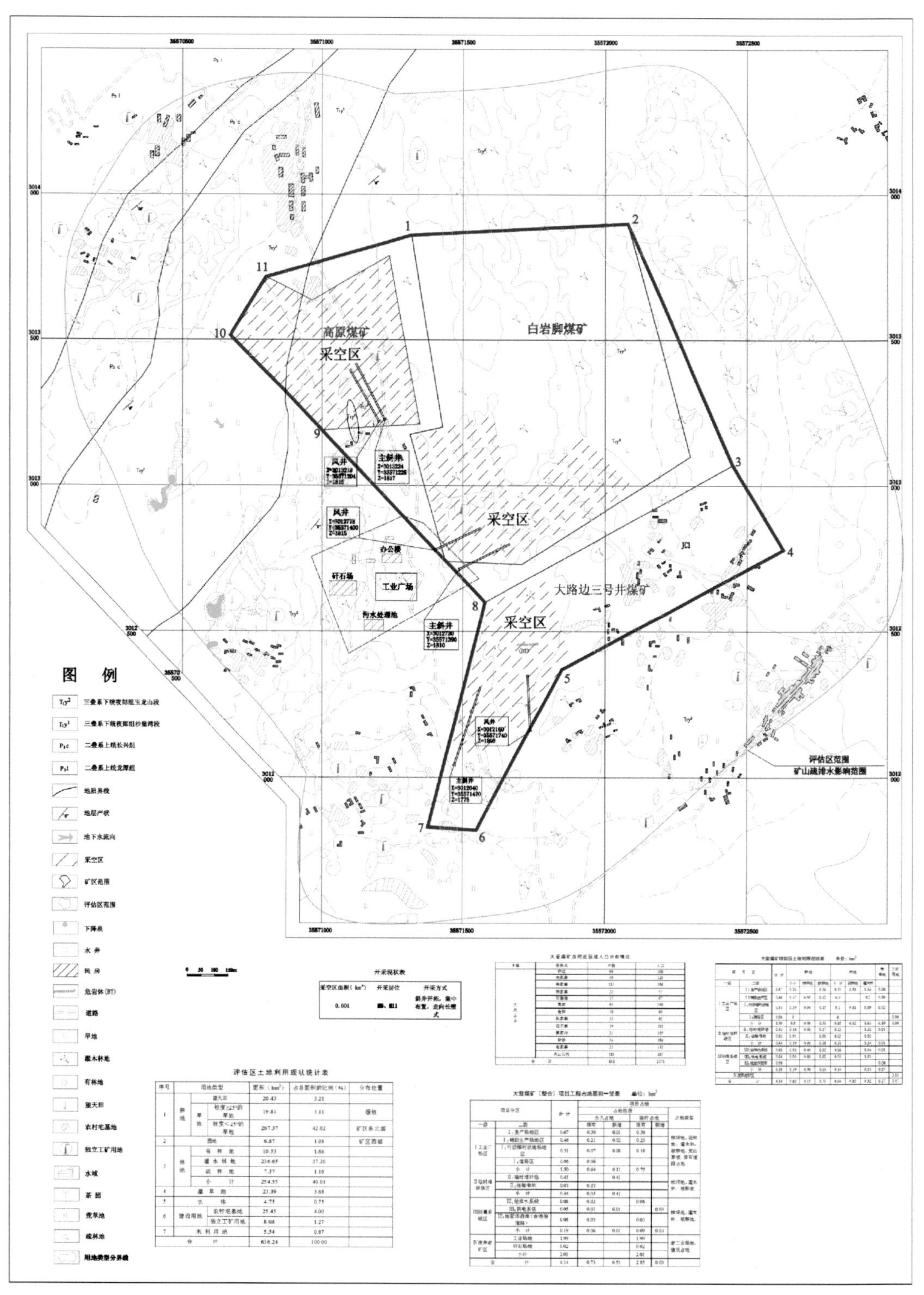

采空区面积(km²)	开采层位	开采方式
0.601	[illegible]	斜井开拓，集中布置，走向长壁式

评估区土地利用现状统计表

序号	用地类型			面积(hm²)	占总面积的比例(%)	分布位置
1	耕地	望天田		20.43	3.21	
		旱地	坡度≥25°的旱地	19.81	3.11	[illegible]
			坡度<25°的旱地	267.37	42.02	矿区东北部
2	园地			6.87	1.08	矿区西部
3	林地	有林地		10.53	1.66	
		灌木林地		236.65	37.20	
		疏林地		7.37	1.16	
		小计		254.55	40.01	
4	灌草地			23.39	3.68	
5	水体			4.75	0.75	
6	建设用地	农村宅基地		25.45	4.00	
		独立工矿用地		8.08	1.27	
7	未利用地			5.54	0.87	
合计				636.24	100.00	

图 8.2　大营煤矿矿山环境现状图(附矿井平面图)

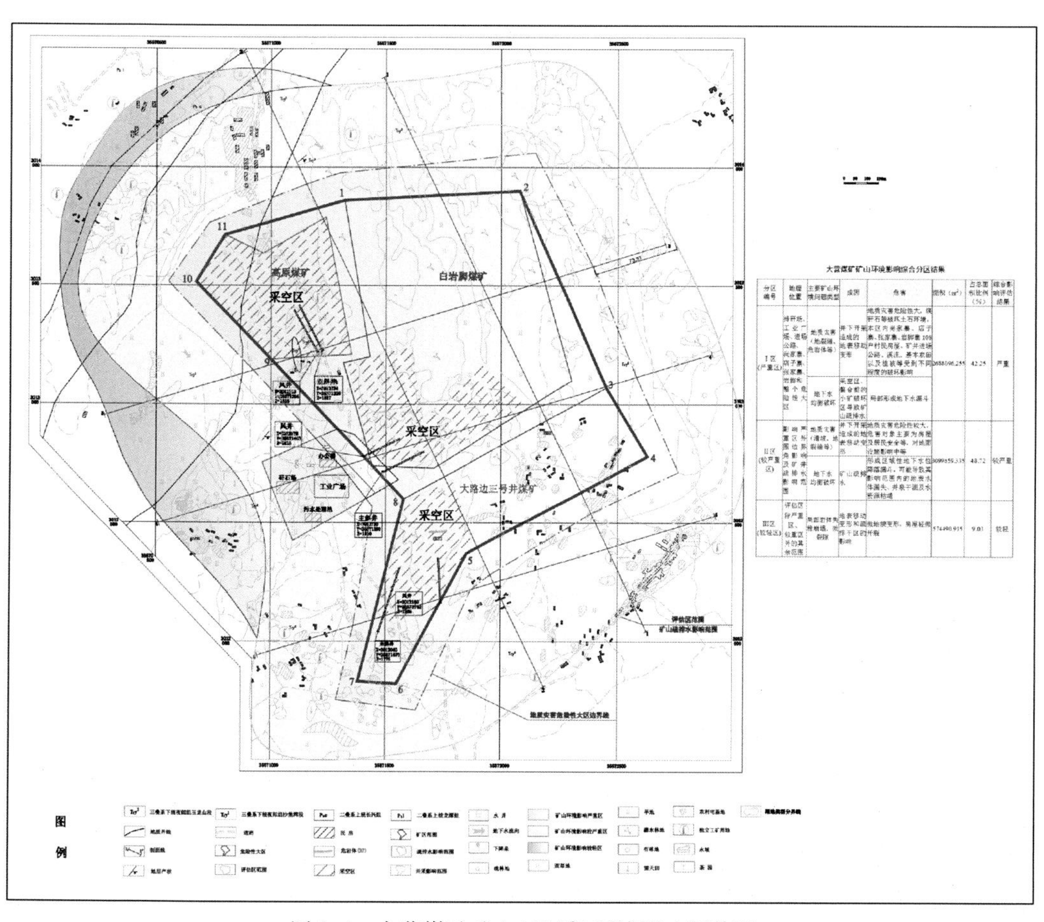

大营煤矿矿山环境影响综合分区结果

分区编号	地理位置	主要矿山环境问题类型	成因	危害	面积（m^2）	占总面积比例（%）	综合影响评估结果
Ⅰ区（严重区）	排矸场、工业广场、进场公路、尚家寨、庙子寨、张家寨、岩脚和几个危险性大区	地质灾害（地裂缝、危岩体等）	井下开采造成的地表移动变形	地质灾害危险性大，煤矸石等堆积土石环境，本区内尚家寨、庙子寨、张家寨、岩脚寨109户村民房屋、矿井进场公路、溪流、基本农田以及植被等受到不同程度的破坏影响	2688096.255	42.25	严重
		地下水均衡破坏	采空区、整合前的小矿破坏区导致矿山疏排水	局部形成地下水漏斗			
Ⅱ区（较严重区）	影响严重区外围位移角影响及矿井疏排水影响范围	地质灾害（滑坡、地裂缝等）	井下开采造成的地表移动变形	地质灾害危险性较大，危害对象主要为房屋及居民安全等，对地面设施影响中等	3099859.335	48.72	较严重
		地下水均衡破坏	矿山疏排水	形成区域性地下水位降落漏斗，可能导致其影响范围内的地表水体漏失、井泉干涸及水资源枯竭			
Ⅲ区（较轻区）	评估区除严重区、较重区外的其他范围	局部岩体失稳崩塌、滑移	地表移动变形和疏排干区的影响	微地貌变形、房屋轻微开裂	574490.915	9.03	较轻

图 8.4　大营煤矿矿山(地质)环境影响评估图

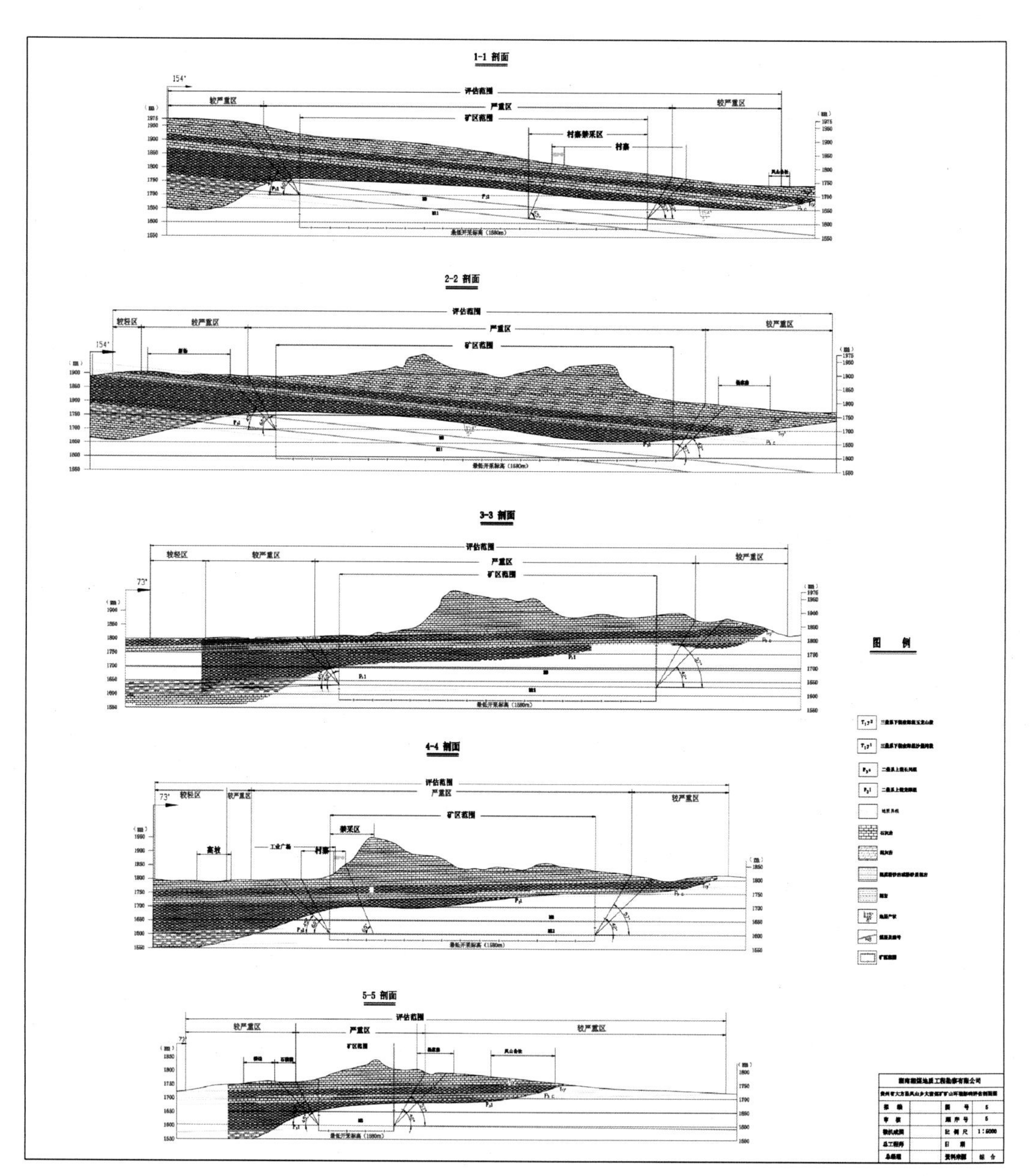

图 8.5　大营煤矿矿山环境影响耦合分区剖面图

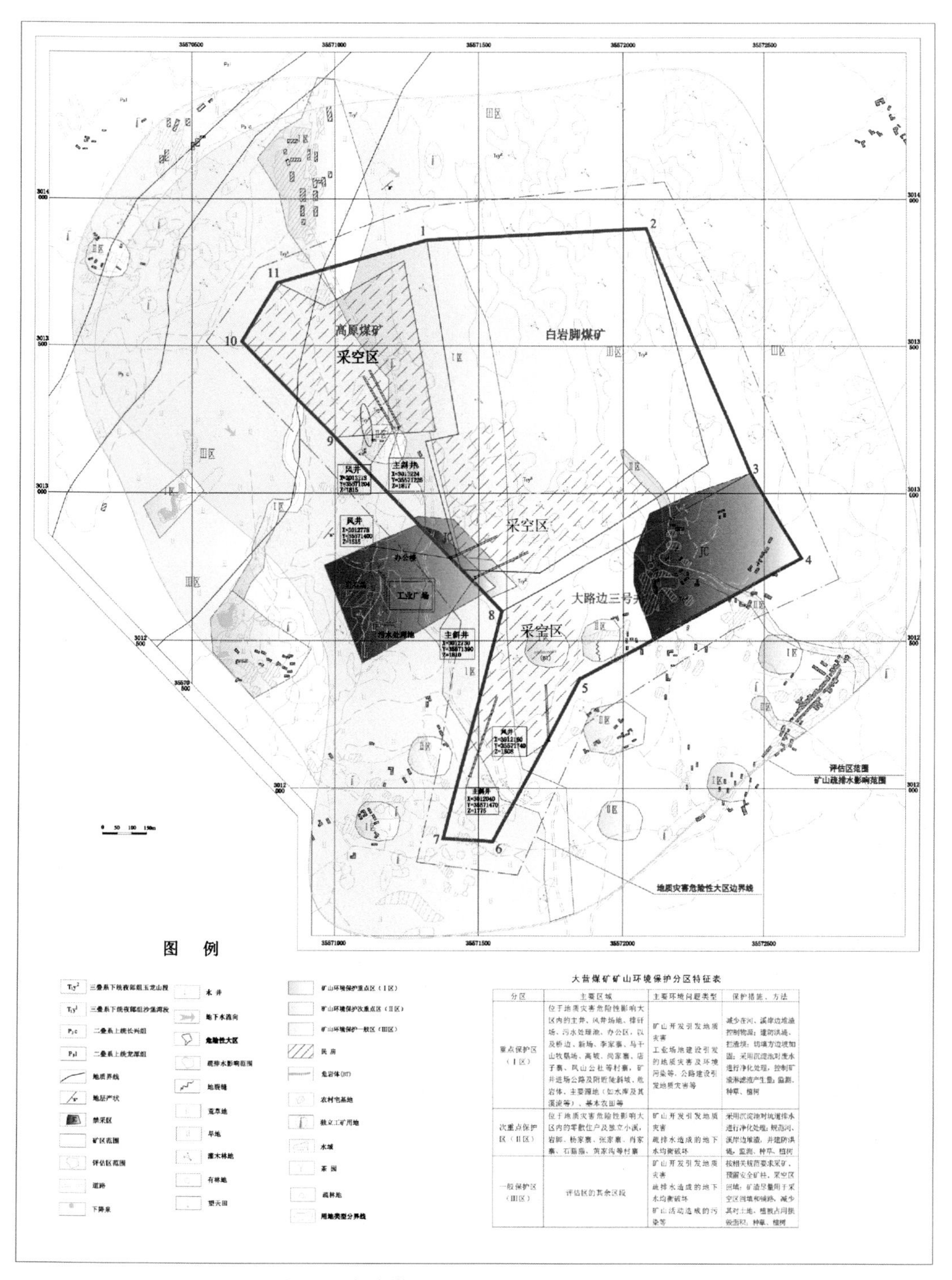

大营煤矿矿山环境保护分区特征表

分区	主要区域	主要环境问题类型	保护措施、方法
重点保护区（Ⅰ区）	位于地质灾害危险性影响大区内的主井、风井场地、排矸场、污水处理池、办公区，以及桥边、新场、李家寨、马干山牧鹅场、高坡、尚家寨、店子寨、凤山公社等村寨，矿井进场公路及附近陡斜坡、危岩体，主要源地（如水库及其溪流等）、基本农田等	矿山开发引发地质灾害 工业场地建设引发的地质灾害及环境污染等，公路建设引发地质灾害等	减少在河、溪岸边堆渣控制物源；建防洪堤、拦渣坝；切填方边坡加固；采用沉淀池对废水进行净化处理，控制矿渣淋滤液产生量；监测、种草、植树
次重点保护区（Ⅱ区）	位于地质灾害危险性影响大区内的零散住户及独立小溪，岩脚、杨家寨、张家寨、尚家寨、石猫猫、黄家沟等村寨	矿山开发引发地质灾害 疏排水造成的地下水均衡破坏	采用沉淀池对坑道排水进行净化处理；规范河、溪岸边堆渣，并建防洪堤；监测、种草、植树
一般保护区（Ⅲ区）	评估区的其余区段	矿山开发引发地质灾害 疏排水造成的地下水均衡破坏 矿山活动造成的污染等	按相关规范要求采矿，预留安全矿柱，采空区回填；矿渣尽量用于采空区回填和铺路，减少其对土地、植被占用损毁面积；种草、植树

图 8.6　大营煤矿矿山(地质)环境保护分区图

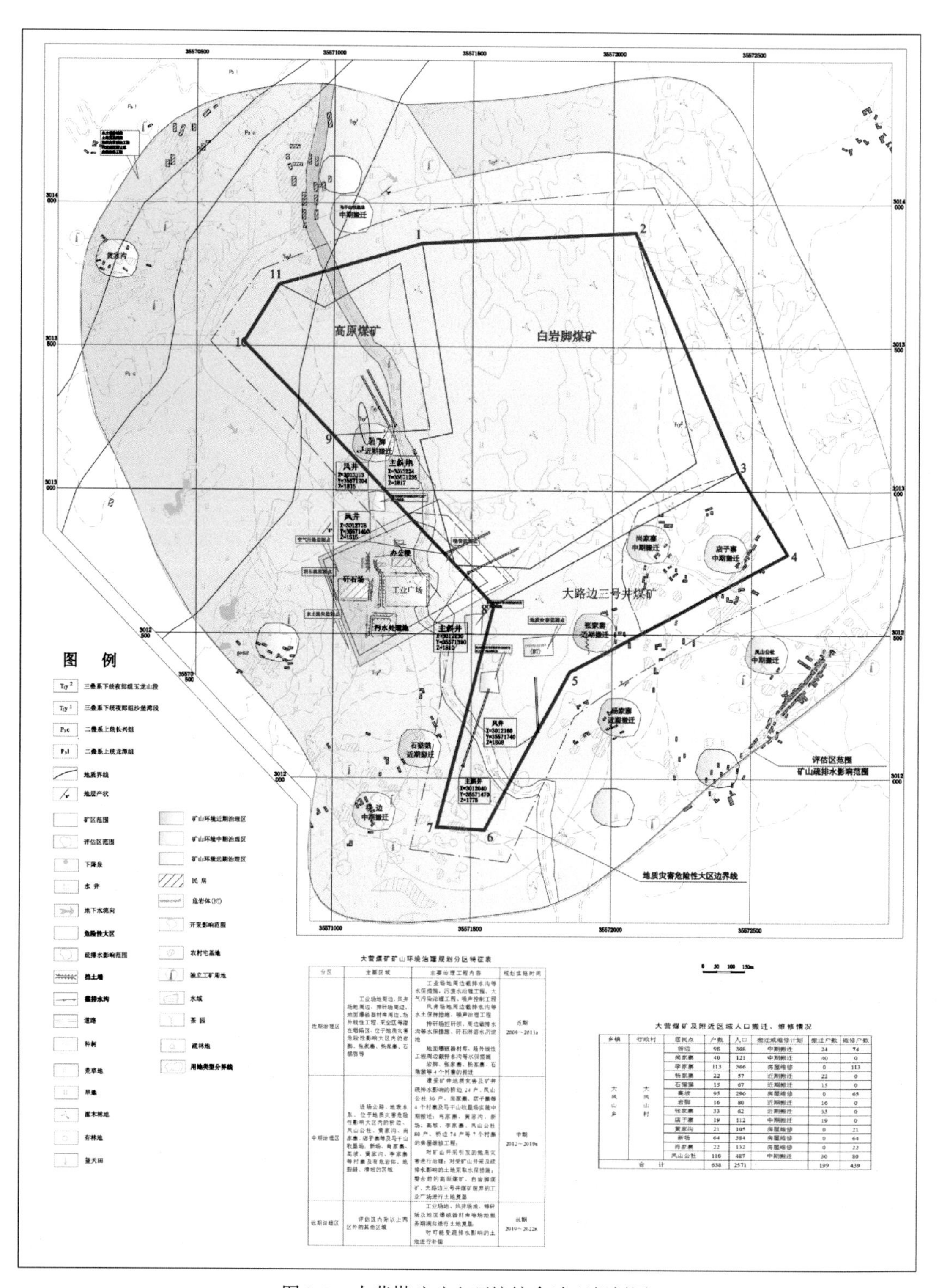

大营煤矿矿山环境治理规划分区特征表

分区	主要区域	主要治理工程内容	规划实施时间
近期治理区	工业场地周边、风井场地周边、排矸场周边、地面爆破器材库周边、场外线性工程、采空区等潜在塌陷区，位于地质灾害危险性影响大区内的岩脚、张家寨、杨家寨、石猫猫等	工业场地周边截排水沟等水保措施，污废水治理工程、大气污染治理工程、噪声控制工程 风井场地周边截排水沟等水土保持措施，噪声治理工程 排矸场拦矸坝，周边截排水沟等水保措施、矸石淋滤水沉淀池 地面爆破器材库、场外线性工程周边截排水沟等水保措施 岩脚、张家寨、杨家寨、石猫猫等4个村寨的搬迁	近期 2009～2011a
中期治理区	进场公路、地表水系、位于地质灾害危险性影响大区内的桥边、凤山公社、黄家沟、尚家寨、店子寨等及马千山牧草场、新场、肖家寨、高坡、黄家沟、李家寨等村寨及有危岩体、地裂缝、滑坡的区域	遭受矿井地质灾害及矿井疏排水影响的桥边24户、凤山公社30户、尚家寨、店子寨等4个村寨及马千山牧草场实施中期搬迁；肖家寨、黄家沟、新场、高坡、李家寨、凤山公社80户、桥边74户等7个村寨的房屋维修工程； 对矿山开采引发的地质灾害进行治理；对受矿山开采及疏排水影响的土地采取水保措施；整合前的高原煤矿、白岩脚煤矿、大路边三号井煤矿废弃的工业广场进行土地复垦	中期 2012～2019a
远期治理区	评估区内除以上两区外的其他区域	工业场地、风井场地、排矸场及地面爆破器材库等场地服务期满后进行土地复垦； 对可能受疏排水影响的土地进行补偿	远期 2019～2022a

大营煤矿及附近区域人口搬迁、维修情况

乡镇	行政村	居民点	户数	人口	搬迁或维修计划	搬迁户数	维修户数
大风山乡	大风山村	桥边	98	308	中期搬迁	24	74
		尚家寨	40	121	中期搬迁	40	0
		李家寨	113	366	房屋维修	0	113
		杨家寨	22	57	近期搬迁	22	0
		石猫猫	15	67	近期搬迁	15	0
		高坡	95	290	房屋维修	0	65
		岩脚	16	80	近期搬迁	16	0
		张家寨	33	62	近期搬迁	33	0
		店子寨	19	112	中期搬迁	19	0
		黄家沟	21	105	房屋维修	0	21
		新场	64	384	房屋维修	0	64
		肖家寨	22	132	房屋维修	0	22
		凤山公社	110	487	中期搬迁	30	80
合计			638	2571		199	439

图 8.7　大营煤矿矿山环境综合治理规划图